ALLES über ASTRONOMIE

MARK EMMERICH
SVEN MELCHERT

Die Wunder des Weltalls

Sterne und Planeten beobachten

KOSMOS

☞ Inhalt

4	Unser Universum

6 WELTRAUMFORSCHUNG

8	Himmelsbeobachtung durch die Jahrhunderte
10	Astronomische Teleskope
16	Die Vermessung des Weltalls
20	Radioastronomie
22	Satellitenteleskope
24	Raumsonden

28 UNSER SONNENSYSTEM

30	Die Sonne
34	Das Sonnensystem in Zahlen
36	Merkur
38	Venus
40	Die Erde
42	Der Mond
44	Mars
48	Kleinplaneten
50	Jupiter
54	Saturn
58	Uranus
60	Neptun
62	Pluto
66	Kometen
68	Rosetta und „Tschuri"

70 DAS UNIVERSUM DER STERNE

72	Die Milchstraße
74	Sterne
80	Geburt der Sterne
84	Exoplaneten
86	Offene Sternhaufen
88	Planetarische Nebel
90	Supernovae
92	Kugelsternhaufen
94	Die Magellanschen Wolken

96 GALAXIEN UND DER URKNALL

98	Galaxien
102	Galaxienhaufen
104	Quasare
106	Die Rätsel des Universums

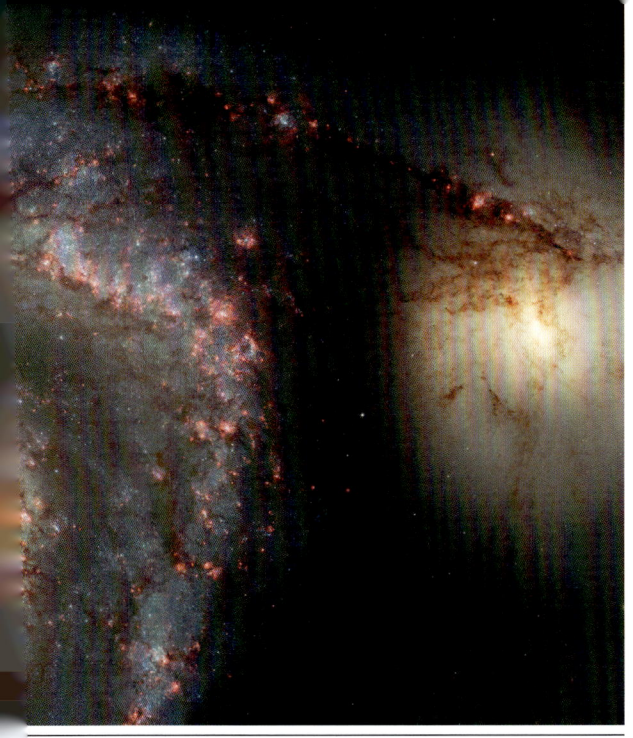

112 HIMMELSBEOBACHTUNG

114 Ein Blick zum Nachthimmel
116 Alles dreht sich am Sternenhimmel
120 Mond und Planeten
124 Finsternisse von Sonne und Mond
128 Sternenhimmel des Monats

152 ASTRONOMIE ALS HOBBY

154 Die Welt der Hobbyastronomen
156 Ferngläser und Teleskope
160 Sonne, Mond und Planeten
166 Sternhaufen, Nebel und Galaxien
172 Astrofotografie

178 SERVICE

178 Zum Weiterlesen und Weiterklicken
179 Register
183 Bildnachweis / Impressum

UNSER UNIVERSUM
— Willkommen im Weltall

Wie ist das Universum entstanden? Gibt es auch anderswo Leben im All? Was sind Schwarze Löcher? Astronomie ist die faszinierende Wissenschaft des Weltalls. Dieses Buch fasst die wichtigsten und spannendsten Themen leicht verständlich zusammen.

Das Raumschiff rast mit über 100.000 Kilometern pro Stunde durch das All. In vier Stunden ist der Mond erreicht, in anderthalb Monaten der Mars. Das Raumschiff hat Menschen an Bord, viele Menschen. Aber es kann nicht fliegen, wohin es will. Unser Raumschiff Erde ist an die Sonne gebunden. Die Sonne ist ein Stern unter vielen. Bis zum nächsten Nachbarstern wäre unser Raumschiff mit dieser Geschwindigkeit über 46.000 Jahre lang unterwegs. Das ist eine lange Zeit, kann das Raumschiff denn nicht schneller fliegen?

Die schnellste Geschwindigkeit im Universum ist die Lichtgeschwindigkeit, rund 300.000 Kilometer in der Sekunde oder eine Milliarde Kilometer pro

Die Sonne ist ein Stern unter vielen. Unser nächster Nachbarstern ist Proxima Centauri. Dort wurde ein Planet gefunden, vielleicht eine zweite Erde? Hier eine künstlerische Darstellung seiner Oberfläche.

Saturn ist ein Planet des Sonnensystems. Dort gibt es sicher kein Leben, doch vielleicht auf einem seiner Monde.

Stunde. Am Mond flitzt man damit in 1,3 Sekunden vorbei, bis zum Mars vergehen 15 Minuten und bis zum nächsten Nachbarstern etwas mehr als vier Jahre. Das ist schon besser, aber kann das Raumschiff nicht noch schneller fliegen?
Nein. Die Lichtgeschwindigkeit ist das Tempolimit des Universums. Noch schneller geht es nur in Science-Fiction-Filmen, wenn die Enterprise mit Warp 8 durch das All düst. Genau genommen ist auch sie nicht schneller als das Licht, faltet aber den sie umgebenden Raum zusammen, so dass die Strecke kürzer wird. Das ist eine intelligente Idee, doch leider hat bis heute niemand herausgefunden, wie man sie verwirklichen kann.
Die astronomische Forschung hat hingegen viel herausgefunden. Vor 400 Jahren dachte man noch, die Erde sei das Zentrum von allem. Beim ersten Blick an den Nachthimmel klingt das auch plausibel, denn alle Gestirne scheinen sich um die Erde zu drehen. Dabei ist es die Erde, die sich um sich selbst dreht und gleichzeitig mit 100.000 Kilometern pro Stunde die Sonne umrundet. Eine ganze Runde um die Sonne dauert ein Jahr, genau genommen 365,25 Tage, weshalb alle vier Jahre ein Schalttag im Kalender erscheint. Doch die Sonne ist nur ein Stern von vielen. Alle Sterne am Himmel sind Teil einer Galaxie, die wir Milchstraße nennen. In der Milchstraße gibt es Milliarden Sterne, sie alle umlaufen deren Zentrum. Für eine Runde um das Milchstraßenzentrum benötigt unsere Sonne mit ihren Planeten eine lange Zeit – rund 220 Millionen Jahre.

Die schnellste Reisezeit bis zum nächsten Stern beträgt wie gesagt etwas mehr als vier Jahre. Das kann man noch als kosmische Nachbarschaft bezeichnen, denn andere Sterne sind Hunderte oder Tausende Lichtjahre von uns entfernt. So lange braucht ihr Licht, bis es uns erreicht. Und so lange brauchen eventuelle Funksignale von Außerirdischen, bis wir sie empfangen können. Das gilt auch umgekehrt: die irdischen Funkwellen haben bisher nur eine Entfernung von 100 Lichtjahren durchdrungen. Vielleicht wurden sie bereits von Aliens empfangen und man hat uns geantwortet, doch bis deren Nachricht bei uns ankommt, vergehen weitere Jahrzehnte.
Kann es überhaupt Leben fern der Erde geben? Noch wurde keines gefunden, doch Astronomen haben in den letzten Jahren bei anderen Sternen zahlreiche Planeten entdeckt. Darunter sind auch einige Kandidaten, die unserer Erde womöglich ähnlich sind. Und je besser die künftige Beobachtungstechnik wird, desto mehr Exoplaneten werden gefunden. Schon bald werden neue Teleskope auf die Jagd nach Exoplaneten gehen.
Sind wir allein im Universum? Wahrscheinlich nicht. Doch es ist leider sehr unwahrscheinlich, dass wir von den Nachbarn im All aufgrund der großen Entfernungen jemals etwas erfahren werden. Außer, jemand erfindet doch den Warp-Antrieb, dann ist der erste Kontakt mit einer fremden Zivilisation nicht mehr fern. Bis es so weit ist, arbeiten die Astronomen fleißig weiter und entlocken dem Universum seine Geheimnisse.

WELTRAUM-FORSCHUNG
— *Astronomen erkunden das All*

Sternstrichspuren über dem „European Southern Observatory" auf La Silla in den chilenischen Anden.

HIMMELSBEOBACHTUNG
— *durch die Jahrhunderte*

Die Geschichte der Astronomie hat mehrmals unser Weltbild revolutioniert. In den Gestirnen sah man Götter, entwickelte mit ihnen Kalender, benutzte sie für Horoskope und versuchte, Anfang und Ende der Welt zu erklären.

Wer hin und wieder den Sternenhimmel betrachtet, wird einige Gesetzmäßigkeiten entdecken können. Jedes Jahr tauchen zur gleichen Jahreszeit vertraute Sternmuster auf. So hatte die Beobachtung des Nachthimmels für unsere Vorfahren ganz praktische Gründe. Im antiken Ägypten verband man das Auftauchen des hellen Sterns Sirius mit der alljährlichen Nilüberschwemmung, die das Land wieder fruchtbar machte. War Sirius im Sommer erstmals am Morgenhimmel zu sehen, musste bald darauf die Nilüberschwemmung folgen.

Mit mächtigen Bauwerken – am bekanntesten ist Stonehenge in Südengland – versuchte man, die himmlischen Abläufe zur präzisen Vorhersage irdischer Gegebenheiten zu benutzen. Die Menschen hatten damals noch keine Kalender, sie waren auf die Deutungen des Himmels durch erfahrene Priesterastronomen angewiesen.

Einige Lichtpunkte am Himmel scherten jedoch aus dieser Gesetzmäßigkeit aus. Sie veränderten ihre Positionen, wandelten vor dem offensichtlich unveränderlichen Fixsternhimmel hin und her. Ihr oft helles und immer ruhiges Licht hob die „Wandelsterne" von allen anderen Sternen ab. Die klassischen sieben Wandelsterne – heute benutzt man für sie die griechische Bezeichnung „Planeten" – sind Sonne, Mond, Merkur, Venus, Mars, Jupiter und Saturn. Sie dienten als Götter oder mussten zur Zukunftsdeutung herhalten. Allem Anschein nach war die Erde der Mittelpunkt der Welt, denn alle anderen Gestirne schienen sie zu umkreisen.

MITTELPUNKT DES UNIVERSUMS?

Es sollte bis ins Mittelalter dauern, bis ein Mönch die geradezu ketzerische Theorie aufstellte, die Erde sei nicht Mittelpunkt des Universums: Giordano Bruno wurde für diese Behauptung auf dem Scheiterhaufen verbrannt. Doch je intensiver die Menschen die Bewegungen der Planeten studierten, desto mehr Zweifel ergaben sich. Zur Erklärung der offensichtlichen Schleifenbewegungen wurde eine komplizierte Theorie geschaffen, nach der die Planeten zwar um die Erde kreisen, selbst aber wiederum auf kleineren Kreisen um diesen „Erdumlaufkreis" ihre Bahnen ziehen. Diese „Epizykeltheorie" wurde noch von Tycho Brahe unterstützt, der Ende des 16. Jahrhunderts mit bloßem Auge die bis dorthin genauesten Positionen der Planeten bestimmte. Doch schon Mitte des 16. Jahrhunderts veröffentlichte Nicolaus Kopernikus seine für damalige Zeiten verwegene Theorie, nach der sich die Erde und alle anderen Planeten um die Sonne bewegen.

Als Erbe der Braheschen Beobachtungen blieb es dann Johannes Kepler vorbehalten, die wahre Natur der Planetenbewegungen zu ergründen und seine noch heute gültigen drei Gesetze zu formulieren. Sein Modell der Welt kam einer Revolution gleich: alle Planeten umlaufen die Sonne und sie bewegen sich nicht auf Kreis-, sondern auf Ellipsenbahnen. Das zweite Keplersche Gesetz sagt aus, dass sich die Planeten in Sonnennähe schneller auf ihrer Bahn bewegen als in Sonnenferne. Sein drittes Gesetz beschreibt schließlich einen Zusammenhang zwischen der Entfernung eines Planeten von der Sonne und dessen Umlaufzeit. Je weiter ein Planet von der Sonne entfernt ist, desto länger benötigt er für einen Sonnenumlauf.

Keplers Modell war erfolgreich, weil er damit die Positionen der Planeten mit einer bis dahin nicht erreichten Genauigkeit vorhersagen konnte. Eine physikalische Begründung für die aus Beobachtungen abgeleiteten Gesetze lieferte erst Isaac Newton, der 1687 sein Gravitationsgesetz („alle Massen ziehen sich gegenseitig an") formulierte, aus dem sich die Keplerschen Gesetze auf rein mathematischem Weg ableiten lassen.

Zu dieser Zeit begann auch die Himmelsbeobachtung mit Teleskopen. Je größer und besser die Teleskope wurden, desto stärker wuchs das Wissen über unser Universum.

FORTSCHRITT DURCH TELESKOPE

In die Geschichte eingegangen sind die Beobachtungen von Galileo Galilei, auch wenn er das Teleskop selbst nicht erfunden hat. Galilei aber war es, der um 1610 zum ersten Mal Krater auf dem Mond, Flecken auf der Sonne und die Monde des Planeten Jupiter sah.

Den nächsten großen Sprung machte die Himmelsforschung, als 1781 Friedrich Wilhelm Herschel durch Zufall den Planeten Uranus entdeckte. Aus Störungen der Uranusbahn schlossen Jean-Joseph Leverrier und John Couch Adams auf einen weiteren Planeten, der 1846 von Johann Gottfried Galle entdeckt wurde. Man gab ihm den Namen Neptun. Erst 1930 wurde mit Pluto der letzte klassische Planet des Sonnensystems entdeckt.

Zweifelte schon lange niemand mehr am kopernikanischen Weltsystem mit der Sonne im Mittelpunkt des damals bekannten Universums, so war die erste Bestimmung einer Sternentfernung doch ein weiterer Schock. Im Jahr 1838 gelang es Friedrich Wilhelm Bessel, die Entfernung des Sterns 61 im Sternbild Schwan zu messen. Nach Bessels Beobachtungen musste „61 Cygni" mehrere Billionen Kilometer weit entfernt sein. Damit war klar: Die Sonne kann nicht der Mittelpunkt des Weltalls sein. Die Entwicklung der Spektralanalyse Mitte des 19. Jahrhunderts wies zudem darauf hin, dass es sich bei den Sternen um ferne Sonnen handelt, die der unseren in vielerlei Hinsicht ähnlich sind.

Ein Riesenschritt gelang 1929 Edwin Hubble. Sein Teleskop war mit 2,5 m Durchmesser schon fast so groß wie heutige Profiteleskope. Er nutzte die Fotografie, um einzelne Sterne im „Andromeda-Nebel" zu beobachten. Hubbles Messungen offenbarten die Natur dieses Objekts: Der Andromeda-Nebel ist eine Galaxie, ähnlich unserer Milchstraße. Hubble legte außerdem den Grundstein für die heute noch gängige Lehrmeinung über die Entstehung des Universums: Das Weltall ist vor ca. 13,7 Milliarden Jahren entstanden und dehnt sich seitdem aus. Konkrete Beweise für dieses als Urknall bekannte Szenario lieferten erstmals Arno Penzias und Robert Wilson 1965. Sie entdeckten rein zufällig die kosmische Hintergrundstrahlung, das zarte Echo des Urknalls.

Die größten Rätsel der Kosmologie sind nach wie vor die Entstehung und Zukunft des Universums. Im Jahr 1998 fand ein Forscherteam heraus, dass sich das Weltall mit zunehmender Entfernung immer schneller ausdehnt. Wird der Kosmos bis in alle Ewigkeit auseinandertreiben?

Eine Sternwarte ohne Teleskope: um 1580 vermaß Tycho Brahe die Planetenpositionen mit einer Peilvorrichtung, dem Mauerquadrant.

Die klassische Sternwarte: Das astrophysikalische Observatorium in Potsdam wurde 1899 eingeweiht. Sein Hauptinstrument ist ein Teleskop mit 80 cm durchmessenden Linsen.

Die Zukunft der Astronomie: der Spiegeldurchmesser des europäischen Riesenteleskops ELT wird 39 m betragen; es soll um 2025 mit Beobachtungen beginnen.

ASTRONOMISCHE TELESKOPE
— und das Licht der Sterne

Mit der Erfindung des Fernrohrs begann für die Astronomie ein neues Zeitalter. Je größer die Teleskope wurden, desto mehr konnte man mit ihnen über das Universum in Erfahrung bringen. Und es werden bald neue „Superaugen" gebaut.

Astronomen beobachten ferne Himmelsobjekte mit immer größeren Teleskopen. Ein typisches Observatorium befindet sich auf einem hohen Berg, weit entfernt von den hell erleuchteten Gebieten unserer Zivilisation. Hier starren moderne Riesenteleskope in jeder klaren Nacht an den pechschwarzen Himmel. Wie von Geisterhand gesteuert gleiten die tonnenschweren Kolosse durch die Dunkelheit, elektronische Empfänger registrieren unbestechlich jedes Lichtpünktchen und erzeugen große Datenmengen, die später in monatelanger Arbeit ausgewertet werden. Mit dem romantischen Bild des Astronomen, der nächtelang einsam hinter dem Fernrohr kauert und mit eigenen Augen das Universum erforscht, hat die Astronomie schon lange nichts mehr zu tun.

SO FUNKTIONIEREN TELESKOPE

Dabei hat sich das Grundprinzip aller Teleskope seit Galileo Galilei, dem ersten Astronomen mit Fernrohr, nicht geändert. Jedes Teleskop hat die gleiche simple Aufgabe: es soll Licht sammeln. Und dies kann es umso besser, je größer die lichtsammelnde Fläche des Fernrohrs ist. Mit jeder Verdopplung des Teleskopdurchmessers steigt die Leistung um ein Vierfaches an. Aus diesem Grund werden immer größere Teleskope gebaut, und mit jedem neuen steigt die Hoffnung, dem Weltraum nun endlich seine letzten Geheimnisse entreißen zu können.

Es gibt zwei prinzipiell unterschiedliche Bauarten von Teleskopen: Linsenteleskope (Refraktoren) und Spiegelteleskope (Reflektoren). Das Prinzip des Spiegelteleskops wurde 1668 von Isaac Newton eingeführt. Linsenteleskope wurden hauptsächlich bis zu Beginn des 20. Jahrhunderts eingesetzt. Das größte je gebaute Linsenteleskop ist mit einem Durchmesser von 1,02 m der Yerkes-Refraktor in Wisconsin/USA, der 1897 in Betrieb genommen wurde.

Um die unvermeidlichen Farbfehler der Linsen klein zu halten, besitzen Refraktoren eine im Verhältnis zum Durchmesser große Brennweite, was man auf den ersten Blick erkennen kann: Sie sehen aus wie lange, dünne Röhren. Noch größere Linsenteleskope können nicht gebaut werden, da sich sonst die Linsen unter ihrem Eigengewicht durchzubiegen beginnen. Teleskope mit Durchmessern von über einem Meter werden daher prinzipiell als Spiegelteleskop gebaut. Auch haben Reflektoren gegenüber den Refraktoren einen entscheidenden

Die europäische Südsternwarte auf dem chilenischen Andengipfel La Silla. Ganz links die Kuppel des 3,6-m-Teleskops und rechts davon das kantige Gebäude des New Technology Telescope.

Vorteil: Da das Licht reflektiert wird – und nicht wie beim Linsenteleskop gebrochen –, sind ihre Bilder vollkommen farbrein. Leider bleibt aber auch ein Nachteil: Um das Licht dem Beobachter oder dem Detektor zugänglich zu machen, muss es über einen kleineren Fangspiegel aus dem Strahlengang des Teleskops gelenkt werden. Dieser Fangspiegel (auch Sekundärspiegel genannt) verschlechtert die Abbildungsleistung eines Spiegelteleskops im Vergleich zum Refraktor.

ENTSCHEIDEND IST DIE SCHÄRFE

Doch die Größe eines Teleskops ist nicht das einzige Qualitätskriterium; auf die Schärfe der Bilder kommt es mindestens ebenso an. Mit zunehmendem Objektivdurchmesser steigt auch die Schärfeleistung eines Teleskops. Zumindest theoretisch, denn in der Praxis stellt sich heraus, dass ein durchschnittliches Hobby-Teleskop mit zum Beispiel 20 cm Durchmesser genauso scharfe Bilder zeigt wie ein Profiteleskop mit riesigem 8-m-Spiegel. Schuld daran ist die Erdatmosphäre: Sie verwirbelt das Licht eines Sterns, lässt es hin und her tanzen, erzeugt zappelnde und alles andere als scharfe Bilder der Himmelskörper.

Das Licht übersteht auf seinem jahrelangen Weg durch den weiten Weltraum schier unendliche Entfernungen nahezu unbeschadet, um dann auf den letzten Kilometern von den Luftschichten der Erdatmosphäre bis zur Unkenntlichkeit verwirbelt zu werden! Aus diesem Grund werden Sternwarten auf möglichst hohen Bergen errichtet, um den störenden Luftschichten wenigstens zum Teil entgehen zu können. Richtig ungestört können aber nur im Weltraum stationierte Teleskope das Universum erforschen.

Die größte Herausforderung besteht neben dem Bau immer größerer Teleskope daher in der Entwicklung technischer Methoden, um die Schärfeleistung der Großteleskope zu verbessern. Die Sterne einfach mit starrem Blick zu fixieren, genügt nicht mehr. Teleskopspiegel bestehen aus einer Glaskeramik und werden mit zunehmendem Durchmesser immer dicker und schwerer, um die Präzision der spiegelnden Fläche zu gewährleisten. So ist der Spiegel des berühmten 5-m-Teleskops auf dem Mt. Palomar in den USA bereits 50 cm dick. Noch größere Teleskopspiegel müssten nach der klassischen Bauweise immer dicker, schwerer und das Teleskop damit sehr viel teurer werden. Ein Dilemma, das lange Zeit den Bau von Teleskopen mit Spiegeln größer als fünf Meter verhinderte. Fach-

Das Gran Telescopio Canarias auf dem Roque de los Muchachos in La Palma besitzt einen 10,4 Meter großen Hauptspiegel, der aus 36 sechseckigen Segmenten zusammengesetzt wurde.

leute werden feststellen, dass an dieser Stelle das 6-m-Teleskop in Selentschukskaja nicht erwähnt wurde. Dieses sowjetische Großteleskop ging 1976 in Betrieb, hat aber aufgrund technischer Probleme nie seine erwartete Leistung erbringen können.

WENN TELESKOPE AKTIV WERDEN

Mit dem „New Technology Telescope" der Europäischen Südsternwarte ESO wurde eine neue Technik getestet. Statt den Teleskopspiegel wie sonst dick und starr zu machen, besitzt das NTT einen zwar 3,5 m großen, aber nur 24 cm dünnen Hauptspiegel, der mit Computerhilfe und 75 Zug- und Druckschrauben ständig in seiner idealen Form gehalten wird. Dank dieser „aktiven Optik" verbesserte sich die Schärfeleistung enorm und das Teleskop wurde zudem deutlich preisgünstiger als ein gleichgroßes in klassischer Bauart. Damit war der Weg frei für den Bau noch größerer Teleskope, wie den vier 8-m-Spiegeln des „Very Large Telescope" (VLT) der ESO oder den zwei aus vielen Spiegelsegmenten zusammengesetzten 10-m-Teleskopen des Keck-Observatoriums auf Hawaii.

Neben dieser aktiven Optik setzen die Forscher eine noch viel ambitioniertere Technik ein, um die Störungen der Erdatmosphäre auszuschalten: die „adaptive Optik". Das Grundprinzip der adaptiven Optik ist einfach, seine technische Umsetzung umso schwieriger: Ein Computer analysiert das ständige Zappeln der Sterne und steuert eine kleine Hilfsoptik, die sich im Strahlengang des Teleskops befindet.

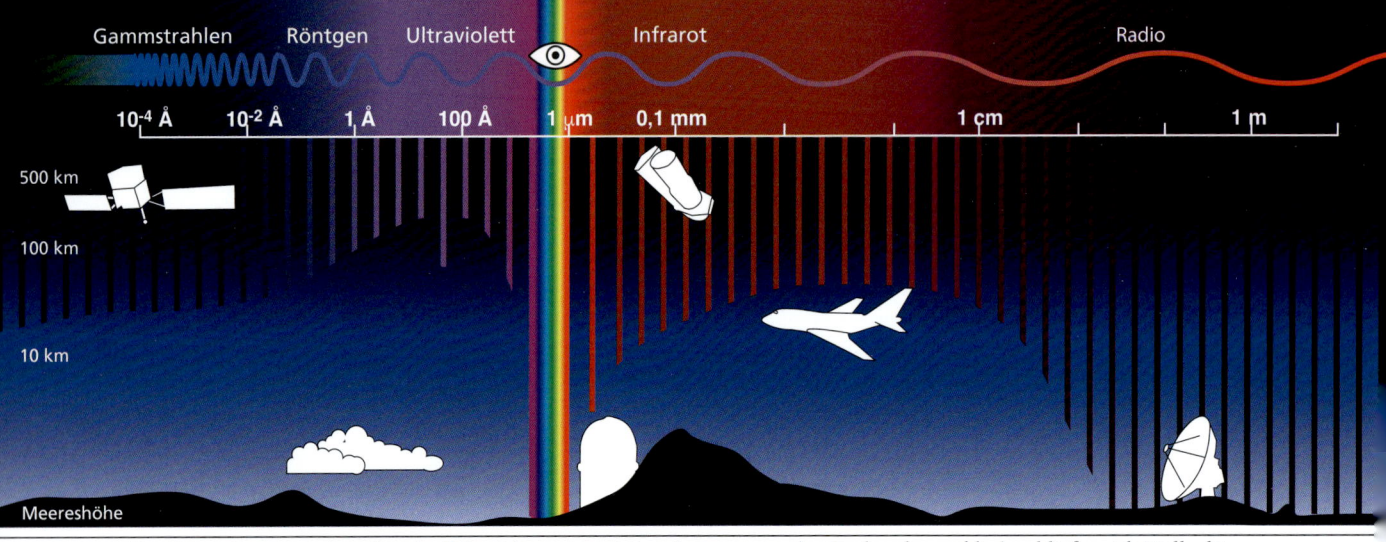

Das Auge nimmt nur einen Bruchteil des elektromagnetischen Spektrums wahr. Nach rechts und links schließen sich Wellenlängen an, die teilweise nur vom Weltraum aus beobachtet werden können.

Im Idealfall gelingt es damit, das zitternde Sternlicht zu beruhigen und so die gesamte Schärfeleistung des Riesenspiegels nutzen zu können.

Die Beobachtung des Weltalls mit normalen Teleskopen ist immer noch der aktivste Teil der Astronomie, aber schon lange nicht mehr der einzige. Bereits seit Anfang des 20. Jahrhunderts ist bekannt, dass es neben dem sichtbaren Licht auch andere Sorten von Strahlung gibt. Ob Infrarot, Radio-, Röntgen- oder Gammastrahlen – im Kosmos ist weitaus mehr zu „sehen", als es das menschliche Auge wahrzunehmen vermag.

KURZE STRAHLEN, LANGE WELLEN

Das menschliche Auge – und auch die elektronischen Empfänger der optischen Teleskope – kann nur einen Bruchteil des elektromagnetischen Spektrums wahrnehmen. Links und rechts der bekannten Regenbogenfarben schließen sich andere Frequenzbereiche an. Zu längeren Wellenlängen hin sind dies Infrarotstrahlung und Radiowellen, zu kürzeren Wellenlängen hin ultraviolettes Licht, die Röntgen- und Gammastrahlung.

Ein Großteil dieser Strahlung wird von der Erdatmosphäre nicht durchgelassen (die Eindringtiefe ist in der Abbildung durch senkrechte Balken symbolisiert). Das ist ein Segen für die Menschheit, die dadurch vor schädigender Strahlung geschützt wird, aber ein Hindernis für die Astronomen, denn von der Erdoberfläche aus können nur kleine Teile des gesamten Spektrums empfangen werden. Neben dem für uns Menschen sichtbaren Licht sind dies die Radiowellen und Teile der Infrarot- sowie Submillimeter-Strahlung. Alle anderen Strahlungsarten können nur außerhalb der Erdatmosphäre, zum Beispiel von Satellitenteleskopen in einer Erdumlaufbahn empfangen werden.

MERKMALE DER STERNE

Der Mensch besitzt einen der besten Lichtdetektoren der Welt: die Augen. Es ist kein Zufall, dass unsere Augen ausgerechnet im schmalen Spektralbereich zwischen 400 und 600 nm (nm = Nanometer, ein Milliardstel Meter) am empfindlichsten sind. Denn genau hier strahlt die Sonne (und mit ihr die meisten anderen Sterne) viel Energie ab.

Auf den ersten Blick kann das Auge drei wichtige Eigenschaften eines Sterns wahrnehmen: seine Position, seine Helligkeit und, zumindest zum Teil, seine Farbe. Damit verbunden sind drei wichtige Forschungszweige der Astronomie: die Astrometrie (Positionsbestimmung), die Fotometrie (Helligkeitsmessung) und die Spektroskopie (Untersuchung der farbigen Bestandteile des Lichts) von Sternen.

ORDNUNG AM STERNENHIMMEL

Die Aufgabe der Astrometrie ist es, mit möglichst großer Genauigkeit die Positionen der Sterne zu vermessen. Dieses Ansinnen hat die Menschheit schon vor Jahrtausenden beschäftigt, so sind die uns heute bekannten Sternbilder entstanden. Dank der charakteristischen Muster kann sich auch der Naturbeobachter am Himmel orientieren und die Position eines Sterns zum Beispiel mit „der linke Stern der Wagendeichsel des Großen Wagens" angeben. Mehr Systematik liegt dem System von Johannes Bayer zugrunde, der die Sterne eines Sternbilds mit kleinen griechischen Buchstaben benannte: Der hellste Stern eines Sternbilds wird mit α (alpha) bezeichnet, der zweithellste mit β (beta), usw. Leider ist dieses System nicht frei von Fehlern und mathematisch wenig brauchbar, so dass der Himmel schließlich mit einem Koordinatennetz ähnlich den irdischen Längen- und Breitengraden überzogen wurde. Der geografischen Länge entspricht dabei die Himmelskoordinate „Rektaszension", der Breite die „Deklination". Mit diesen beiden Koordinaten kann man die Position eines Sterns genau und für jeden Beobachter nachvollziehbar angeben.

Die Rektaszension wird dabei in Stunden, Minuten und Sekunden von 0 bis 24 Stunden angegeben, die Deklination in Winkelgrad von 0° bis +90° (nördlich des „Himmelsäquators") bzw. 0° bis –90° (südlich des Himmelsäquators). Der vorhin genannte linke Stern der Wagendeichsel des Großen Wagens trägt daher auch die Bezeichnung η UMa (eta in Ursa Major, dem Großen Bären) bzw. die Koordinaten 13ʰ47ᵐ (Rektaszension), +49°19' (Deklination). Dank genauer Sternpositionen konnten exakte Himmelskarten gezeichnet werden. Noch heute ist die Astrometrie des Himmels nicht abgeschlossen, immer wieder werden die Positionen der Sterne verbessert und vor allem schwächere Sterne neu erfasst. Zwei Aspekte erschweren genaue Positionsangaben von Sternen: Einmal ändern sich ihre Koordinaten aufgrund der langfristig schwankenden Erdachse (der sogenannten Präzession), zweitens besitzen alle Sterne eine Eigenbewegung, d. h. sie sind keineswegs so fix, wie es die Bezeichnung „Fixstern" vermuten lassen würde. Die Präzession ist gut erforscht und kann mit Computerhilfe kompensiert werden, die Eigenbewegung vieler schwacher Sterne ist allerdings lange noch nicht gut genug bekannt und muss immer weiter vermessen werden.

Ein Trost bleibt: für durchschnittliche Genauigkeitsansprüche und gedruckte Sternkarten genügt es, diese alle 50 Jahre zu aktualisieren (derzeit gilt das Jahr 2000 als Fixpunkt); Profiastronomen müssen dagegen sowohl die Eigenbewegung als auch die Präzession berücksichtigen.

Mit Hilfe der Astrometrie kann man bereits etwas über Ort und Bewegung eines Sterns erfahren. Um aber weitere Eigenschaften des Sterns zu erforschen, müssen sowohl seine Helligkeit als auch chemische Zusammensetzung bekannt sein.

GROSSTELESKOPE TRUMPFEN AUF

Schon ein kurzer Blick zum Nachthimmel zeigt: Nicht alle Sterne sind gleich hell. Besonders im Winter sind viele sehr helle Sterne am Himmel zu sehen, zum Beispiel im Sternbild Orion, und etwas darunter Sirius im Großen Hund, der hellste Stern am irdischen Nachthimmel.

Andere Sternbilder, zum Beispiel der Krebs, bestehen aus so lichtschwachen Sternchen, dass man sie nur mit Mühe entdecken kann. Die Bestimmung der Sternhelligkeiten wird als Fotometrie bezeichnet. Hier können große Teleskope ihre Stärke ausspielen, denn je größer das Teleskop ist, desto schwächere Sterne kann es wahrnehmen.

Leider ist die Maßeinheit für Sternhelligkeiten aus historischen Gründen etwas undurchsichtig. Sie basiert auf dem von Hipparch eingeführten System, wonach die hellsten Sterne der Größe 1 zugeordnet werden, etwas schwächere der Größe 2 und die schwächsten, noch mit bloßem Auge wahrnehmbaren Sterne der Größe 6 angehören. In einer mathematisch genauer gefassten Form findet dieses System der „Magnitudines" (lat., Größenklassen) heute noch Verwendung, wurde aber für besonders helle Objekte um negative Werte ergänzt. Als offizieller Nullpunkt dient der Stern Wega im Sternbild Leier. Sirius, der hellste Stern am Himmel, ist demnach $-1{.}^{\mathrm{m}}5$ hell, der Vollmond -12^{m} und die Sonne sogar -27^{m}. Interessanter wird es, wenn man die Helligkeitsskala zu lichtschwächeren Sternen hin betrachtet. Bereits ein Fernglas zeigt Sterne der 8. Größe, Hobbyteleskope kommen bis 15^{m}, der 5-m-Spiegel auf dem Mt. Palomar erreichte mit Belichtungen auf Fotoplatten ca. 23^{m}. Besonders den modernen CCD-Detektoren, die heute das Licht anstelle von Fotoplatten registrieren, ist es zu verdanken, dass Großteleskope mittlerweile Objekte der 30. Größe nachweisen können.

Aber die Helligkeitsbestimmung von Sternen hat weitaus mehr Sinn als deren bloße Katalogisierung. Denn manche Sterne leuchten nicht immer gleich

Der große Bär (Ursa Major) in der kunstvoll ausgeschmückten Sternkarte von Sidney Hall aus dem Jahr 1825.

hell und werden daher „Veränderliche" genannt. Im Zeitraum von Stunden, Tagen, Wochen oder Monaten schwankt ihre Helligkeit. Bei einigen geschieht dies regelmäßig wie ein Uhrwerk, andere werden plötzlich heller oder schwächer.

Hinter diesen Helligkeitsschwankungen verbirgt sich eine Vielzahl physikalischer Prozesse, die alle etwas über die Natur eines Sterns verraten. Zwei prominente Beispiele seien hier genannt, mehr über das Thema der veränderlichen Sterne berichtet das Kapitel ab Seite 74.

BEDECKUNGEN UND PULSATIONEN

Im Sternbild Perseus befindet sich der Stern Algol, dessen Helligkeitsschwankungen man bereits mit bloßem Auge verfolgen kann. Etwa alle drei Tage wird Algol scheinbar schwächer, um innerhalb weniger Stunden wieder seine normale Helligkeit zu erreichen. Genauere Untersuchungen ergaben, dass sich dort zwei Sterne umkreisen und in regelmäßigen Abständen gegenseitig bedecken (linker Teil der Abb. rechts oben). Obwohl man die Sterne im Teleskop nicht einzeln sehen kann, offenbart sich allein durch die Untersuchung des Lichtwechsels die Natur des Objekts: Algol ist ein Doppelstern. Eine ganz andere Art Veränderlicher ist der Stern δ (delta) im Sternbild Kepheus. Seine Helligkeit steigt etwa alle fünf Tage an, um dann wieder auf den Normalwert abzusinken. Die zugehörige Lichtkurve (rechter Teil der Abb. rechts oben) sieht aber ganz anders aus als bei Algol – handelt es sich ebenfalls um einen Doppelstern? Die Antwort lautet nein, denn δ Cephei verändert sich tatsächlich, er pulsiert. Im Gegensatz zu unserer gleichmäßig leuchtenden Sonne ist δ Cephei instabil, er bläht sich regelmäßig auf und zieht sich danach wieder zusammen.

Allein durch die Beobachtung von Sternhelligkeiten können die Astronomen viel über die Natur der Sterne in Erfahrung bringen – die Fotometrie ist ein mächtiges Werkzeug zur Erforschung des Weltalls. An Vielfalt überboten wird die Fotometrie aber noch von der Spektroskopie, denn damit kann man tatsächlich die chemische Zusammensetzung selbst Lichtjahre entfernter Sterne bestimmen – ohne eine Probe des Sterns in einem irdischen Labor zu untersuchen.

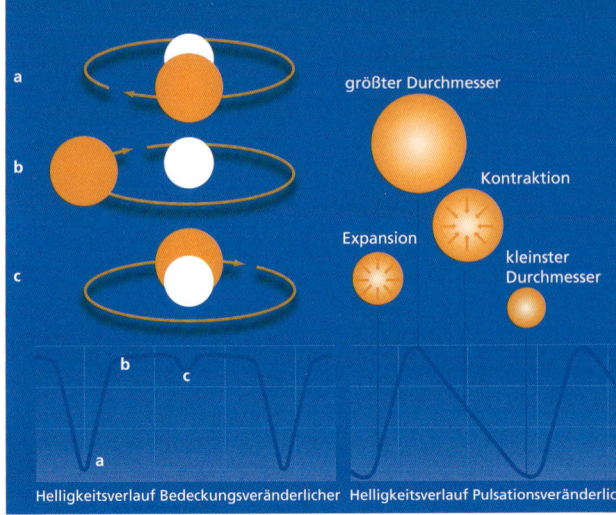

Die Messung von Sternhelligkeiten und deren zeitlicher Verlauf kann viel über die Natur der Sterne aussagen.

Das Very Large Telescope der ESO ist ein Verbund aus vier 8-m-Teleskopen und kleinerer Hilfsteleskope.

WEISSE STERNE WERDEN FARBIG

Nicht alle Sterne strahlen weißes Licht aus. Genau genommen sind viele von ihnen sogar farbig, doch mit bloßem Auge kann man dies nur bei besonders hellen Sternen, etwa der rötlichen Beteigeuze im Sternbild Orion, wahrnehmen. Die Farbe eines Sterns ist ein Maß für dessen Temperatur: Rote Sterne sind „kühl" (ca. 3000 Grad), gelbe Sterne liegen mit 6000 Grad im mittleren Bereich und blaue Sterne sind mit 20.000 Grad sehr heiß. Noch genauer wird die Farbe eines Sterns bei der Spektroskopie unter die Lupe genommen. Dabei wird das Licht der Sterne in seine Regenbogenfarben zerlegt, Astronomen sprechen vom Spektrum des Sterns. Die zugehörige Apparatur heißt Spektroskop, das an ein Teleskop angeschlossen wird. Das Spektroskop nutzt entweder ein Glasprisma oder ein feines Gitter, um das Licht des Sterns in seine Spektralfarben zu zerlegen. Im Gegensatz zum Regenbogen sind die Spektren der Sterne von schmalen schwarzen Linien durchzogen, die nach ihrem Entdecker Fraunhofer-Linien genannt werden. Von Experimenten im irdischen Chemielabor war bekannt, dass bestimmte Elemente mit einer charakteristischen Farbe verbrennen. Natrium (neben Chlor auch in Kochsalz enthalten) hat zum Beispiel eine gelbe Farbe, wenn es verbrennt. Daher war der Weg zur Deutung der Fraunhofer-Linien nicht weit: Sie sind gewissermaßen der Fingerabdruck chemischer Elemente in der äußeren Atmosphäre eines Sterns. Statt zu leuchten, absorbieren hier vorhandene Elemente das aus dem Sterninneren strahlende Licht und bilden schwarze Linien im Spektrum. So kann man aus weiter Ferne, allein durch die spektroskopische Untersuchung des Sternlichts, auf dessen chemische Zusammensetzung schließen. Sterne bestehen zum überwiegenden Teil aus Wasserstoff, dem häufigsten chemischen Element im Universum.

Das Spektrum eines Sterns weist dunkle Linien auf, die ein „Fingerabdruck" der dort vorhandenen chemischen Elemente sind.

👉 MODERNE GROSSTELESKOPE

OBSERVATORIUM	ORT	SPIEGEL-DURCHMESSER
SOUTH AFRICAN LARGE TELESCOPE	Südafrika	11,0 m
GRAN TELESCOPIO CANARIAS	La Palma	10,4 m
KECK I UND KECK II	Mauna Kea, Hawaii	2 x 10 m
HOBBY-EBERLY-TELESKOP	Texas, USA	9,9 m
LARGE BINOCULAR TELESCOPE	Mt. Graham, USA	2 x 8,4 m
SUBARU-TELESKOP	Mauna Kea, Hawaii	8,3 m
VERY LARGE TELESCOPE	Paranal, Chile	4 x 8,2 m
GEMINI NORD UND SÜD	Hawaii und Chile	je 8 m

DIE VERMESSUNG DES WELTALLS
— *Von einem Stern zum anderen*

Astronomen haben ein Problem: Man kann die Entfernungen der Himmelskörper nicht mit dem Metermaß vermessen. Stattdessen hangeln sich die Wissenschaftler mit unterschiedlichen Methoden von einem Meilenstein zum anderen durch das Universum.

Bereits die Naturphilosophen im alten Griechenland unternahmen Versuche, die Entfernungen von Sonne und Mond zu ermitteln. Grundlage für diese Schätzungen war die Bestimmung des Erddurchmessers durch Eratosthenes von Kyrene. Ihm war aufgefallen, dass die Sonne, zur gleichen Uhrzeit von zwei entfernten Orten aus betrachtet, unterschiedlich hoch am Himmel steht. Unter der Annahme, die Erde sei eine Kugel, konnte er den Erddurchmesser zu 12.700 km errechnen, was dem heute gültigen Wert von 12.756 km erstaunlich nahe kommt. Etwa einhundert Jahre später (um 150 v. Chr.) vermaß Hipparchos von Nikaia die Mondentfernung zu 30 Erddurchmessern (ca. 380.000 km); auch dies ein Wert, der dem tatsächlichen (384.000 km) überraschend ähnlich ist. Der nächste Schritt, die Bestimmung des Abstandes Sonne – Erde, war dagegen von weniger Erfolg gekrönt. Es sollte fast 2000 Jahre dauern, bis man diese riesige Entfernung von 150 Mllionen Kilometer in Erfahrung bringen konnte.

DIE ASTRONOMISCHE EINHEIT

Der mittlere Abstand zwischen Sonne und Erde wird als „Astronomische Einheit" bezeichnet. Wer diesen Wert genau kennt, der kann dank der Keplerschen Gesetze die Entfernungen aller Planeten untereinander und zur Sonne berechnen. So verwundert es nicht, dass große Anstrengungen unternommen wurden, um den Wert der Astronomischen Einheit (AE) genau zu ermitteln. Und anstrengend war das in der Tat, denn die einzige Möglichkeit basierte auf trigonometrischen Beobachtungen, ähnlich den Methoden der Landvermesser.

Jeder kann dies nachvollziehen, wenn er den Arm ausstreckt und dann den Daumen abwechselnd mit dem linken und dem rechten Auge betrachtet: Vor dem Hintergrund entfernter Gegenstände springt der Daumen hin und her. Den Abstand der Augen sowie die Armlänge kann man nachmessen und durch die Ermittlung des Winkels beim „Daumensprung" lässt sich die Entfernung anderer Gegenstände berechnen. Der Fachbegriff hierfür lautet „Parallaxeneffekt". Statt des Daumens benutzen Astronomen den Planeten Venus, der zu bestimmten Zeiten vor der hellen Sonnenscheibe vorbeizieht. Die Basislinie (der „Augenabstand") muss aufgrund der Entfernungen besonders groß sein, der Venusdurchgang vor der Sonne entsprechend von zwei weit auseinander liegenden Orten auf der Erde beobachtet werden. Doch leider sind diese Venustransite seltene Ereignisse, sie finden nur etwa alle 120 Jahre statt, acht Jahre später folgt allerdings immer ein weiterer Transit. So zog die Venus nach dem letzten, zur Bestimmung der AE benutzten, Transit im Jahre 1882 erst wieder am 8. Juni 2004 vor der Sonne vorbei; ein Ereignis, das zwar weltweit beobachtet wurde, aber für die Ermittlung der AE heutzutage keinerlei Bewandtnis mehr hatte. Das Bild auf Seite 17 stammt vom letzten Venustransit am 6. Juni 2012, der nächste wird erst 2117 stattfinden.

Allen Anstrengungen zum Trotz (oft wurden zur Beobachtung eines Venustransits abenteuerliche Expeditionen in abgelegene Gebiete unternommen), blieb der Wert der AE lange ungenau. Erst moderne Beobachtungen mittels Radarwellen lieferten den exakten Wert von 149.597.870 km. Mit der Kenntnis des Abstandes von der Erde zur Sonne konnten auch die Entfernungen der anderen

---

☞ **ASTRONOMISCHE MASSEINHEITEN**

1 Astronomische Einheit (AE) = 149.597.870 Kilometer
1 Lichtjahr = 9,46 Billionen km oder 63.240 AE
1 Parsec (pc) = 3,26 Lichtjahre
1 Megaparsec (Mpc) = 3260 Lichtjahre
Lichtgeschwindigkeit = 299.792.458 m/s

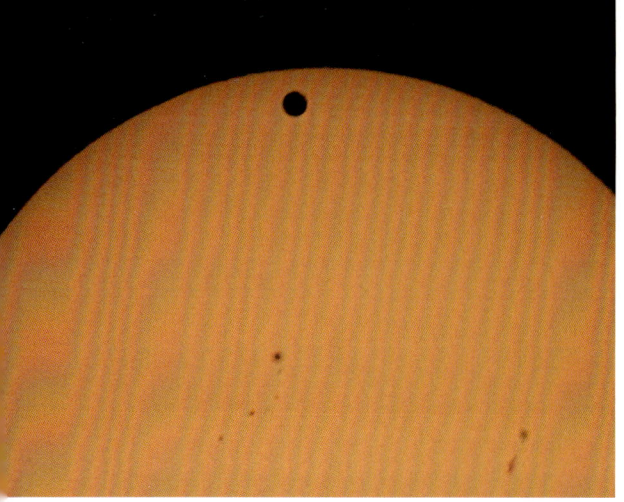
Der Durchgang des Planeten Venus vor der Sonne diente zur Bestimmung der Entfernung Erde – Sonne.

Der Satellit Gaia ist aufgebrochen, um die Sterne der Milchstraße mit bisher unerreichter Präzision zu vermessen.

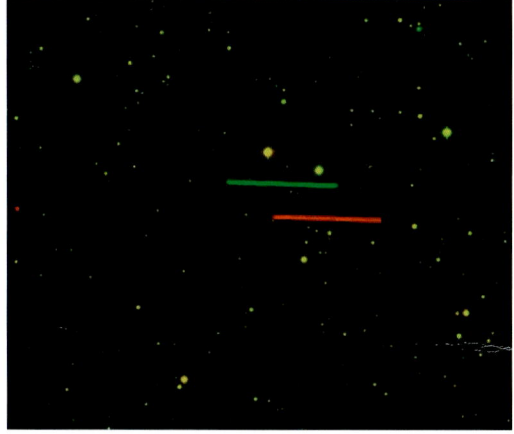
Der Kleinplanet Toutatis, aufgenommen von zwei 513 km entfernten Observatorien. Aus dem Versatz der Spuren konnte die Entfernung des Kleinplaneten zu 1.607.900 km bestimmt werden.

Planeten zur Sonne berechnet werden. Die Vermessung des Sonnensystems war nurmehr eine Rechenaufgabe.

DER GRIFF NACH DEN STERNEN

Sterne sind sehr viel weiter von uns entfernt als die Sonne und alle anderen Planeten. Hier begegnen wir Zahlen in „astronomischen" Größenordnungen. Und doch gelang es bereits Friedrich Wilhelm Bessel im Jahr 1838, die Entfernung eines Fixsterns zu bestimmen. Die Technik ist der Bestimmung der Sonnenentfernung ähnlich, nur benutzt man nun als „Augenabstand" nicht zwei auf der Erde weit voneinander entfernt liegende Orte, sondern den Durchmesser der Erdbahn. Die Basislinie zur Messung des „Daumensprungs" beträgt damit knapp 300 Millionen km!

Doch selbst mit dieser riesigen Strecke ist die Parallaxe von Sternen kaum messbar. Das „Wackeln" naher Sterne vor dem Hintergrund der weiter entfernten Sterne ist kleiner als eine Bogensekunde und damit nur schwer messbar – aber immerhin möglich. F. W. Bessel untersuchte den Stern 61 im Sternbild Schwan (61 Cygni) und bestimmte dessen Entfernung zu 10,3 Lichtjahren, einer für damalige Zeiten geradezu schwindelerregenden Entfernung. Später wurde dieser Wert auf 11,4 Lichtjahre präzisiert. 61 Cygni befindet sich noch in der unmittelbaren Nachbarschaft der Sonne, sein Parallaxenwinkel beträgt dennoch nur 0,287 Bogensekunden. Ein Lichtjahr ist die Entfernung, die das Licht innerhalb eines Jahres zurücklegt: 9,46 Billionen Kilometer. Oft wird auch die Einheit „Parsec" (Abkürzung für „Parallaxensekunde") verwendet, da hier der Zusammenhang mit dem gemessenen Parallaxenwinkel deutlicher ist. Die in Parsec angegebene Entfernung ist gleich dem Umkehrwert des Winkels, bei 61 Cygni also 1/0,287 = 3,48 Parsec. Einem Parsec entsprechen somit 3,26 Lichtjahre oder knapp 31 Billionen Kilometer.

Mit der Parallaxenmethode ist es möglich, von der Erde aus Sternentfernungen bis ca. 100 Lichtjahre weit exakt zu messen. Um diese Reichweite zu steigern und die Entfernungen naher Sterne genauer zu kennen, untersuchte der Satellit *Hipparcos* Anfang der 1990er Jahre die Parallaxen von 100.000 Sternen. Seit Dezember 2013 hat der Satellit *Gaia* seine Arbeit aufgenommen. Das unbescheidene Ziel dieser Mission ist es, die Entfernungen der Sterne um einen Faktor 200 gegenüber den Ergebnissen von *Hipparcos* zu verbessern. Mit den Messungen von *Gaia* wird eine dreidimensionale Karte unserer Galaxis möglich sein; dazu bestimmt der Satellit von einer Milliarde Sterne deren Eigenschaften wie Entfernung, Eigenbewegung, Temperatur und chemischer Zusammensetzung.

Supernovae (siehe Pfeil) sind wichtige Indikatoren zur extragalaktischen Entfernungsbestimmung.

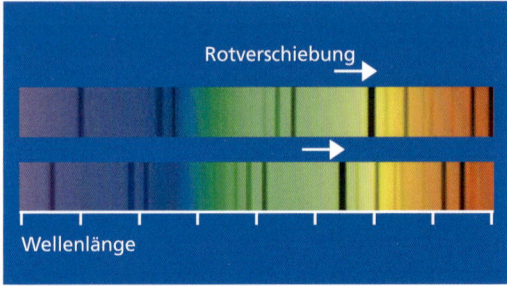

Die Verschiebung von Absorptionslinien im Spektrum

Der Pfeil zeigt auf eine sehr rote elliptische Galaxie mit einer Rotverschiebung von z = 7,8.

Die Messung der Parallaxe ist die einzige direkte Methode, um die Entfernung eines Sterns zu bestimmen. Alle anderen fügen verschiedene Puzzleteile zusammen, um noch weiter in den Raum vorzudringen. Die nächste wichtige Entdeckung zur Entfernungsbestimmung gelang Henrietta Leavitt im Jahr 1912. Ihr fiel auf, dass eine bestimmte Klasse veränderlicher Sterne, die Cepheiden, einen eindeutigen Zusammenhang zwischen ihrer Helligkeit und der Dauer ihres Lichtwechsels aufweisen. Man muss demnach nur die Lichtwechselperiode des Cepheiden und seine scheinbare Helligkeit messen, um so dessen Entfernung zu erhalten.

MILLIONEN LICHTJAHRE ENTFERNT

Dank der Cepheiden-Methode war es nun möglich, auch die Entfernung anderer Galaxien zu bestimmen – vorausgesetzt, man kann dort Cepheidensterne finden und vermessen.

Wer schon einmal die Andromeda-Galaxie mit einem Feldstecher oder Teleskop beobachtet hat, der weiß, dass man dort nur einen nebligen Lichtschein sieht, von einzelnen Sternen ist keine Spur. Erst mit einem neuen Riesenteleskop, dem 2,5-m-Spiegel des Mt.-Wilson-Observatoriums, war es im Jahr 1920 möglich, die Randpartien des Andromeda-Nebels in einzelne Sterne aufzulösen. Edwin Powell Hubble gelang es, dort Cepheidensterne zu entdecken und so die Entfernung des „Nebels" zu 800.000 Lichtjahren zu bestimmen. Damit wurde erstmals klar, dass dieser Nebel kein Teil unserer Milchstraße ist, sondern dass es sich bei ihm um eine eigene, weit entfernte Galaxie handeln muss. Nun war die Entfernungsbestimmung mittels Cepheiden doch nicht so einfach, wie es auf den ersten Blick den Anschein hatte. Die tatsächliche Entfernung der Andromeda-Galaxie beträgt daher etwa 2,7 Mio. Lichtjahre. So ganz genau kennt man die Entfernung aber selbst heute noch nicht, irgendwo zwischen 2,5 und 3,0 Mio. Lichtjahren ist sie aber angesiedelt.

Nur bei wenigen, sehr nahen Galaxien war es möglich, einzelne Cepheiden zu finden und daraus auf die Entfernung der Galaxie zu schließen. Aber Hubble machte eine weitere Entdeckung mit weitreichenden Konsequenzen. Zusammen mit seinem Kollegen Humason nahm er Spektren einiger Galaxien auf. Die Auswertung bereitete den beiden Forschern allerdings Kopfzerbrechen, so recht wollten die dunklen Linien in den Galaxienspektren nicht mit den von Sternen bekannten Mustern zusammenpassen. Es stellte sich heraus, dass die Spektren der Galaxien insgesamt gegenüber normalen Sternspektren in Richtung des roten Lichts verschoben sind. Die berühmte Rotverschiebung der Galaxien war entdeckt, und mit ihr der Zusammenhang, dass die Rotverschiebung umso größer ist, je weiter die Galaxie von uns entfernt ist. Der Zusammenhang zwischen Rotverschiebung und Entfernung wird über die sogenannte Hubble-Konstante ermittelt (weil sich deren Wert über die Jahre stark änderte, spricht man nun eher vom Hubble-Parameter). Noch heute ist die genaue Bestimmung des Hubble-Parameters Gegenstand der Forschung – und der eigentliche Grund, weshalb das Hubble-Weltraumteleskop (HST) gebaut wurde. Mit dem HST und später dem Spitzer-Weltraumteleskop wurden zahlreiche Cepheiden in weit entfernten Galaxien untersucht und so der Hubble-Parameter auf 71,9 km/(s · Mpc) präzisiert. Nur durch die Messung der Rotverschiebung ist es möglich, die Distanzen sehr weit entfernter Galaxien und Quasare zu bestimmen.

KOSMISCHE STANDARDKERZEN

In noch weiter entfernten Galaxien können keine Cepheidensterne mehr beobachtet werden; die Eichung des Hubble-Parameters ist hier nicht möglich, da die Cepheiden zu lichtschwach sind. Glücklicherweise aber bietet uns die Natur eine weitere, wenn auch seltene Möglichkeit, den exakten Wert des Hubble-Parameters zu prüfen. Hin und wieder taucht in einer sonst unscheinbaren Galaxie ein besonders heller Stern auf: eine Supernova. Dieser explodierende Stern ist zeitweise so hell wie die ganze Galaxie. Supernovae treten in mehreren Varianten auf, die durch ihr Spektrum und ihre Helligkeitsentwicklung voneinander unterschieden werden können. Eine Sorte davon, die Supernovae des Typs Ia, leuchten nach der Theorie immer mit der gleichen (absoluten) Helligkeit. Durch Beobachtung ihrer scheinbaren Helligkeit (dem Licht, das auf der Erde ankommt) kann so die Entfernung der Supernova und somit auch die der Galaxie bestimmt werden. Supernovae des Typs Ia werden daher auch als „Standardkerzen" der Entfernungsbestimmung bezeichnet.

Diese Entfernung kann mit der durch die Rotverschiebung ermittelten verglichen und damit der Wert des Hubble-Parameters präzisiert werden. So ist es heutzutage – theoretisch – möglich, die Entfernungen von Galaxien bis hin zum Rand des Universums anzugeben. Theoretisch deshalb, weil die Fluchtgeschwindigkeit der Galaxien nicht, wie lange Zeit angenommen wurde, in gleichem Maße wie die Entfernung steigt, sondern bei weit entfernten Galaxien zunehmend größere Werte aufweist. Das Universum dehnt sich offenbar mit fortschreitender Entfernung immer schneller aus, man spricht daher auch vom beschleunigten Universum.

Neben der Bestimmung von Abständen hat die astronomische Entfernungsmessung Einfluss auf die Modelle der Kosmologen. Denn wenn sich das Universum zum Rand hin immer schneller ausdehnt, wird es mit großer Wahrscheinlichkeit für alle Zeiten diese Expansion nicht mehr stoppen. Das Modell eines pulsierenden Kosmos wäre somit endgültig aus dem Rennen.

☛ DIE 10 SONNENNÄCHSTEN STERNE

STERN	STERNBILD	HELLIGKEIT	ENTFERNUNG
PROXIMA CENTAURI	Zentaurus	$11^m\!\!.0$	4,2 Lichtjahre
α CENTAURI A/B	Zentaurus	$0^m\!\!.1/1^m\!\!.4$	4,4 Lichtjahre
BARNARDS PFEILSTERN	Schlangenträger	$9^m\!\!.5$	5,9 Lichtjahre
WOLF 359	Löwe	$13^m\!\!.7$	7,8 Lichtjahre
LALANDE 21185	Großer Bär	$7^m\!\!.5$	8,3 Lichtjahre
UV CETI B	Walfisch	$13^m\!\!.0$	8,7 Lichtjahre
SIRIUS	Großer Hund	$-1^m\!\!.5$	8,6 Lichtjahre
ROSS 154	Schütze	$10^m\!\!.4$	9,7 Lichtjahre
ROSS 248	Andromeda	$12^m\!\!.2$	10,3 Lichtjahre
ε ERIDANI	Eridanus	$3^m\!\!.7$	10,5 Lichtjahre
LACAILLE 9352	Südlicher Fisch	$7^m\!\!.4$	10,7 Lichtjahre

RADIOASTRONOMIE
— Antennen lauschen ins All

Das Weltall meint es gut mit uns und sendet auf allen Kanälen. Jenseits von Licht und Wärmestrahlung öffnet sich das Fenster der Radioastronomie. Wer dort dem kosmischen Konzert lauscht, sieht ein ganz anderes Bild des Universums.

Wie ein Radioteleskop aussieht und funktioniert, muss man seit dem Zeitalter der Satellitenschüsseln eigentlich nicht mehr erklären: eine Antennenschüssel bündelt die Strahlung, der Empfänger im Brennpunkt registriert sie und leitet sie per Kabel weiter an eine Elektronik.

Im Vergleich zu optischen Teleskopen müssen die Spiegel der Radioteleskope nicht so glatt sein, denn die Wellen der Radiostrahlung sind viel länger als die von Licht. Sichtbares Licht hat eine Wellenlänge von bis zu einem Millionstel Meter, Radiowellen beginnen erst bei wenigen Zentimetern. Die Strahlung im Zwischenraum, das Infrarotlicht und die Submillimeterwellen, kann von der Erdoberfläche aus kaum empfangen werden. Man spricht in der Astronomie von einem optischen und einem Radiofenster. Bei Wellenlängen von Metern genügt es daher, die Teleskopschüssel auf einige Zentimeter genau zu konstruieren.

Auf den ersten Blick fallen zwei Unterschiede zu einem gewöhnlichen Fernrohr auf: Radioteleskope sind sehr viel größer und stehen völlig ungeschützt im Freien. Im Gegensatz zu optischen Instrumenten können Radioteleskope auch am Tag beobachten, sie werden nicht vom hellen Sonnenlicht gestört. Und dank ihrer Größe scheinen sie auch mehr Strahlung sammeln zu können als ihre im sichtbaren Licht arbeitenden Kollegen.

NUR ZUSAMMEN WIRD ES SCHARF

Doch leider ist dies nur die halbe Wahrheit. Radioteleskope müssen so groß sein, um überhaupt vernünftige Beobachtungen durchführen zu können. Einerseits können sie immer nur einen einzelnen Punkt am Himmel anpeilen – und nicht wie sonst üblich ein Bild erzeugen. Und zweitens ist dieser Punkt am Himmel ziemlich groß, das Auflösungsvermögen ist dem optischer Teleskope unterlegen.

66 Schüsseln in über 5000 Meter Höhe: der Teleskopverbund ALMA ist den Geheimnissen des Universums auf der Spur. Es ist derzeit das größte und teuerste Projekt der bodengebundenen Astronomie.

Weltraumforschung — Radioastronomie

Selbst das 100-m-Radioteleskop in Effelsberg besitzt nur eine Auflösung von acht Bogenminuten, das ist etwa ein Drittel des Vollmonddurchmessers. Grund sind die langen Wellen, denn die Trennschärfe eines Teleskops hängt von dessen Durchmesser und der beobachteten Wellenlänge ab. Erst durch die Kombination verschiedener Radioteleskope in großem Abstand gelang es, den Radiohimmel in der gleichen Qualität wie von optischen Aufnahmen her gewohnt zu untersuchen. Diese Technik wird als Interferometrie bezeichnet. Damit sind Radioteleskope in der Auflösung heute den optischen um einen Faktor Tausend überlegen!

RADIOWELLEN AUS DEM WELTRAUM

Dank der Radioastronomie können Phänomene beobachtet werden, die sonst im Verborgenen blieben. Meist sind es Schwingungen von Atomen, Molekülen oder den subatomaren Teilchen, die Radiostrahlung verursachen. Zum Beispiel leuchtet das häufigste Element im Universum, Wasserstoff, bei einer Wellenlänge von 21 cm besonders hell. Es handelt sich hierbei um neutralen, also „kalten" Wasserstoff, der weite Gebiete der Milchstraße durchzieht. Durch die Beobachtung dieser 21-cm-Linie konnte auf die Spiralstruktur der Milchstraße und ihre Dynamik geschlossen werden.

1970 wurde die 2,6-mm-Linie des Kohlenmonoxid-Moleküls entdeckt. Wo sie nachzuweisen ist, befinden sich interstellare Molekülwolken im Weltraum, aus denen neue Sterne entstehen können.

Aber Radiowellen werden auch von Objekten mit explosivem Ursprung erzeugt. Deren Identifizierung wurde dabei von der erwähnten Unschärfe der Radioteleskope erschwert. Erst Jahre nach der Entdeckung der Radioquellen Cassiopeia A und Taurus A (jeweils die erste Radioquelle in den Sternbildern Kassiopeia bzw. Stier) stellte sich heraus, dass sie den Resten von Supernova-Explosionen zuzuordnen sind. Bei Taurus A war kannte man den zugehörigen Nebel „M 1" schon länger. Die Entdeckung des Sternenrests Cassiopeia A hingegen blieb der Radioastronomie vorbehalten.

Die hellsten Radioquellen am Himmel stammen von Objekten, die weit von der Milchstraße entfernt sind. Das Paradebeispiel dafür ist Cygnus A. In dieser Galaxie erzeugt eine unbekannte Energiequelle, wahrscheinlich ein Schwarzes Loch, stark fokussierte Strahlung, die beidseits des Galaxienkerns Materie zu leuchtenden Klumpen aufschiebt. Der Sternenhimmel der Radioastronomie ist ein Himmel ohne Sterne. Umso überraschender war es, als in den 1960er-Jahren Signale von punktförmigen Radioquellen empfangen wurden. Da sie aussehen wie Sterne, wurden sie als „Quasistellar Radio Source", also sternartige Radioquelle, bezeichnet, besser in der abgekürzten Form Quasar bekannt. Dabei handelt es sich um weit entfernte und damit junge Galaxien, deren Kernbereich immens hell leuchtet. Erst mit dem Hubble-Weltraumteleskop war es Ende der 1990er-Jahre möglich, die Galaxien der Quasare nachzuweisen.

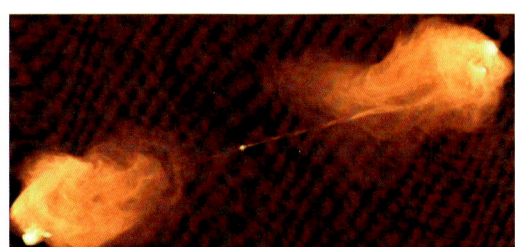

Die hellste Radioquelle am Himmel: Cygnus A

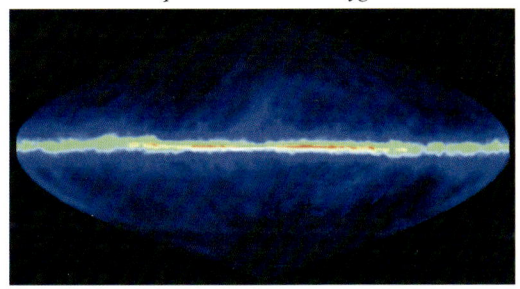

Der Himmel im Licht der 21-cm-Linie des neutralen Wasserstoffs.

Das 100-m-Radioteleskop bei Effelsberg in der Eifel ist eines der weltweit größten frei schwenkbaren Radioteleskope.

SATELLITENTELESKOPE
— Ungetrübter Blick ins Universum

Jenseits der Erdatmosphäre sehen Teleskope besonders scharf: dort oben trübt kein Lüftchen das Sternenlicht. Und hier sind alle Wellenlängen des Spektrums sichtbar, was der Astronomie völlig neue Erkenntnisse bescherte.

Der erste von Menschen geschaffene Satellit war Sputnik, der 1957 mit seinem Biep-Biep für Aufsehen sorgte. Heutzutage sind Satelliten gleichsam All-täglich. Sei es für Fernsehübertragungen, das Internet oder zur Positionsbestimmung via GPS. Etwas unbemerkt von den Augen der Öffentlichkeit hat die Nutzung von Erdsatelliten aber auch Einzug in die Astronomie gehalten.

WELTRAUMTELESKOP HUBBLE

Seit 1990 kreist das bekannteste Satellitenteleskop um die Erde. Der Hauptspiegel von Hubble, genauer dem „Hubble Space Telescope" (HST), misst nur 2,4 Meter im Durchmesser. Auf der Erde hätte man es längst durch ein größeres Teleskop ersetzt.

Doch von seiner 600 km hohen Umlaufbahn aus schickt uns Hubble auch heute noch faszinierende Aufnahmen des Alls.
Außerdem kann das HST viel länger in den Weltraum starren als seine irdischen Pendants, denn ohne Luft ist der Himmel hier auch am „Tag" dunkel. Leider sind die Tage von Hubble gezählt: nach dem Ende des Space-Shuttles ist eine weitere Wartung nicht mehr möglich, defekte Geräte können nicht mehr ausgetauscht werden.
Die Zeit nach Hubble gehört dem James-Webb-Teleskop. Es soll im Jahr 2018 gestartet werden, sein aus mehreren Teilen zusammengesetzter Spiegel ist 6,5 Meter groß. Das JWST kann damit deutlich schärfere Bilder liefern als Hubble. Dieses Weltraumtele-

Das Hubble Space Telescope wurde 1990 in eine Erdumlaufbahn gebracht. Es hat unseren Blick in die Tiefen des Weltraums revolutioniert fantastische Bilder geliefert.

skop wird kein die Erde umkreisender Satellit sein, es wirft seinen Anker um den imaginären Lagrange-Punkt L_2, 1,5 Millionen Kilometer von der Erde entfernt. Wir dürfen gespannt sein, wann die ersten Bilder von Webb im Web auftauchen ...

UNSICHTBARES LICHT

Abseits der plakativen Bilder von Hubble verrichten andere Satellitenteleskope ihre Arbeit im Weltraum. Dabei sind deren Beobachtungen weit spektakulärer, können sie doch Strahlung empfangen, die auf der Erdoberfläche überhaupt nicht nachgewiesen werden kann.

Zu längeren Wellenlängen hin schließt sich an das sichtbare Licht die Infrarotstrahlung an. In diesem Licht strahlen zum Beispiel kühle Sterne („Braune Zwerge"). Und der direkte Nachweis von Planeten um fremde Sterne ist im Infrarotlicht einfacher als im sichtbaren Licht. Daher wird sich das oben genannte Webb-Teleskop auch auf die Beobachtung im Infrarotbereich beschränken.

Die Infrarotstrahlung kann zum Teil vom Erdboden aus oder mit der Flugzeug-Sternwarte *Sofia* beobachtet werden, andere Bereiche des elektromagnetischen Spektrums bleiben aber völlig den Satellitenteleskopen vorbehalten.

KURZE WELLEN, STARKE STRAHLUNG

Kurze Wellenlängen sieht das Auge als blaues Licht. Zu noch kürzeren Wellenlängen hin schließt sich das für das menschliche Auge bereits unsichtbare ultraviolette Licht an. Je kürzer die Wellenlängen werden, desto energiereicher wird die Strahlung. Auf das ultraviolette Licht folgen die Röntgen- und dann die Gammastrahlung. Ein „lauwarmer" Stern mit einer Temperatur von 3000 Grad gibt keine kurzwellige Strahlung ab. Wo Teilchen mit kurzer Wellenlänge beobachtet werden, steht auch immer ein sehr energiereicher Prozess im Weltall dahinter.

Um diese Phänomene zu beobachten, ist man auf Satellitenteleskope angewiesen. Eines der erfolgreichsten Weltraumteleskope für kurze Wellen ist das Röntgenteleskop *Chandra*. Wo im Weltall Röntgenstrahlung beobachtet wird, kann man auf sehr aktive Prozesse schließen. Starke Röntgenstrahler sind zum Beispiel junge Sterne, die noch schnell rotieren, Doppelsternpaare, bei denen Materie von einem Stern auf den anderen stürzt, oder auch Supernovaüberreste, die von ihrem heißen Zentralstern durch Röntgenstrahlung „gefüttert" und so zum Leuchten angeregt werden.

Das James-Webb-Weltraumteleskop während seiner Montage im Reinraum.

Im Infrarotbild der Galaxie M 81 leuchten besonders die Sternentstehungsgebiete in den Spiralarmen auf (Aufnahme: Spitzer Space Telescope).

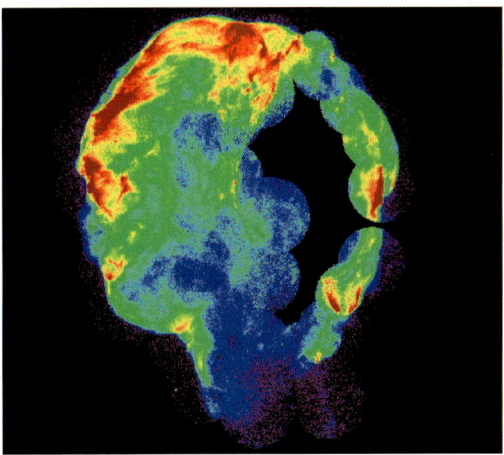

Röntgenbild eines Supernova-Rests

RAUMSONDEN
— erkunden das Sonnensystem

Teleskope und Satelliten mögen noch so gut sein, doch nur aus nächster Nähe können die Planeten richtig erforscht werden. Vollgepackt mit Kameras, Messinstrumenten und Antennen bahnen sich irdische Späher den Weg durch das Sonnensystem.

Die Erde klammert. Ihre Anziehungskraft zwingt Satelliten in der Regel auf eine Ellipsenbahn. Um der Schwerkraft der Erde zu entkommen, muss die Sonde weiter beschleunigt werden und die zweite Kosmische Geschwindigkeit erreichen: rund 40.000 Kilometer pro Stunde. Dann ist der Weg frei in die Tiefen des Sonnensystems.

Alle Planeten umrunden die Sonne in nahezu der gleichen Ebene, nur die Bahnen von Merkur und Pluto sind merklich gegen die Ekliptik geneigt. Auch Raumsonden sind daran gebunden. Sie fliegen nicht geradlinig von der Erde zu einem anderen Planeten, sondern bewegen sich in weiten Bögen durch das Sonnensystem. Ihr ohnehin schon langer Weg wird dadurch noch sehr viel länger. Grund für diese auf den ersten Blick umständliche Reiseroute ist mangelnde Antriebskraft. Raumsonden werden in der Regel nur einmal beschleunigt und treiben dann vor sich hin. Damit sie ihr Ziel erreichen, wurde zuvor eine komplizierte Flugbahn berechnet, verbunden mit Vorbeiflügen an anderen Planeten.

Ihren kostbaren Treibstoff setzen Raumsonden nur für kleine Kurskorrekturen ein. Um überhaupt genügend schnell zu werden, schrammen die Sonden an einem anderen Planeten vorbei und holen sich dabei zusätzlichen Schwung. Dieses als „Swingby" bezeichnete Manöver ist jedes Mal ein kritischer Punkt. Die Sonde fliegt dabei in das Schwerefeld des Planeten und lässt sich gleichsam auf ihn zufallen, um danach regelrecht in den Weltraum hinauskatapultiert zu werden. Dem Planeten wird dadurch etwas Geschwindigkeit gestohlen, den die Sonde zu ihrer Beschleunigung benutzt.

DIE RAUMSONDEN-KLASSIKER

Zu den Highlights der interplanetaren Späher zählen vor allem *Voyager 1* und *Voyager 2*, die in die Außenbereiche des Sonnensystems reisten und dort die Riesenplaneten Jupiter, Saturn, Uranus und Neptun aus der Nähe beobachteten.

Die zwei baugleichen Sonden folgten einander in wenigen Monaten Abstand. Erstes Ziel war Jupiter, den *Voyager 1* im März 1979 und *Voyager 2* im Juli 1979 erreichte. Knapp zwei Jahre später flogen die *Voyagers* an Saturn vorbei. Für *Voyager 1* endete hier die geplante Reise, die Sonde wurde von Saturn so stark abgelenkt, dass sie dieser aus der Planetenebene herausschleuderte.

Für *Voyager 2* hingegen ging die Reise weiter zu Uranus und Neptun. Sie ist die einzige Sonde, die jemals diese beiden Planeten besucht hat. Uranus wurde im Januar 1986 passiert, Neptun drei Jahre später, im August 1989.

Einige Jahre zuvor wurden Jupiter und Saturn bereits von den Sonden *Pioneer 10* und *Pioneer 11* erforscht. Sie ebneten den *Voyager*-Sonden gewissermaßen den Weg, damit diese (besonders *Voyager 2*) eine einzigartig günstige Stellung der Planeten zu ihrer großen Reise erfolgreich nutzen konnten.

Zu den Klassikern darf sicher auch die Raumsonde *Galileo* gezählt werden. Die nach dem italienischen Astronomen Galileo Galilei benannte Jupiter-Sonde wurde am 18. Oktober 1989 mit einem Space Shuttle gestartet, in der Erdumlaufbahn ausgesetzt und dann mit einem weiteren Triebwerk in den Weltraum befördert. Auch *Galileo* hat eine wahre Odyssee durch das Sonnensystem gemacht. Als erste Sonde flog sie dabei an zwei Kleinplaneten (Gaspra und Ida) vorbei, die sich als unförmige, von Kratern übersäte Objekte entpuppten.

Im Dezember 1995 kam *Galileo* bei Jupiter an. Die Sonde erforschte bis 2003 intensiv Jupiter und dessen Monde, bis man sie in die Jupiteratmosphäre stürzen und dort verglühen ließ.

Seit Juli 2016 wird Jupiter von einer neuen Sonde erforscht: *Juno* treibt in einer weiten Bahn um den Riesenplaneten und überfliegt auch die Pole von Jupiter. Ein besonderes Kapitel der Planetenforschung mit Raumsonden ist Mars, unser äußerer Nachbarplanet. Auch wenn längst niemand mehr an kleine

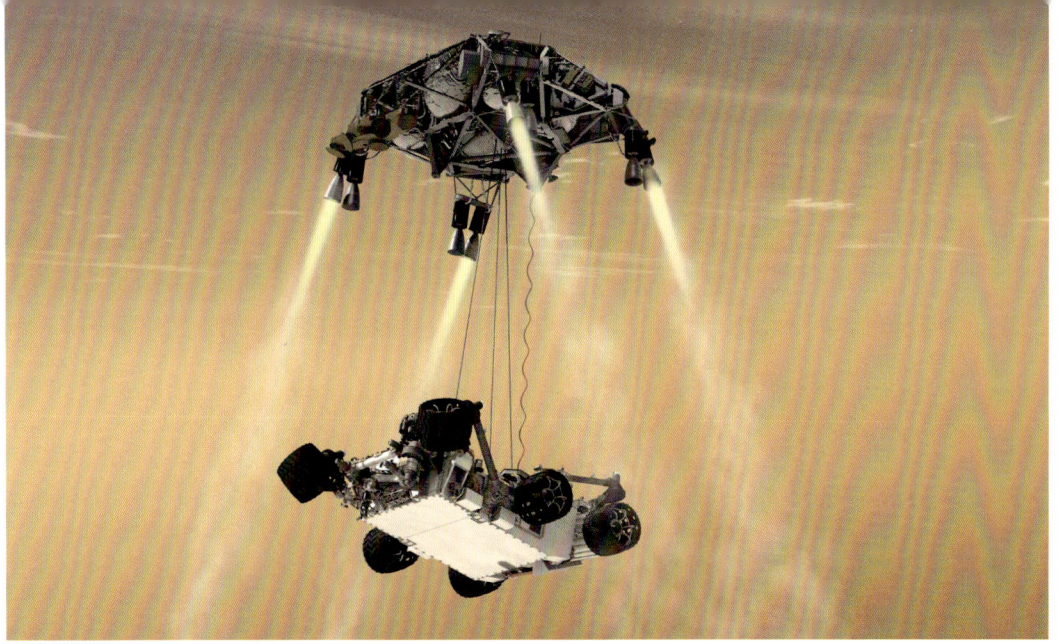

Am seidenen Faden: der Mars-Rover Curiosity *wurde mit einem „Kran" sanft auf der Marsoberfläche abgesetzt.*

☞ WICHTIGE RAUMSONDENMISSIONEN

RAUMSONDE	ZIEL	AN-KUNFT	RAUMSONDE	ZIEL	AN-KUNFT
LUNA 2 UND 3	Mond	1959	DEEP SPACE 1	Komet Borrelly	2001
MARINER 2	Venus	1962	MARS EXPRESS	Mars	2003
MARINER 4	Mars	1965	SPIRIT UND OPPORTUNITY	Mars	2004
APOLLO	Mond	1969			
VENERA 7	Venus	1970	STARDUST	Komet Wild 2	2004
PIONEER 10	Jupiter	1973	CASSINI	Saturn	2004
PIONEER 11	Jupiter	1974	DEEP IMPACT	Komet Tempel 1	2005
MARINER 10	Merkur	1974	VENUS EXPRESS	Venus	2006
VIKING 1 UND 2	Mars	1976	STEREO	Sonne	2006
PIONEER 11	Saturn	1979	MARS RECONNAISSANCE ORBITER	Mars	2006
VOYAGER 1	Jupiter, Saturn	1979, 1980			
VOYAGER 2	Jupiter, Saturn, Uranus, Neptun	1979, 1981 1986, 1989	PHOENIX	Mars	2008
			LUNAR RECONNAISSANCE ORBITER	Mond	2009
GIOTTO	Komet Halley	1986			
MAGELLAN	Venus	1990	MESSENGER	Merkur	2011
GALILEO	Gaspra, Ida, Jupiter	1991, 1993 1995	DAWN	Vesta, Ceres	2011, 2015
			MARS SCIENCE LABORATORY	Mars	2012
SOHO	Sonne	1995			
MARS PATHFINDER	Mars	1997	ROSETTA	Komet Churyumov-Gerasimenko	2014
MARS GLOBAL SURVEYOR	Mars	1997			
			NEW HORIZONS	Pluto	2015
CLEMENTINE	Mond	1996	AKATSUKI	Venus	2015
LUNAR PROSPECTOR	Mond	1998	JUNO	Jupiter	2016

grüne Marsmännchen glaubt, ist die Frage nach Leben auf dem roten Planeten noch immer nicht endgültig beantwortet.

PANNEN UND ERFOLGE BEI MARS

Zum Mars wurden bereits über drei Dutzend Raumsonden gestartet – und die meisten kamen dort nie an. Entweder ging schon der Start schief, die Sonde gab unterwegs „den Geist auf" oder zerschellte auf der Oberfläche des Planeten. Von 40 Marssonden waren nur 15 wirklich erfolgreich. Prominentes Beispiel für einen Misserfolg ist der Marslander *Beagle 2*, der im Dezember 2003 auf Mars landen sollte, aufgrund eines Softwarefehlers aber auf der Marsoberfläche zerschellte.

Andere Marsmissionen waren dagegen sehr erfolgreich. Besonders hervorzuheben sind die auf Mars gelandeten Sonden *Viking 1* und *Viking 2* (1976), der *Mars Pathfinder* mit dem kleinen Marsauto *Sojourner* (1997), die Marsorbiter *Mars Global Surveyor* (1997), *Mars Odyssey* (2001) und *MarsExpress* (2004), die größeren Roboterfahrzeuge *Spirit* und *Opportunity* (2004) sowie das *Mars Science Laboratory* (2012, auch *Curiosity* genannt).

Nach den Beobachtungen der Raumsonden musste unser Bild vom Mars mehrfach revidiert werden. Galt er aufgrund von Erdbeobachtungen früher als zweite Erde mit ausgeprägter Vegetation, enthüllten ihn die Bilder der Raumsonden als kalten, trockenen Wüstenplaneten.

Mittlerweile ist aber klar, dass es auf Mars einst große Mengen flüssiges Wasser gegeben haben muss, und die neuesten Untersuchungen haben Wassereis an mehreren Stellen eindeutig nachgewiesen. Die Frage nach Leben bleibt dagegen weiterhin offen. Die mit entsprechenden Experimenten ausgestatteten *Viking*-Lander (1976) konnten die Vermutung nach Leben nicht bestätigen. Andererseits deutet das Vorhandensein von Methan in der dünnen Marsatmosphäre eventuell auf Bakterien im Marsboden hin.

CASSINIS LANGER WEG ZU SATURN

Nach dem Start am 15. Oktober 1997 flog *Cassini* erst in Richtung Venus. Die erste Begegnung mit Venus am 26. April 1998 beschleunigte die Sonde, die daraufhin noch eine Runde um die Sonne machte, Venus zum zweiten Mal am 24. Juni 1999 zur Beschleunigung besuchte, gefolgt von einem Swingby an der Erde am 18. August 1999.

Für den 30. Dezember 2000 war schließlich ein letztes Rendezvous mit einem anderen Planeten geplant. Jupiter, der größte Planet des Sonnensystems, gab *Cassini* den entscheidenden Kick und brachte die sieben Tonnen schwere Sonde auf ihren Weg zu Saturn. Nach einer fast sieben Jahre langen Reise erreichte *Cassini* im Juli 2004 den Ringplaneten Saturn. Das Haupttriebwerk zündete für 130 Sekunden und bremste die Sonde ab, die sich fortan als künstlicher Mond um Saturn bewegte.

Erst jetzt begann für *Cassini* die eigentliche Arbeit. Jahrelang erforschte sie Saturn, dessen Ringe und Monde, lieferte spektakuläre Bilder. Einer der Saturnmonde, Titan, ist einzigartig im ganzen Sonnensystem, denn er besitzt eine dichte Atmosphäre. Zu seiner Erforschung hatte *Cassini* eine kleine Tochtersonde mit an Bord: *Huygens* hat sich im Januar 2005 von seinem Mutterschiff gelöst und ist auf dem Saturnmond gelandet.

Auf dem Weg ins All: nach dem Raketenstart in die Erdumlaufbahn wurde die Sonde Venus Express *von der Fregat-Oberstufe zweimal beschleunigt, um zur Venus zu fliegen.*

Voyager 2 *nutzte eine günstige Planetenstellung für eine große Tour durch das Sonnensystem. Von 1979 bis 1989 flog sie an den vier Gasplaneten Jupiter, Saturn, Uranus und Neptun vorbei.*

Weltraumforschung — Raumsonden

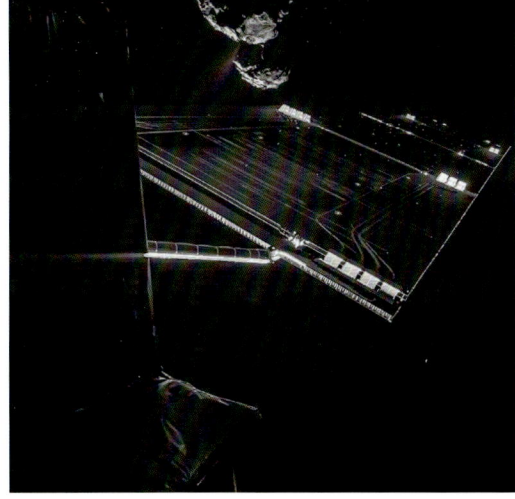

Ein Selfie der Raumsonde Rosetta *am 7. Oktober 2014 mit dem Zielkometen „Tschuri" im Hintergrund.*

Im Herbst 2017 hat die Raumsonde *Cassini* ihre über 13 Jahre dauernde Mission beendet. In der Endphase durfte die Sonde durch das Ringsystem des Planeten fliegen. Beeindruckende Bilder wurden bald veröffentlicht, die Auswertung der Daten wird noch Jahre in Anspruch nehmen.

SONDEN ZU MERKUR UND VENUS

Der sonnennächste Planet Merkur wurde bisher zweimal von einer Raumsonde besucht. In den Jahren 1974/75 passierte *Mariner 10* gleich dreimal den kleinen Planeten. Aus technischen Gründen blickte die Sonde bei allen Vorbeiflügen aber immer auf die gleiche Seite von Merkur.

Im Sommer 2004 wurde die Sonde *Messenger* gestartet und ist nach einer langen Reise im Jahr 2011 in eine Umlaufbahn um den sonnennächsten Planeten eingeschwenkt. Bis zum 30. April 2015 funkte sie unzählige Bilder zur Erde, die uns die mondähnliche Kraterlandschaft von Merkur in hoher Auflösung zeigen.

Bei unserem inneren Nachbarplaneten Venus verhindert eine dicke Wolkendecke den direkten Blick auf die Oberfläche, so dass *Mariner 2* (die erste erfolgreiche Planetensonde überhaupt) 1962 keine Oberflächenaufnahmen liefern konnte. Auch Landungen auf Venus waren nicht von viel Erfolg gekrönt, da dort im wahrsten Sinne des Wortes höllische Bedingungen herrschen, die jede Sonde innerhalb kurzer Zeit zerstören. Immerhin gelang es aber 1970 *Venera 7*, einige Bilder der Oberfläche zu machen.

Ein einzigartiger Erfolg war dagegen die Sonde *Magellan*, die mittels Radarbeobachtungen ab 1990 die Venus fast vollständig kartierte. Im Jahr 2006 trat die europäische Sonde *Venus Express* in eine Bahn um unseren Nachbarplaneten ein und erforschte bis Ende 2014 die Atmosphäre der Wolkenwelt.

Im Mai 2010 brach die japanische Sonde *Akatsuki* („Morgendämmerung") zur Venus auf. Sie sollte im Dezember in einen Orbit um die Venus einschwenken, doch das Bahnmanöver misslang. Erst fünf Jahre später war ein zweiter Versuch möglich, seit dem 6. Dezember 2015 begleitet *Akatsuki* die Venus als Satellit.

LANGE REISEN ZU KLEINEN KÖRPERN

Eine Vielzahl kleiner Körper im Sonnensystem war ebenfalls das Ziel von Missionen. 1986 flog *Giotto* am Kometen Halley vorbei und lieferte erstmals Bilder eines Kometenkerns. Für *Galileo* lagen die Kleinplaneten Gaspra und Ida „auf dem Weg". Im September 2001 flog *Deep Space 1* am Kometen Borrelly vorbei, *Stardust* gelang dieses Kunststück im Januar 2004 beim Kometen Wild 2. Die zwei größten Kleinplaneten Vesta und Ceres waren das Ziel der Sonde *Dawn*. Ihr Besuch bei Vesta fand von Juli 2011 bis September 2012 statt, im März 2015 traf *Dawn* dann bei Ceres ein.

Kometen bestehen aus der „Urmaterie" des Sonnensystems und sind daher von besonderem Interesse. Am 2. März 2004 startete die europäische Mission *Rosetta*, um nach einem zehn Jahre langen Flug den Kometen 67P/Tschurjumov-Gerasimenko zu erreichen. Diese einzigartige Mission wird auf Seite 68 ausführlich vorgestellt.

Eine ähnlich lange Flugzeit benötigte die Raumsonde *New Horizons*, ihr Ziel war aber auch besonders weit entfernt. Nach dem Start am 19. Januar 2006 vergingen über neun Jahre, bis *New Horizons* im Juli 2015 den fernen Pluto erreichte. Mehr dazu ab Seite 62.

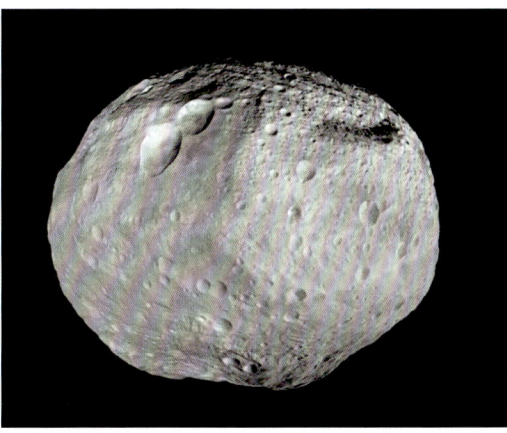

Die Raumsonde Dawn *erforschte von 2011 bis 2012 den Kleinplaneten Vesta und enthüllte ihn als unförmige Kraterwelt.*

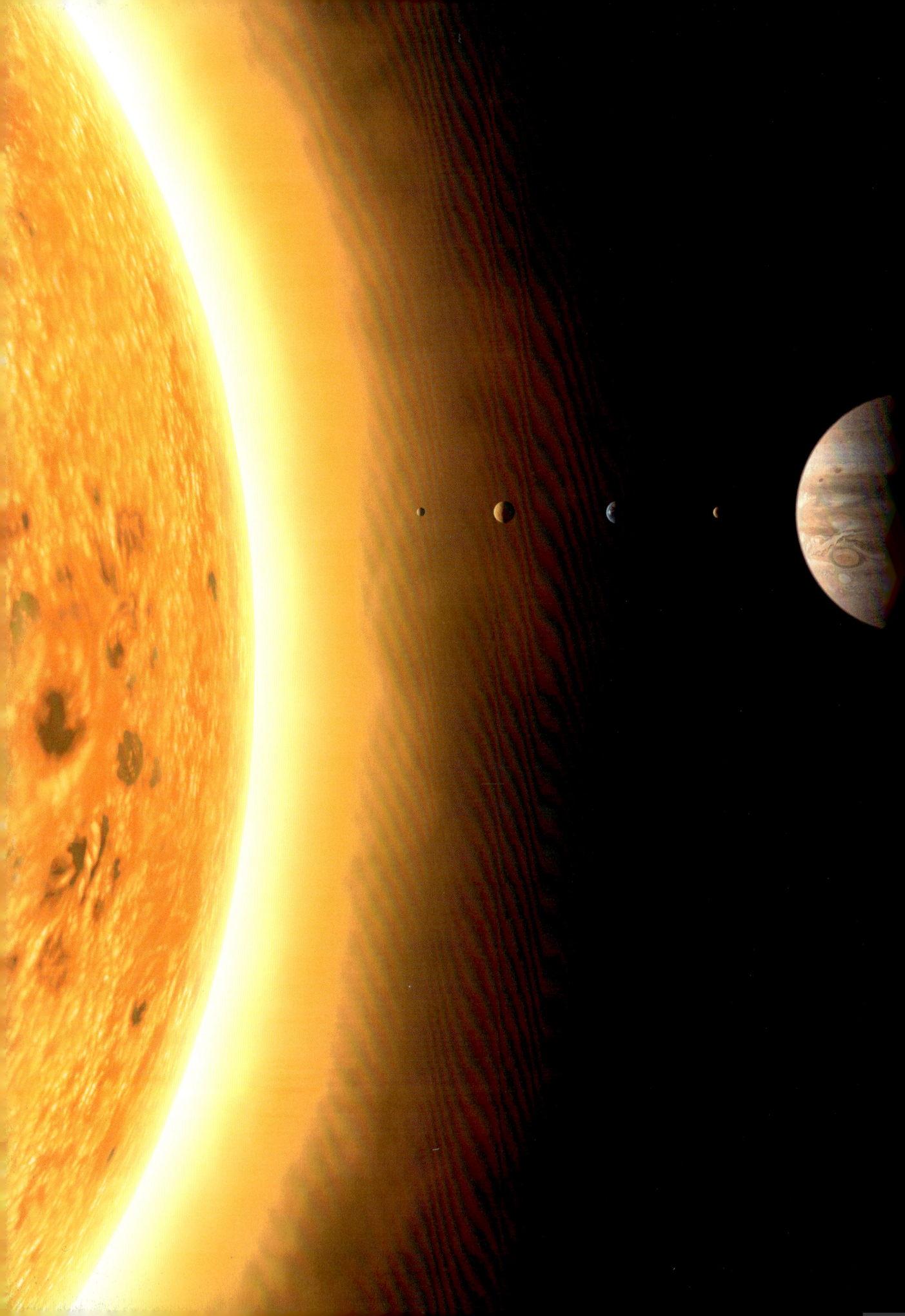

UNSER SONNENSYSTEM
— *kosmische Heimat der Erde*

Acht Planeten kreisen um einen 4,57 Milliarden Jahre alten Stern, 28.000 Lichtjahre vom Zentrum der Galaxie Milchstraße entfernt.

DIE SONNE
— *unser Stern*

Für uns Menschen ist die Sonne so selbstverständlich, dass wir sie kaum wahrnehmen. Morgens geht sie auf und abends geht sie unter, Tag für Tag. Für Astronomen ist die Sonne dagegen ein Stern „vor unserer Haustür", der intensiv erforscht wird.

Eruption auf der Sonne: Bei einem koronalen Masseauswurf werden Milliarden Tonnen Materie in den Weltraum geschleudert, hier am 8. Januar 2002.

Die „Oberfläche" der Sonne wird Photosphäre genannt. Dort zeichnen sich dunkle Sonnenflecken ab. Das Bild stammt vom 2. April 2017.

Wenn wir von der Sonne sprechen, dann eigentlich nur über deren Auswirkung auf unser Leben: „Endlich kommt die Sonne raus!"; „Die Sonne brennt heute aber wieder heiß!"; „Ist das ein schöner Sonnenuntergang!". Ohne die Wärme und das Licht der Sonne hätten wir Menschen ein ernstes Problem. Kein Wunder also, dass in allen Kulturen die Sonne mit göttlicher Kraft und Vollkommenheit in Verbindung gebracht wurde.

So ganz falsch lagen unsere Vorfahren mit dieser Einschätzung nicht. Die Sonne ist zwar kein Gott, sondern nur ein ganz gewöhnlicher Stern, aber sie dominiert unser Sonnensystem in vielerlei Hinsicht. Die Planeten tanzen im wahrsten Wortsinn nach ihrer Nase, d.h. die Sonne bildet den ruhenden Pol im Sonnensystem, um den alle Planeten ihre Bahnen ziehen. In ihr sind 99,9 % der Masse des Sonnensystems vereinigt. Alle Planeten, Kometen und andere Kleinkörper bringen zusammen nur 0,1 % auf die Waage.

Erste Zweifel an der Göttlichkeit der Sonne traten zu Beginn des 17. Jahrhunderts auf. Man hatte gerade das Teleskop erfunden und betrachtete damit auch die Sonne.

An dieser Stelle ein sehr wichtiger Hinweis: Schauen Sie niemals mit ungeschütztem Auge in die Sonne! Weder „einfach so" und schon gar nicht mit einem Fernglas oder Teleskop. Augenschäden bis hin zur völligen Erblindung wären die Folge. Wie man die Sonne sicher beobachten kann, wird im Praxisteil beschrieben.

Galileo Galilei konnte 1610 diesen Hinweis noch nicht lesen und erblindete mit der Zeit aufgrund seiner Sonnenbeobachtungen. Die ersten Beobachter bemerkten auf der Sonne kleine schwarze Flecken, die seitdem Sonnenflecken genannt werden.

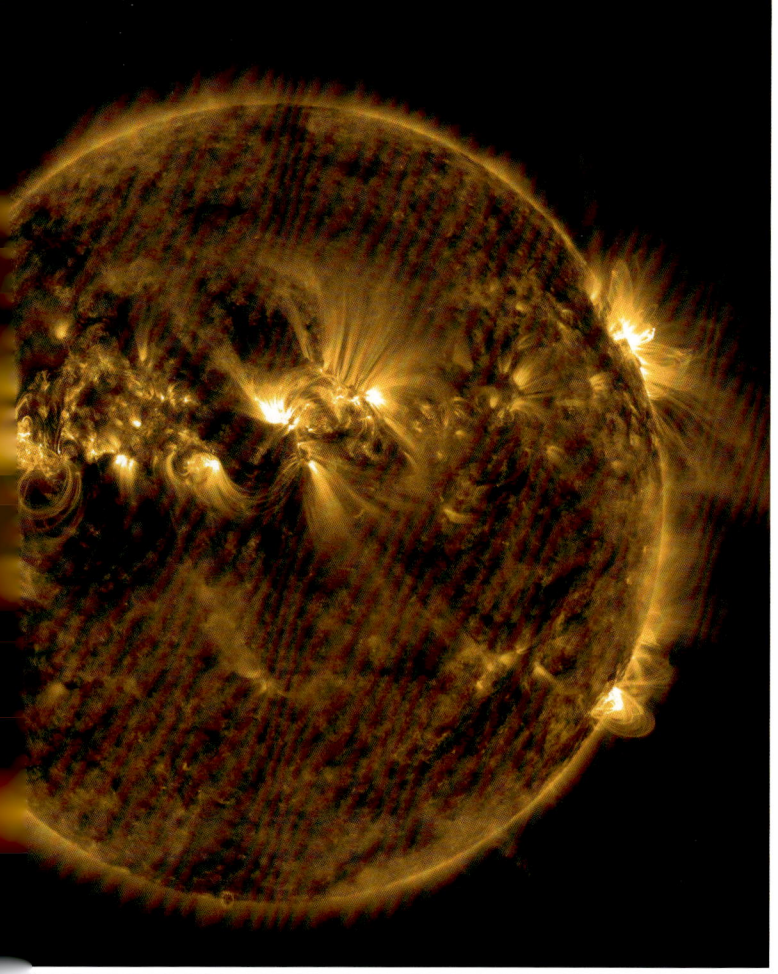

Das Solar Dynamics Observatory der NASA beobachtet die Sonne bei kurzen Wellenlängen. So werden die verwirbelten Magnetfeldlinien sichtbar, an denen sich die Sonnengase in schleifenförmigen Protuberanzen bewegen.

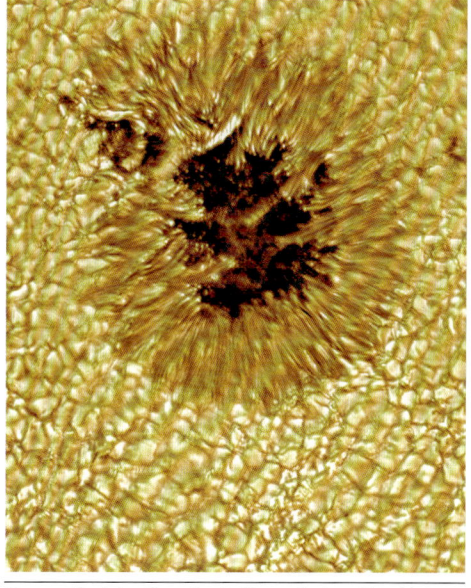

Sonnenfleck im Detail mit Granulation. Die kleinsten sichtbaren Strukturen weisen eine Größe von ca. 100 km auf.

Diese Sonnenflecken bewegten sich innerhalb von Tagen über die Sonnenscheibe, dann verschwanden sie nach einiger Zeit und andere tauchten wieder auf. Damit war klar: Die Sonnenoberfläche ist nicht von jener Makellosigkeit, wie sie die damals gängige Lehre gefordert hatte. Wenn auf der Sonne natürliche Erscheinungen zu beobachten sind, kann es sich bei ihr wohl nicht um ein gottgleiches Wesen handeln.

Systematische Beobachtungen der Sonnenflecken (unter anderem Anfang des 19. Jahrhunderts durch Samuel Heinrich Schwabe, der eigentlich nach dem dunklen Schatten eines sehr sonnennahen Planeten gesucht hatte) zeigten einen etwa zehnjährigen Rhythmus, in dem die Anzahl der Sonnenflecken zu- und wieder abnimmt. Weitere Forschungen haben den Aktivitätszyklus der Sonne auf einen Mittelwert von 11,1 Jahren präzisiert.

DIE NATUR DER SONNENFLECKEN

In Detailaufnahmen zerfallen Sonnenflecken in viele Einzelteile. Der innere, dunkle Teil wird dabei als „Umbra" (lat., Schatten), der äußere als „Penumbra" (lat., Halbschatten) bezeichnet. Mit Schatten haben die Sonnenflecken aber nichts gemein. Wo sie auftreten, verhindern Magnetfelder den Austritt von Licht. Dabei sind die augenscheinlich schwarzen Flecken nur etwa 1000 Grad kühler als die restliche Sonnenoberfläche, die 5500 Grad Celsius heiße Photosphäre.

Die Sonnenoberfläche ist auch sonst keineswegs glatt und strukturlos. Auf scharfen Bildern wirkt sie körnig, die sogenannte „Granulation" wird sichtbar. Diese Granulen sind nicht statisch, sie bewegen sich ständig, entstehen hier und verschwinden dort. Was es mit Sonnenflecken und Granulation genau auf sich hat, erahnte man erst, nachdem

Polarlichter entstehen in ca. 120 km Höhe der Erdatmosphäre durch Anregung von Sauerstoff- und Stickstoffmolekülen. Als anregende Teilchen wirken Elektronen, die durch den Sonnenwind zur Erde gelangen. Diese Aufnahme wurde am 20. Januar 2016 von der Internationalen Raumstation aus gemacht.

man das Rätsel über die Energieproduktion der Sonne gelöst hatte.

DER KOSMISCHE FUSIONSREAKTOR

Nachdem klar war, dass die Erde vor Millionen oder gar Milliarden Jahren entstanden sein musste, stellte sich Mitte des 19. Jahrhunderts den Forschern die Frage, welche Energiequelle denn die Sonne über diesen offenbar ewigen Zeitraum leuchten lassen kann. Kein irdisches Material vermag dies zu leisten, selbst der Gedanke an einen riesigen Klumpen Steinkohle ergab nur eine Sonnenleuchtzeit von etwa 5000 Jahren. Zu dieser Zeit begann man auch, das Sonnenlicht mit spektroskopischen Methoden zu untersuchen. Die dunklen Linien im Sonnenspektrum zeigten, dass die Sonne zu 73 % aus Wasserstoff, zu 25 % aus Helium und nur zu 2 % aus anderen Elementen wie Sauerstoff oder Kohlenstoff besteht.

Bis in die 30er Jahre des 20. Jahrhunderts dauerte es, ehe die Wissenschaftler dem Geheimnis auf die Spur kamen. Durch neue Erkenntnisse in der Teilchenphysik ergab sich das auch heute noch gültige Modell, nach dem die Sonne ein gewaltiger Fusionsreaktor ist. Tief in ihrem Inneren herrscht eine Temperatur von 15 Millionen Grad und ein ungeheurer Druck. Ganze Atome gibt es hier nicht mehr, die Atomkerne (bei Wasserstoff ist dies ein einzelnes Proton) und Elektronen schwirren einzeln und mit großer Geschwindigkeit umher. Unter diesen Verhältnissen ist es möglich, dass Protonen ihre Abstoßungskraft überwinden und sich zum nächstgrößeren Atomkern verbinden. Aus vier Wasserstoffkernen (Protonen) wird so ein Heliumkern, der aus zwei Protonen und zwei Neutronen besteht. Ein Heliumkern ist aber etwas leichter als vier Protonen, die fehlende Masse wurde im Laufe des Prozesses direkt in Energie umgewandelt. Auf diese Weise „verbrennt" die Sonne in jeder Sekunde vier Millionen Tonnen Materie und wandelt sie in Energie um. Damit ist der Energievorrat der Sonne zwar auch nicht unendlich groß, genügt aber, um ihr Alter von 4,5 Milliarden Jahren zu erklären – und um sie weitere Milliarden lang Jahre leuchten zu lassen.

EIN STERN UNTER STERNEN

Im Licht der modernen Astronomie ist unsere Sonne nur ein ganz gewöhnlicher Stern, man klassifiziert sie sogar als „Zwerg". Sie hat genügend Masse, um das

Unser Sonnensystem — Die Sonne

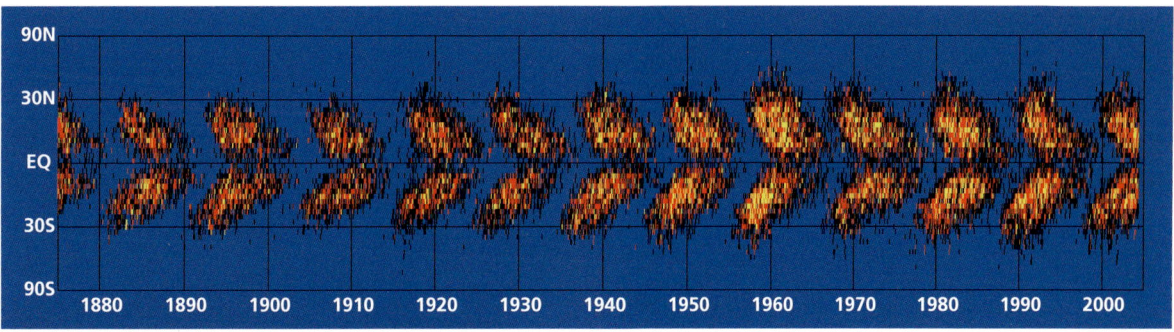

Das Schmetterlingsdiagramm der Sonnenflecken zeigt den 11-jährigen Aktivitätszyklus der Sonne. Oben ist der Nordpol der Sonne, in der Mitte der Sonnenäquator und unten der Südpol. Zu Beginn der Zyklen entstehen die Flecken gehäuft in Polnähe, später verschieben sie sich in Richtung Sonnenäquator.

Eine riesige Protuberanz wurde am 14. September 1999 von der Sonne ausgestoßen. In der Aufnahme des Satelliten SOHO wird die obere Chromosphäre der Sonne bei 30,4 nm sichtbar.

kosmische Feuer lange Zeit brennen zu lassen, aber auch nicht so viel, als dass es bei ihr zu dramatischen Prozessen kommen könnte. Sterne mit nur einem Zehntel der Sonnenmasse schaffen es nicht, den Fusionsreaktor in Gang zu setzen; sie glimmen allein aufgrund der Energie, die durch ihre ständige Kontraktion entsteht. Sterne mit dem Mehrfachen der Sonnenmasse hingegen verbrennen ihren Wasserstoffvorrat so schnell, dass ihr Leben nur einige zehn bis hundert Millionen Jahre dauert, bevor sie in einer Supernova-Explosion enden.

EINFLUSS AUF DAS LEBEN

Unsere astrophysikalisch langweilige Sonne ist Voraussetzung dafür, dass sich auf der Erde überhaupt Leben entwickeln konnte. Bereits geringe Schwankungen in der Sonnenaktivität haben starken Einfluss auf das Erdklima. Die Eiszeiten der Vergangenheit waren Folge geringerer Sonnenaktivität. Zurzeit leben wir in einer Phase mit eher höherer Sonnenleistung, ob die Erwärmung des Erdklimas zum Teil auf die ansteigende Sonnenaktivität zurückgeführt werden kann, ist umstritten.

Neben diesen langfristigen Entwicklungen beeinflusst die Sonne unser Leben aber auch durch plötzlich auftretende Phänomene. An die sichtbare Oberfläche der Sonne schließen sich andere Zonen an, die weit in den Weltraum hinausreichen. Auf den Bereich der Photosphäre folgt die nur tausend Kilometer dicke Chromosphäre. Hier steigen immer wieder riesige Gasbögen auf, die sogenannten Protuberanzen.

Oberhalb der Chromosphäre beginnt die zarte Korona der Sonne, die man nur bei einer totalen Sonnenfinsternis beobachten kann. Sie bildet einen fließenden Übergang mit dem Weltraum, in den ständig der „Sonnenwind" hineinweht, ein Strom elektrisch geladener Teilchen, der bis weit hinter die Plutobahn reicht.

Einen direkten Eindruck von der aktiven Sonne bekommen wir, wenn dort durch Eruptionen Milliarden Tonnen heißer Gase und energiereicher Partikel in Richtung Erde geschleudert werden. Trifft diese Wolke auf das Erdmagnetfeld, so wird dieses stark zusammengedrückt, und im Bereich der magnetischen Pole können Teilchen bis in die Erdatmosphäre eindringen. Ein beeindruckendes Naturschauspiel ist die Folge – Polarlichter flackern in verschiedenen Farben am Nachthimmel. Für unsere hochtechnisierte Zivilisation stellen solche Sonnenausbrüche aber auch eine echte Gefahr dar, denn als Folge solcher Eruptionen sind schon Stromnetze zusammengebrochen und Flüge gestrichen worden. Besonders Satelliten (und Astronauten) außerhalb der schützenden Erdatmosphäre sind diesem Partikelangriff gnadenlos ausgeliefert. Die ständige Beobachtung der Sonnenaktivität – einen großen Anteil daran hat der Satellit SOHO – ist daher keine wissenschaftlich-abstrakte Tätigkeit, sondern wichtig für das tägliche Leben auf unserer Erde.

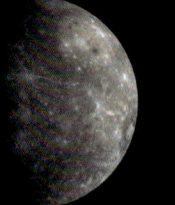

Sonne Merkur Venus Erde Mars

👉 DAS SONNENSYSTEM IN ZAHLEN

	SONNE	MERKUR	VENUS	ERDE	MARS
ENTFERNUNG ZUR SONNE	–	57,9 Mio. km	108,2 Mio. km	149,6 Mio. km	227,9 Mio. km
UMLAUFZEIT UM DIE SONNE	–	87,969 Tage	224,70 Tage	365,256 Tage	686,98 Tage
EXZENTRIZITÄT DER BAHN	–	0,206	0,0068	0,0167	0,093
BAHNNEIGUNG GEGEN EKLIPTIK	–	7° 0′	3° 24′	0° 00′	1° 51′
DURCHMESSER	1.392.520 km	4878 km	12.104 km	12.742 km	6794 km
MASSE	$1,989 \times 10^{30}$ kg	$3,3 \times 10^{23}$ kg	$4,87 \times 10^{24}$ kg	$5,974 \times 10^{24}$ kg	$6,42 \times 10^{23}$ kg
MITTLERE DICHTE	1,41 g/cm³	5,43 g/cm³	5,25 g/cm³	5,52 g/cm³	3,93 g/cm³
SIDERISCHE ROTATION	25^d09^h	$58^d15^h30^m$	$243^d00^h14^m$	23^h56^m	24^h37^m
ENTWEICHGESCHWINDIGKEIT	617,7 km/s	4,25 km/s	10,36 km/s	11,18 km/s	5,02 km/s

Das Sonnensystem besteht aus dem Zentralstern Sonne und acht Planeten. Mit zunehmendem Abstand sind dies Merkur, Venus, Erde, Mars, Jupiter, Saturn, Uranus und Neptun. Der kleine Pluto gilt seit einem Beschluss von 2006 nicht mehr als „richtiger" Planet, sondern zählt zur Klasse der Zwergplaneten. In der Tabelle oben sind alle wichtigen Daten zu den Planeten zusammengefasst.

ANGABEN IN DER PLANETENTABELLE

Die erste Zeile gibt die **mittlere Entfernung** eines Planeten von der Sonne an. Von der mittleren Entfernung spricht man, da die Planeten nicht auf exakt kreisförmigen, sondern auf mehr oder weniger elliptischen Bahnen um die Sonne laufen. Dabei ändert sich auch der Abstand zur Sonne. Die Erde ist zwischen 147,1 und 152,1 Mio. km von der Sonne entfernt.

In der zweiten Zeile wird die **Umlaufzeit** um die Sonne angegeben. Je weiter ein Planet von der Sonne entfernt ist, desto länger ist seine Umlaufzeit. Der sonnennächste Planet Merkur benötigt für einen Umlauf nur knapp 88 Tage, Neptun hingegen über 165 Jahre.

Die dritte Zeile nennt die **Exzentrizität** der Bahn des Planeten. Dieser Wert ist ein Maß, wie sehr die Bahn von der exakten Kreisform abweicht. Für einen Kreis beträgt die Exzentrizität null. Je größer der Wert ist, desto elliptischer wird die Bahn. Die Venusbahn kommt einem Kreis am nächsten, die Bahnen von Merkur und Pluto hingegen sind deutlich elliptisch.

In der vierten Zeile sind die **Bahnneigungen** gegen die Ekliptik in Winkelgrad angegeben. Als Ekliptik wird die Bahn der Erde um die Sonne bezeichnet, sie stellt die Bezugsebene dar. Alle Planeten bewegen sich fast exakt in dieser Ebene, nur die Bahnen von Merkur und vor allem die von Pluto sind deutlich gegen die Ekliptik geneigt, diese Planeten stehen daher mal unterhalb und mal oberhalb der Erdbahn.

Ab Zeile fünf werden Angaben zum Planeten selbst gemacht. Hier kann man von den erdähnlichen Planeten Merkur bis Mars im Vergleich zu den Gasplaneten Jupiter bis Neptun jeweils große Unterschiede feststellen. Pluto nimmt eine Sonderstellung ein; auch aus diesem Grund wurde 2006 beschlossen, dass man Pluto überhaupt nicht als richtigen Planeten bezeichnen darf.

Die Angaben zum **Durchmesser** sind wieder Mittelwerte, denn exakt kreisrund ist keiner der Planeten. Besonders die Gasplaneten haben am Äquator einen größeren Durchmesser als von Pol zu Pol gemessen.

Die Werte zur **Masse**, dem „Gewicht" der Planeten, sind verkürzt mit Zehnerpotenzen angegeben, da die Zahlen sonst sehr lang wären. Dabei bedeutet z. B. bei der Erde $5,937 \times 10^{24}$ kg, dass man den Wert 5,937 mit einer „Eins mit 24 Nullen" multiplizieren muss, ausgeschrieben beträgt die Masse

JUPITER	SATURN	URANUS	NEPTUN	PLUTO
779 Mio. km	1432 Mio. km	2884 Mio. km	4509 Mio. km	5966 Mio. km
11,869 Jahre	29,46 Jahre	84,67 Jahre	165,49 Jahre	247,7 Jahre
0,048	0,055	0,047	0,010	0,246
1° 18′	2° 29′	0° 46′	1° 46′	17° 09′
142.796 km	115.630 km	51.118 km	49.424 km	2300 km
$1,899 \times 10^{27}$ kg	$5,684 \times 10^{26}$ kg	$8,685 \times 10^{25}$ kg	$1,028 \times 10^{26}$ kg	$1,5 \times 10^{22}$ kg
1,33 g/cm³	0,69 g/cm³	1,27 g/cm³	1,67 g/cm³	2,15 g/cm³
$9^h 55^m$	$10^h 30^m$	$17^h 14^m$	$16^h 03^m$	$6^d 9^h 18^m$
57,6 km/s	33,4 km/s	21,3 km/s	23,7 km/s	–

der Erde 5.937.000.000 000.000.000.000.000 kg. Die Gasplaneten sind durchschnittlich um einen Faktor Tausend massereicher als die erdähnlichen Planeten.

Auch bei den Werten zur **mittleren Dichte** fällt auf, dass sich die Planeten in zwei Gruppen trennen. Saturn, der Ringplanet, besitzt die geringste Dichte. Er würde in Wasser schwimmen, wenn man nur eine entsprechend große Wanne hätte. Unter der **siderischen Rotation** versteht man die Zeit, in der sich ein Planet einmal um seine eigene Achse dreht. Der Wert bei der Erde ist hier kein Fehler, die Erde benötigt für eine Rotation tatsächlich knapp vier Minuten weniger als einen Sonnentag. In der letzten Zeile wird schließlich die **Entweichgeschwindigkeit** angegeben. Diese Geschwindigkeit müsste eine Rakete erreichen, um vom Planeten in den freien Weltraum starten zu können. Wie man sieht, ist das vom Mars aus sehr viel leichter möglich als von der Erde.

DIE ENTSTEHUNG DES SONNENSYSTEMS

Vor ca. fünf Milliarden Jahren wurde eine bis dorthin friedlich im Weltraum schwebende Wolke aus interstellarer Materie gestört (vielleicht durch eine Sternexplosion in der Nähe) und begann daraufhin, sich zusammenzuziehen. Einmal in den Fängen der Gravitation, war die Zusammenballung nicht mehr aufzuhalten. Der überwiegende Teil der Wolke bestand aus Wasserstoff, vermischt mit kleinen Mengen anderer Elemente. Im Zuge der Kontraktion begann die Wolke zu rotieren, da die bis dorthin kreuz und quer herumwuselnden Teilchen sich ganz langsam einer gemeinsamen Richtung unterwarfen. Für kosmische Maßstäbe geht die Zusammenballung der Molekülwolke sehr rasch vor sich. Es dauert nur einige hunderttausend Jahre, bis sich die Wolke so weit konzentriert hat, dass in ihrem Zentralbereich ein Protostern entsteht. Dieser Protostern erzeugt seine Energie durch weitere Kontraktion, er und die ihn umgebende Materie rotieren schneller, so dass sich diese zu einer Scheibe abflacht. Durch Magnetfelder und andere Prozesse wird die Rotation des Sterns und der Scheibenmaterie langsam abgebremst, und nach einigen Millionen Jahren hat sich der Protostern endlich so weit verdichtet, dass in seinem Inneren die Kernfusion zündet; jetzt ist er ein richtiger Stern.

In der Scheibe hat sich die Materie an mehreren Stellen zusammengeklumpt. Der nun einsetzende Sternwind treibt die leichteren Gase aus dem Innenbereich des gerade entstehenden Planetensystems heraus. Bis zu einer Grenze – in unserem Fall irgendwo zwischen Mars und Jupiter – entstanden daher kleine Gesteinsplaneten. Jenseits der Grenze ist der Sternwind schwächer, dort können sich die Gase um die Gesteinskerne sammeln, hier entstanden die Gasplaneten Jupiter bis Neptun.

MERKUR
— *der flinke Sonnennachbar*

Merkur steht der Sonne von allen Planeten am Nächsten. Im Vergleich zu den äußeren Planeten Jupiter und Saturn ist er nicht weit entfernt, doch die Erkundung mit Raumsonden gestaltet sich schwierig. Und auch am irdischen Himmel ist der kleine Planet nur selten zu sehen.

Von der Erde aus gesehen bewegt sich Merkur am schnellsten von allen Planeten. Dies hat ihm seinen Namen des flinken Götterboten eingebracht. Merkur steht nie weiter als 28 Grad von der Sonne am Himmel entfernt und kann daher immer nur für ein bis zwei Wochen in der Abend- oder Morgendämmerung gesehen werden. In Mitteleuropa finden die besten Sichtbarkeiten im Frühjahr abends und im Herbst morgens statt.

Durch seine Nähe zur Sonne und die stets horizontnahe Stellung in der Dämmerung konnte Merkur durch Teleskopbeobachtungen kaum erforscht werden. Am auffälligsten sind noch die Phasen, die Merkur ähnlich wie unser Mond zeigt. Ansonsten ist auf dem winzigen Planetenscheibchen fast nichts zu erkennen. Alle Versuche, die Rotationsdauer des Planeten durch Beobachtungen von Oberflächenmerkmalen zu bestimmen, waren daher nicht von Erfolg gekrönt. Erst 1965 konnte die Rotationsdauer von Merkur durch Radarbeobachtungen zu 59 Tagen bestimmt werden – das sind knapp zwei Drittel der Umlaufzeit des Planeten um die Sonne, die 88 Tage beträgt. Bis dahin war man davon ausgegangen, dass Merkur eine „gebundene Rotation" besitzt, der Sonne also immer die gleiche Seite zuwendet.

Einige Jahre später startete die erste Raumsonde zu Merkur: *Mariner 10* flog 1974 und 1975 dreimal an Merkur vorbei, blickte dabei aber jedes Mal auf die gleiche Seite des Planeten. Trotzdem waren die Aufnahmen dieser Sonde ein großer Fortschritt, zeigten sie doch erstmals Einzelheiten der Merkuroberfläche. Bis die nächste Sonde bei Merkur eintraf, vergingen über 25 Jahre. Von März 2011 bis April 2015 erforschte *Messenger* den sonnennächsten Planeten.

UNWIRTLICHE KRATERLANDSCHAFT

Auf den Bildern von *Mariner 10* und *Messenger* präsentiert sich Merkur als Zwilling des Erdmondes, er sieht ihm auf den ersten Blick zum Verwechseln ähnlich. Die Oberfläche von Merkur ist von unzähligen Kratern gezeichnet, allerdings fehlen die vom Mond bekannten „Meere", also lavaüberflutete Becken. Außerdem ist die Oberfläche fast so

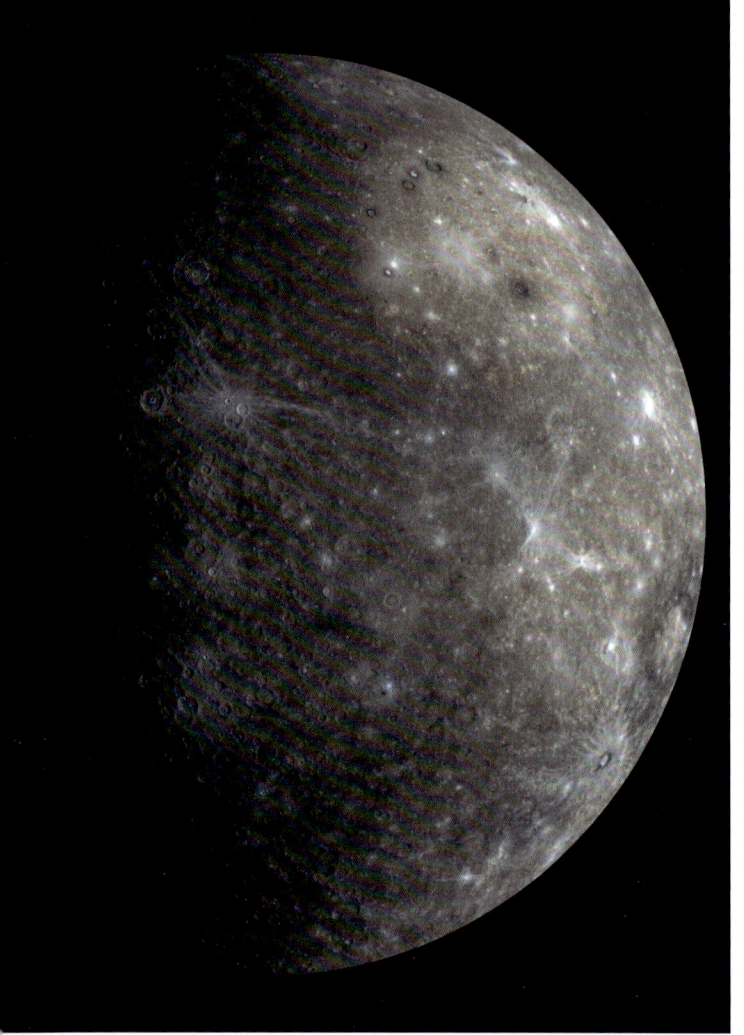

Vernarbtes Antlitz: Merkur sieht auf den ersten Blick wie der Mond aus, zahlreiche Krater prägen seine Oberfläche.

dunkel wie die des Mondes, die Rückstrahlkraft (Albedo) von Merkur beträgt nur 0,096; beim Mond sind es 0,07, bei Mars 0,15 und bei der Venus sogar 0,76.

Merkur war offenbar lange Zeit regelmäßigen Einschlägen von kleineren Gesteinsbrocken ausgesetzt. Im Gegensatz zur Erde besitzt Merkur keine Atmosphäre, die ihn vor kosmischen Bomben schützt. Durch seine ausgesprochen langsame Eigenrotation von 59 Tagen in Verbindung mit dem nur 88 Tage dauernden Sonnenumlauf dauert ein Merkurtag, also die Zeit zwischen zwei Sonnenhöchstständen, auf Merkur, ganze 176 Erdtage. Dabei erhitzt sich die der Sonne zugewandte Seite des Planeten auf 427 °C, während die sonnenabgewandte, also die Nachtseite, auf −183 °C abkühlt. Merkur ist daher sicher kein Planet, auf dem es jemals Leben gegeben hat oder irgendwann einmal geben wird.

Der innere Aufbau von Merkur ist unter mehreren Aspekten überraschend. Zwar ist die mittlere Dichte von Merkur der unserer Erde recht ähnlich, aber Merkur besitzt einen im Verhältnis zum Durchmesser übergroßen Eisenkern. Unerwartet wurde von *Mariner 10* auch ein schwaches Magnetfeld bei Merkur nachgewiesen, so dass der Eisenkern zumindest zum Teil noch flüssig sein muss. Man geht mittlerweile davon aus, dass Merkur vor langer Zeit einmal deutlich größer gewesen sein muss als heute. Durch die katastrophale Kollision mit einem anderen Körper wurde Merkur ein Großteil seines Mantels geraubt, so dass er nun einen im Vergleich zu den anderen Planeten dünnen Mantel und dicken Eisen-Nickel-Kern besitzt.

MIT MESSENGER ZU MERKUR

Im Sommer 2004 ist die US-amerikanische Raumsonde *Messenger* zum sonnennächsten Planeten aufgebrochen und im Jahr 2011 in eine Bahn um den Planeten eingeschwenkt. *Messenger* hatte einen weiten und ziemlich verwickelten Weg hinter sich. Im Sommer 2005 flog die Sonde zuerst an der Erde, im Juni 2006 und im Oktober 2007 dann an der Venus, dem Planeten zwischen Merkur und Erde, vorbei. Jede Planetenbegegnung beeinflusste die Bahn der Sonde und sparte ihr so Treibstoff, um sie an ihr Ziel zu bringen. Im Januar 2008 flog *Messenger* erstmals an Merkur vorbei, nochmals im Oktober 2008, und ist schließlich dank mehrerer Kurskorrekturen im März 2011 in eine polare Umlaufbahn um Merkur eingeschwenkt. Dort hat *Messenger* seine umfangreiche Arbeit aufgenommen und den Planeten vollständig kartiert.

Im November 2012 wurde die mögliche Entdeckung von Wassereis und anderen gefrorenen Gasen in den dunklen, niemals vom Sonnenlicht beschienenen Kratern an den Polen von Merkur bekanntgegeben. Durch die nahezu senkrecht auf der Umlaufbahn stehende Rotationsachse des Planeten kann es tatsächlich Regionen geben, die niemals von Sonnenlicht beschienen werden und so gefrorene Gase für lange Zeit beherbergen. Ende April 2015 ging die Mission von *Messenger* zu Ende – dazu ließ man die Sonne auf die Merkuroberfläche abstürzen.

Für Ende 2018 ist der Start der europäischen Merkur-Sonde *BepiColombo* geplant, die nach sieben Jahren Flugzeit bei Merkur ankommen soll.

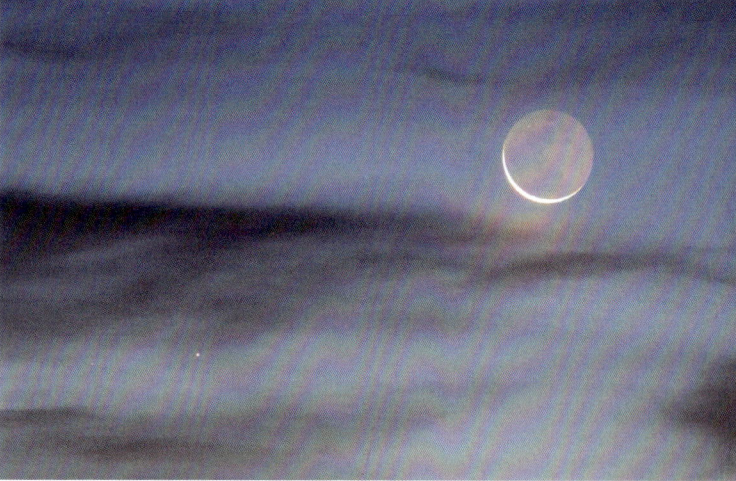

Merkur in der Morgendämmerung, zusammen mit der schmalen Sichel das abnehmenden Mondes.

☞ TEST FÜR EINSTEIN

Eine besondere Eigenart der Merkurbahn um die Sonne hat zur Bestätigung von Albert Einsteins Allgemeiner Relativitätstheorie geführt. Der sonnennächste Bahnpunkt von Merkur, das Perihel, bewegt sich ein wenig um die Sonne. Der größte Teil dieses 225.800 Jahre dauernden Umlaufs geht auf Störungen der Nachbarplaneten Venus und Erde zurück, aber knapp zehn Prozent lassen sich nur durch die Einsteinsche Theorie erklären. Nach ihr krümmt die große Masse der Sonne den Raum und beeinflusst so geringfügig die Bahnen der sie umlaufenden Planeten.

VENUS
— *der innere Nachbarplanet*

Die Venus ist der hellste Planet am irdischen Himmel. Einzelheiten auf ihrer Oberfläche sind aber nicht zu sehen: Venus wird von einer dicken Wolkendecke umgeben. Was verbirgt sich darunter? Einst glaubte man an tropische Verhältnisse. Ein fulminanter Irrtum!

Als innerer Planet ist Venus nur am Abend- oder Morgenhimmel zu sehen. Im Gegensatz zu Merkur steht sie dabei deutlich weiter von der Sonne entfernt und ihre Helligkeit übertrifft die aller anderen Sterne. Venus ist zwischen 107,5 und 108,9 Mio. km von der Sonne entfernt, ihre Bahn kommt der exakten Kreisform von allen Planeten am nächsten. Mit einem Durchmesser von 12.104 km ist Venus fast so groß wie die Erde, auch weist sie der Erde vergleichbare Werte bei Masse und Dichte auf. Wenn man bei Venus vom Schwesterplanet der Erde spricht, scheint dies nicht ganz unbegründet zu sein.

Leider hat die dichte Wolkendecke der Venus lange Zeit verhindert, die Vermutung nach dort anzutreffenden erdähnlichen Bedingungen zu bestätigen oder zu verwerfen. Im Fernrohr sind, wiederum wie bei Merkur, nur die Phasen des Planeten zu sehen. Von einer großen dünnen Sichel kurz vor „Neuvenus" über die halb beleuchtete Scheibe zur Zeit des größten Winkelabstandes zur Sonne bis hin zur fast runden „Vollvenus" sind alle Phasengestalten zu beobachten. Selbst grobe Einzelheiten in der Wolkendecke können von der Erde aus kaum beobachtet werden. Mit spektroskopischen Methoden wurde aber Kohlendioxid als Hauptbestandteil der Venusatmosphäre nachgewiesen.

Doch es blieb wieder einmal den Raumsonden vorbehalten, einen Blick hinter den Vorhang zu werfen. Von den zahlreichen zur Venus gestarteten Sonden sind sogar sieben auf ihrer Oberfläche gelandet – alle versagten aber aufgrund der dort herrschenden Verhältnisse nach wenigen Minuten den Dienst. Sie sind ob der Anmut des Planeten der Liebesgöttin buchstäblich dahingeschmolzen.

HÖLLISCHE VERHÄLTNISSE AUF VENUS

Die Temperatur auf Venus erreicht bis zu 500 °C, der Druck entspricht dem 90-fachen des irdischen Luftdrucks. In der Nähe der Oberfläche ist es zwar

Im Teleskop zeigt Venus Phasengestalten wie der Mond, von einer dünnen Sichel bis zur „Voll-Venus".

fast windstill, aber in einigen Zehn Kilometern Höhe rasen die Wolken mit Geschwindigkeiten um 400 km/h und umrunden die Venus in nur vier Tagen.

Die Zusammensetzung der Atmosphäre ist wenig erfreulich. Wasser gibt es auf Venus nicht, weder an der Oberfläche noch in den Wolken. 1972 wiesen Messungen von der Erde aus darauf hin, dass es aus den Venuswolken Schwefelsäuretröpfchen regnet. Dies wurde von Raumsonden bestätigt, nach ihnen besteht die Venusatmosphäre zu über 96 % aus Kohlendioxid und zu ca. 3 % aus Stickstoff; den Rest teilen sich Wasserdampf und Schwefeldioxid sowie Spuren anderer Gase.

Die Venusatmosphäre ist ein wunderbares Beispiel für intensiven Treibhauseffekt. Durch den hohen Anteil an Kohlendioxid wird weniger Wärme in den Weltraum abgegeben als Venus durch die Sonnenstrahlung erhält; die Atmosphäre heizt sich dadurch sehr stark auf.

Unser Sonnensystem — Venus

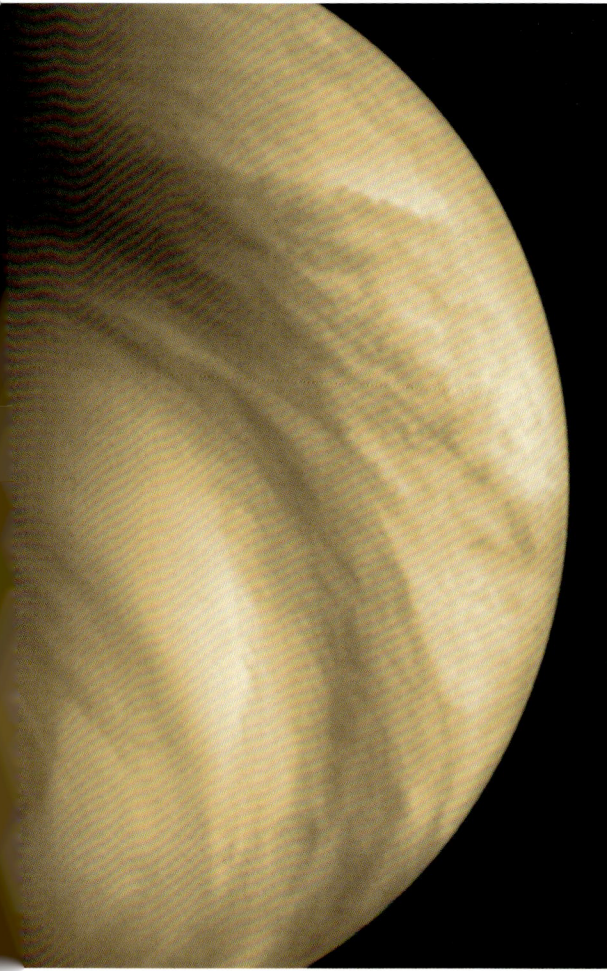

Farbbild der Venusoberfläche, 1982 von der sowjetischen Sonde Venera 13 aufgenommen.

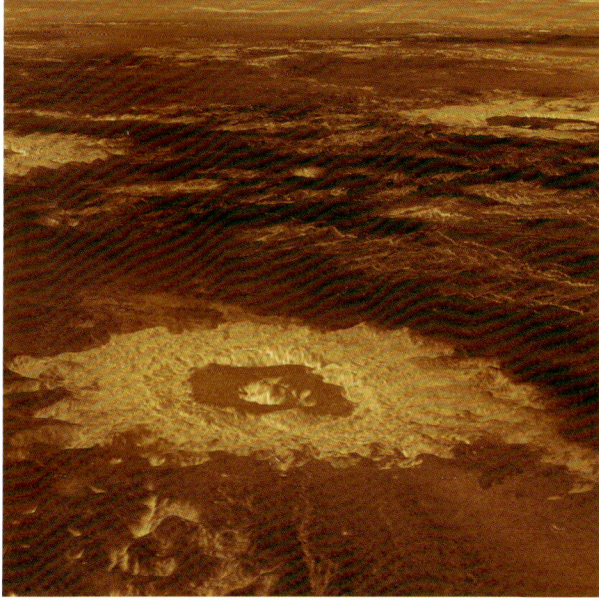

...nus wird von einer dicken Wolkendecke umgeben (Aufnahme der ...opäischen Sonde Venus Express).

Dreidimensionale Ansicht eines Einschlagkraters auf Venus, erstellt mittels Radarbeobachtungen der Sonde Magellan.

Die Erkundung der Venusoberfläche war bisher wenig erfolgreich. Einzig die sowjetischen *Venera*-Sonden konnten Ende der 1970er-Jahre wenigstens kurze Zeit auf der Venusoberfläche überstehen und dabei einige, zum Teil sogar farbige Aufnahmen zur Erde funken. Dass wir heute trotzdem (fast) die ganze Venusoberfläche kennen, ist vor allem der Raumsonde *Magellan* zu verdanken, die ab 1990 mittels Radarbeobachtungen die Venus mit einer Auflösung von 120 m kartierte. Radarstrahlen durchdringen die dicken Wolken, werden von der Oberfläche reflektiert und vom Orbiter wieder empfangen. Später kann aus den so gewonnenen Daten die Form der Oberfläche berechnet und in Bildern wiedergegeben werden. Dabei ist es sogar möglich, dreidimensionale Ansichten zu erzeugen.

EINZELHEITEN DER VENUSOBERFLÄCHE

Auch die Venusoberfläche ist von Einschlagkratern gezeichnet, aber es gibt davon nur wenige und diese sind alle recht groß. Von kleineren Einschlägen blieb Venus verschont, wohl weil kleinere Brocken in der dichten Venusatmosphäre verglüht sind. Zudem gab es auf Venus über 150 aktive Vulkane, deren ausströmende Lavamassen die Venuslandschaft wiederholt „zugedeckt" und damit geglättet haben. Möglicherweise sind auch heute noch einige Vulkane auf Venus aktiv.

Die Venusoberfläche wird von drei „Kontinenten" geprägt, die jeweils wenige Kilometer höher sind als der mittlere Planetenradius. Aus dem nördlichsten dieser Gebiete, Ishtar Terra, ragen mit 11 km Höhe die höchsten Berge auf Venus empor. Das äquatornahe Hochland Aphrodite Terra weist mit dem 8 km hohen Maat Mons den höchsten Vulkan auf. Besonders kurios erscheinen ca. 20 km große, runde Plateaus, die mehrere Hundert Meter hoch sind. Man schreibt sie lokalen Magmablasen zu, die knapp über der Venusoberfläche erstarrt sind.

DIE ERDE
— *der blaue Planet*

Als dritter Planet von der Sonne zieht die Erde ihre Runden. In diesem Abstand ist es weder zu heiß noch zu kalt, so dass sich offenbar Leben entwickeln konnte. Und diese Lebewesen versuchen, von ihrem kleinen blauen Planeten aus das Universum zu erforschen.

Zusammen mit den anderen Planeten des Sonnensystems ist die Erde vor knapp fünf Milliarden Jahren aus den Resten einer interstellaren Gas- und Staubwolke entstanden. Ein kleiner Planet neben einer unauffälligen Sonne irgendwo in den Außenbezirken der Milchstraße. Ist es gerade diese Durchschnittlichkeit, die es möglich gemacht hat, dass auf der Erde Leben entsteht?

EIN VERGLEICH MIT ANDEREN PLANETEN

Von den vier erdähnlichen oder „terrestrischen" Planeten Merkur, Venus, Erde und Mars ist die Erde der größte Planet, dicht gefolgt von Venus. Im Vergleich mit den Gasplaneten Jupiter, Saturn, Uranus und Neptun erscheint die Erde aber wie ein Zwerg. Die Bahn der Erde um die Sonne ist fast ein perfekter Kreis, der Abstand Erde – Sonne schwankt bei einem Umlauf nur um knapp 2 %. Aber die Erde zieht ihre Bahn in einer Distanz, die gerade richtig ist für das Vorhandensein von flüssigem Wasser. Ein wenig näher zur Sonne wäre es zu warm und das Wasser würde verdunsten (was man bei Venus gut beobachten kann), ein wenig weiter weg und das Wasser könnte nur in gefrorener Form vorkommen – so wie man es auf Mars gefunden hat.
Außerdem ist die Erde massereich genug, um auf Dauer eine Atmosphäre an sich zu binden und uns die Luft zum Atmen zu geben. Im Inneren der Erde

Unsere Erde, eine kleine blaue Murmel im All mit komplexer Atmosphäre und komplizierten Menschen.

rotiert eine elektrisch leitende Schicht um einen Kern aus festem Eisen, wodurch ein ausgeprägtes Magnetfeld entsteht, das den Planeten vor lebensfeindlicher Strahlung von der Sonne und aus dem All schützt.

ERDBEOBACHTUNG VON DER ERDE AUS

Die Erde ist ein Planet unter vielen, doch das zu erkennen ist vom irdischen Standpunkt aus schwer zu verstehen und führte zu zahlreichen Missverständnissen.

So dreht sich die Erde nicht in 24 Stunden, sondern in 23^h56^m um ihre eigene Achse. Die übrigen vier Minuten, bis die Sonne wieder ihren Höchststand am Himmel erreicht hat, sind Folge des Umlaufs der Erde um die Sonne. Für einen Sonnenumlauf benötigt die Erde 365,256 Tage; aus diesem Grund gibt es, meist alle vier Jahre, einen Schalttag, um unseren Kalender mit den wahren Gegebenheiten wieder in Einklang zu bringen.

Für die Jahreszeiten ist nicht der Abstand der Erde von der Sonne verantwortlich, sonst müsste überall auf der Erde im Januar Sommer sein, denn dann ist der Abstand am geringsten. Ursache der Jahreszeiten ist die um 23,45 Grad gegen die Bahnebene geneigte Rotationsachse der Erde. Auf dem Weg um die Sonne ist für einige Monate die Nordseite der Erde zur Sonne gerichtet – die Sonne steht bei uns hoch am Himmel, es ist Sommer. Ein halbes Jahr später ist die Südseite der Sonne zugeneigt, unsere Nordseite lehnt sich gewissermaßen entspannt zurück, bei uns ist Winter.

Nur mit Teleskopen messbar oder über einen Zeitraum von mehreren Jahrhunderten sichtbar ist die „Präzession" genannte Schwankung der Erdachse. Wie ein taumelnder Kreisel beschreibt die Erdachse

Polarlichter tanzen über der dünnen Erdatmosphäre, fotografiert von Astronaut Alexander Gerst.

im Laufe von 25.800 Jahren einen Vollkreis. Daher wird es auch nicht immer einen „Polarstern" geben, der uns die Nordrichtung weist.

DIE ERDE UNTER DIE LUPE GENOMMEN

Die 12.742 km große Erdkugel ist zu 71 % von Wasser bedeckt, was besonders eindrucksvoll Aufnahmen der Erde aus dem Weltraum belegen. In ihrem Inneren beherbergt die Erde einen ca. 7000 km durchmessenden Eisenkern, von dem aber nur die zentralen 2500 km als fest gelten. Die schützende Atmosphäre der Erde ist nur einige Zehn Kilometer mächtig; eine dünne Schale, die zu 78 % aus Stickstoff, zu 21 % aus Sauerstoff, knapp einem Prozent Argon und Spurengasen wie Kohlendioxid besteht.

Trotz Atmosphäre und Erdmagnetfeld ist aber auch die Erde nicht von Einschlägen planetarer Kleinkörper verschont geblieben. Sogar in Deutschland gibt es mit dem „Nördlinger Ries" in der Schwäbischen Alb einen ca. 24 km durchmessenden Meteoritenkrater.

Die Jahreszeiten entstehen durch die Schrägstellung der Erdachse und den Lauf der Erde um die Sonne.

DER MOND
— Begleiter der Erde

Der Mond ist der einzige Himmelskörper, auf dem man bereits mit bloßem Auge Oberflächenmerkmale erkennen kann. Diese tragen noch heute die Namen früherer Forscherfantasien. Aber es gibt weder einen Mann im Mond noch Meere auf dem Erdbegleiter.

Bevor man über die Bahnen der Planeten und Kleinkörper im Sonnensystem Bescheid wusste, zählte der Mond zu den klassischen Wandelsternen. Etwa alle vier Wochen wiederholt sich das gleiche Schauspiel: Erst ist abends eine dünne Mondsichel zu sehen, die in den nächsten Tagen immer dicker wird, bis nach 14 Tagen der Vollmond die Nacht aufhellt und manchem scheinbar den Schlaf raubt. In den folgenden 14 Tagen nimmt der Mond wieder ab und steht am Ende dieser Periode als Neumond unsichtbar am Taghimmel.

Dieser ständig und pünktlich wiederkehrende Rhythmus empfahl sich bald als Kalender, nicht umsonst leitet sich unser Begriff Monat vom Namen des Erdbegleiters ab. Die exakte Zeit zwischen zwei Vollmondstellungen beträgt aber 29,53 Tage, weshalb sich die Mondphasen von Monat zu Monat etwas verschieben.

VERWICKELTE MONDBAHN

Für einen Umlauf um die Erde benötigt der Mond dagegen nur 27,32 Tage. Durch die Bewegung der Erde um die Sonne dauert es dann gut zwei Tage länger, bis wieder die gleichen Beleuchtungsverhältnisse herrschen. Dabei fällt (besonders bei Vollmond) auf, dass der Mond jedes Mal gleich aussieht, uns immer die gleiche Seite zuwendet. Dies legt den trügerischen Schluss nahe, der Mond drehe sich nicht um seine eigene Achse. Doch der Mond narrt uns, denn er braucht für eine Umdrehung exakt die gleiche Zeit wie für den Umlauf um die Erde; man spricht von einer „gebundenen" Rotation.

Die Mondbahn ist gegen die Bahn der Erde um die Sonne um etwa fünf Grad geneigt. Daher sind Sonne, Erde und Mond nur selten auf einer exakten Linie anzutreffen und Mond- wie Sonnenfinsternisse entsprechend rar. Außerdem ist die Mondbahn elliptisch, weicht also deutlich von der Kreisform ab. Im Mittel ist der Mond 384.400 km von der Erde entfernt, kann ihr aber bis auf 356.400 km nahe kommen oder 406.700 km von der Erde entfernt sein. Als Folge davon schwankt der Durchmesser des Mondes am Himmel um ca. 10 % (was aber nichts damit zu tun hat, dass der Mond in Horizontnähe oft besonders groß erscheint).

Erde und Mond beeinflussen sich gegenseitig, hauptsächlich aufgrund der Gezeitenwirkung. Der gemeinsame Schwerpunkt liegt nicht im Erdmittelpunkt, sondern 1700 km unter der Erdoberfläche. Dabei zieht der Mond das Wasser auf der ihm zugewandten Erdseite an, während es auf der anderen Erdseite zurückbleibt. Unter diesen beiden Flutbergen dreht sich die Erde ständig weg, gleichzeitig bewegt sich der Mond ein Stück auf seiner Bahn. So

---

☞ **DIE ENTSTEHUNG DES MONDES**

Die allgemein akzeptierte Theorie zur Entstehung des Erdmondes geht davon aus, dass die Erde gegen Ende ihrer Entstehung von einem etwa marsgroßen Körper getroffen wurde. Aus den dabei entstandenen Trümmern hat sich innerhalb weniger Monate ein Mond geformt, der zum Teil aus irdischem Material besteht. Diese Trümmer waren anfangs 20.000 km von der Erde entfernt, durch Gezeitenreibung vergrößerte sich später der Abstand auf den heutigen Wert.

Der Astronaut Charles M. Duke sammelte während der Apollo-16-Mission Mondgestein am Rande eines kleinen Kraters. Im Hintergrund sieht man das Mondauto. Über der trostlosen Mondlandschaft war für die Astronauten eine überwältigende Erfahrung.

Waren Menschen auf dem Mond oder nicht? Der Lunar Reconnaissance Orbiter *hat die Landestellen der* Apollo*-Missionen fotografiert, hier von* Apollo 17. *Deutlich sieht man das Landemodul und die von den Astronauten verursachten Spuren.*

dauert es von Flut zu Flut (oder von Ebbe zu Ebbe) etwas länger als einen halben Tag (zwei Flutberge!), nämlich 12^h25^m.

WORAUS DER MOND BESTEHT

Auch wenn der Mond strahlend hell am irdischen Himmel steht, in Wirklichkeit ist er ein sehr dunkler Körper. Nur 7 % des einfallenden Lichts werden von der 3470 km großen Mondkugel reflektiert. Da der Mond keine Atmosphäre besitzt, wird es im Sonnenlicht auf ihm bis zu 120 °C warm, auf seiner Nachtseite hingegen mit bis zu –130 °C sehr kalt. Auf der Mondoberfläche sind schon mit bloßem Auge große dunkle Gebiete sowie zahlreiche Krater auszumachen. Die dunklen Gebiete werden, historisch bedingt, „Maria" (lat., Mondmeere) genannt. Statt von Wasser wurden sie aber einst von Lavamassen überflutet. Durch Kraterzählungen ergab sich, dass die Mondmeere jünger sind als die restliche Mondoberfläche.

Die bei irdischen Beobachtungen scharfkantig erscheinenden Krater sind in Wirklichkeit sanft gewellt. Über die gesamte Mondoberfläche hat sich im Laufe von Jahrmillionen eine dicke Puderschicht gelegt, das Resultat des ständigen Bombardements von Mikrometeoriten, die den atmosphärelosen Mond ungebremst treffen. Dank der bemannten *Apollo*-Missionen Ende der 1960er und Anfang der 1970er-Jahre hat sich unser Wissen über die Zusammensetzung des Mondes stark erweitert. Von den Astronauten wurden 283 kg Mondgestein zur Erde gebracht.

Demnach ist die Mondoberfläche bis in mehrere Meter Tiefe von Staub und Geröll überzogen. Die

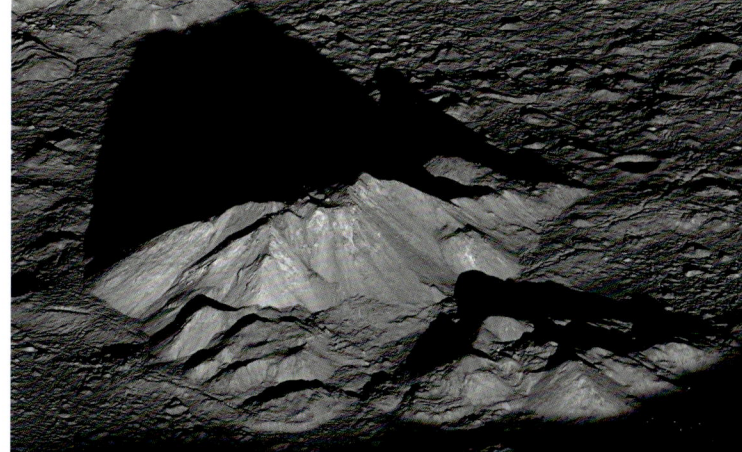

Von der Erde aus ist der große Krater Tycho gut zu sehen. Dieses Bild zeigt eine Schrägansicht des ca. 15 km breiten Zentralbergs, die aus Daten des Lunar Reconnaissance Orbiter *der NASA erstellt wurde.*

Zusammensetzung ähnelt irdischem Basaltgestein, wie es bei Vulkanausbrüchen entsteht. Auffallend waren kleine glaskugelartige Einschlüsse. Sie sind aufgrund der enormen Hitze entstanden, die bei den Meteoriteneinschlägen entsteht.

WASSER AUF DEM MOND?

Krater in den Polarregionen des Mondes bieten ewige Finsternis. Dort haben Raumsonden Hinweise auf Wassereis gefunden. Aber auch jenseits der dunklen Gebiete scheint es Spuren von Wasser zu geben. Vermutlich wird es durch die Teilchen des Sonnenwindes erzeugt: deren Protonen schlagen aus dem Mondgestein Sauerstoffatome heraus, die sich mit Wasserstoff zu H_2O verbinden und später wieder zerstört werden.

MARS
— *der rote Planet*

Der Mars war erst Kriegsgott, dann Welt einer anderen Zivilisation, kalter Wüstenplanet und schließlich die Hoffnung auf Leben außerhalb der Erde. Zahlreiche Raumsonden haben ihn erforscht, aber die Frage nach Leben ist immer noch nicht beantwortet.

Mars ist der äußere Nachbarplanet der Erde. Nur alle zwei Jahre kann man ihn gut am Himmel beobachten. Aufgrund seiner elliptischen Umlaufbahn um die Sonne ist er zur Erde während einer Opposition, also bei „Vollmars", aber nicht immer gleich weit entfernt.

Die kleinste Erdentfernung seit Tausenden von Jahren fand im August 2003 statt. Gleich drei Raumsonden nutzten die Gelegenheit für einen Kurztrip zum roten Planeten. Im Sommer 2018 wird Mars der Erde nach 15 Jahren wieder besonders nahe stehen. Die Marseuphorie ist ungebrochen, auch wenn schon lange bekannt ist, dass es dort keine kleinen grünen Marsmännchen gibt. Seit Giovanni Virginio Schiaparelli 1877 seine Beobachtungen der Marskanäle – damals ein „eindeutiger Beweis" für hochentwickeltes Leben – veröffentlicht hat, lässt die irdische PR-Maschinerie keine Gelegenheit aus, um den roten Planeten ins Rampenlicht zu rücken. Eine besondere Ausprägung der Marshysterie ereignete sich am 30. Oktober 1938, als ein Hörspiel nach dem Buch „Krieg der Welten" von H. G. Wells über die fiktive Invasion vom Mars die Menschen in Panik versetzte. Wir sind gespannt, welche Meldungen die Erdnähe im Juli 2018 auslösen wird.

Aus 24 Bildern zusammengesetztes Porträt des roten Planeten, aufgenommen vom Mars Global Surveyor.

WAS IST DRAN AM „MYTHOS MARS"?

Warum diese ganze Aufregung? Mars ist nur ein kleiner, gerade mal 6800 km durchmessender Planet. Aber er ist (neben unserem Mond) das einzige Himmelsobjekt, auf dem man Oberflächeneinzelheiten erkennen kann.

Durch Beobachtungen dieser Merkmale konnte rasch die Rotationszeit des Planeten bestimmt werden. Sie beträgt mit 24^h37^m nur wenig mehr als die der Erde. Im Fernrohr gut sichtbar sind zudem weiße Polkappen auf Mars, die im Laufe des 780 Tage dauernden Marsjahres deutlich ihre Größe verändern. Mars weist, wiederum wie die Erde, ausgeprägte Jahreszeiten auf; seine Rotationsachse ist um fast 24 Grad gegen seine Bahn geneigt (bei der Erde sind es rund 23,5 Grad). Regelmäßig scheint sich die Marsoberfläche zu verändern; was früher als Zeichen für Vegetation auf Mars gedeutet wurde, sind in Wirklichkeit den ganzen Marsglobus umfassende Staubstürme.

Die blühenden Fantasien der Forscher wurden erst 1965 durch Bilder der amerikanischen Mars-Sonde *Mariner 4* gedämpft. Keine Vegetation, keine Marskanäle – nur Krater und grobe Strukturen zeigten die Bilder der Sonde. Aber die Wissenschaftler ließen nicht locker, und mit *Viking 1* und *Viking 2* landeten 1976 die ersten Sonden auf der Marsoberfläche. Die beiden *Vikings* nahmen Proben des Marsgesteins und untersuchten sie vor Ort auf Lebensspuren. Das Ergebnis war ein klares „Jein", Leben konnte nicht eindeutig nachgewiesen werden, was aufgrund der unempfindlichen Sensoren aber auch nicht sehr überraschend war. Dafür sorgte eine Aufnahme des *Viking*-Orbiters für neue Aufregung. Zu sehen war dort ein Gebilde, das wie ein menschliches Gesicht aussieht. Dieses „Marsgesicht" durfte 25 Jahre lang in keinem Bericht über mögliches Leben auf Mars fehlen – bis es 2001 durch eine scharfe Aufnahme der Marssonde *Mars Global Surveyor* als erodierter Berg entlarvt wurde.

DER MARS IM DETAIL

Einige Jahre und mehrere Raumsonden später hat sich unser Wissen über den roten Planeten stark erweitert. Besonders die fantastischen Panoramaaufnahmen der Roboterfahrzeuge *Sojourner* (1997), *Spirit* und *Opportunity* (beide ab 2004) sowie *Curiosity* (2012) zeigen die Marsoberfläche als karge Geröllwüste. Auf Mars gibt es mehrere (jetzt inaktive) Vulkane, von denen der 24 km hohe Olympus Mons als höchster Berg im Sonnensystem gilt. Das mit Abstand auffälligste Oberflächenmerkmal sind aber die Valles Marineris (die „Mariner-Täler", so

Erdwüste oder Marslandschaft? Das ist auf den ersten Blick kaum zu erkennen. Dieses Panorama hat der Mars-Rover Curiosity *auf seinem Weg zum „Mount Sharp" im April 2014 aufgenommen.*

In der Tharsis-Regon finden sich mehrere erloschene Vulkane, im Bild unten Olympus Mons, der größte Berg im Sonnensystem.

Fließspuren von Wasser? Der Mars Reconnaissance Orbiter hat am Rande eines Kraters dieses 750 x 1100 Meter messende Gebiet aufgenommen. Die Hangrutschung könnte durch geschmolzenes Tiefeneis ausgelöst worden sein.

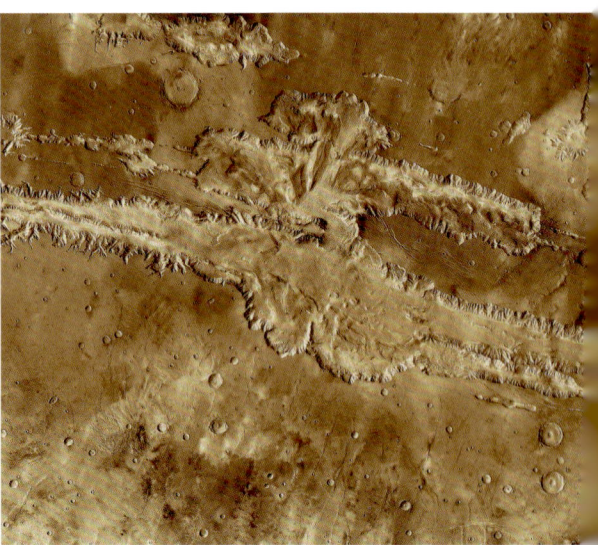

Quer über die Marskugel erstrecken sich die 5000 km langen Valles Marineris, ein großer Riss in der Marskruste.

benannt nach den Raumsonden). Über eine Länge von 5000 km zieht sich die mehrere hundert Kilometer breite Schlucht quer über den Marsglobus. Mars besitzt eine dünne Atmosphäre, die zu 95 % aus Kohlendioxid besteht; weitere 2,7 % sind Stickstoff, der Rest Spurengase. Der Luftdruck beträgt weniger als ein Hundertstel des irdischen; Sauerstoff kommt nur in verschwindend geringer Menge vor, und selbst wenn es mehr davon gäbe, wäre die Marsluft zum Atmen viel zu dünn.

Um den Planeten kreisen zwei Monde, deren Namen Phobos („Furcht") und Deimos („Schrecken") an die ehemalige Karriere von Mars als Kriegsgott erinnern. Beide sind für „echte" Monde sehr klein, Phobos misst rund 22 km, Deimos ist mit 12 km knapp halb so groß. Die Marsmonde sind alles andere als kugelrund und ihre Oberflächen von Kratern zernarbt. Wahrscheinlich handelt es sich um eingefangene Kleinplaneten aus dem nahe gelegenen Kleinplanetengürtel zwischen Mars und Jupiter. Die Monde sind nicht weit von Mars entfernt – Phobos im Mittel 9000 km, Deimos 23.000 km –, durch ihre geringe Größe erscheinen sie am Marshimmel daher fast punktförmig.

SUCHE NACH DEM MARS-WASSER

Aufnahmen und Untersuchungen der Orbiter *Mars Global Surveyor* und *Mars Odyssey* hatten bereits konkrete Hinweise geliefert, dass es auf Mars einst große Mengen flüssiges Wasser gegeben haben muss. An mehreren Stellen zeigen die Bilder deutliche Fließspuren auf der Marsoberfläche. *Mars Odyssey* wies zudem dicht unter der Oberfläche das Vorkommen von Wasserstoff nach; hier könnte heute noch Wasser in Form von Permafrost vorhanden sein.

Zu den Aufgaben der beiden Rover *Spirit* und *Opportunity* gehörte es daher, das Marsgestein vor Ort nach Hinweisen auf ehemals vorhandenes Wasser zu untersuchen. Und tatsächlich wurden an beiden Landestellen Elemente und Mineralien gefunden, die (eigentlich) nur in Verbindung mit flüssigem Wasser entstanden sein können.

Parallel dazu untersucht die europäische Sonde *MarsExpress* aus einer Umlaufbahn die Marsoberfläche. Neben der Kamera, die Mars mit einer Auflösung von zehn Metern kartiert und aus deren Daten dreidimensionale Bilder generiert werden können, arbeiten weitere Instrumente in anderen Wellenlängenbereichen. Durch Aufnahmen der Polkappe mit dem Infrarot-Spektrometer konnten dort große Mengen von Wassereis nachgewiesen werden. Außerdem ist *MarsExpress* mit dem Radarsystem Marsis ausgerüstet. Das Radar hat bis zu 3,7 Kilometer tiefe Eisschichten aufgespürt. Die entsprechende Wassermenge würde Mars mit einer über zehn Meter tiefen Wasserschicht vollständig bedecken. Einen weiteren Beweis für Wassereis auf dem Mars lieferte im Herbst 2008 die Sonde *Phoenix*; sie kratzte die oberste Staubschicht beiseite, worunter weiße Spuren von Eis sichtbar wurden.

LEBEN AUF DEM MARS?

Trotz der zahlreichen Mars-Sonden und -Rover wurden bisher weder Marsianer noch kleine Krabbeltierchen entdeckt. Die Beobachtung veränderlicher Fließspuren deutet auf das zeitweise Vorhandensein von flüssigem Wasser hin.

In der Atmosphäre von Mars wurde das Gas Methan nachgewiesen. Es kann entweder von lebenden Organismen oder Vulkanen erzeugt werden. Gegen die Vulkane spricht, dass bisher kein Schwefeldioxid gefunden wurde.

Vielleicht kann der europäische Orbiter *ExoMars* neue Indizien ermitteln; er ist im Oktober 2016 in eine Umlaufbahn um Mars eingeschwenkt. Im Jahr 2020 soll ihm der *ExoMars*-Rover folgen und der Frage nach Leben auf dem Mars mit neuen Instrumenten nachspüren.

☞ DIE MARSMONDE

Mond	Durchmesser	Entfernung
Phobos	22 km	9000 km
Deimos	12 km	23.000 km

Der Mars wird von zwei sehr kleinen Monden begleitet: Phobos („Furcht") und Deimos („Schrecken"). Wahrscheinlich handelt es sich bei beiden um „eingefangene" Asteroiden.

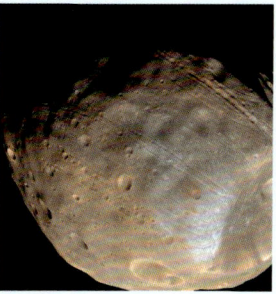

Marsmond Deimos   Marsmond Phobos

Unter der von Staub bedeckten Oberfläche hat der Mars-Lander Phoenix im Juni 2008 deutliche Spuren von Wassereis gefunden.

KLEINPLANETEN
— zwischen Mars und Jupiter

Neben den großen Planeten gibt es hunderttausende kleine, die meisten davon zwischen Mars und Jupiter. Von der Erde aus sehen sie nur wie Lichtpünktchen aus. Erst durch Raumsonden konnte die Gestalt einiger Kleinplaneten ermittelt werden.

☞ ZIELSCHEIBE ERDE

„Near Earth Objects" (NEOs) sind Asteroiden, Kometen und große Meteoroide, die die Erdbahn kreuzen können und deshalb eine Kollisionsgefahr darstellen. Um dieser Gefahr vorzubeugen ist eine genaue Kenntnis über solche Objekte notwendig. In den USA hat die NASA vom Kongress den Auftrag erhalten, alle NEOs zu katalogisieren, die größer als ein Kilometer im Durchmesser sind. Derzeit sind etwa 2000 derartige Objekte bekannt, nach Expertenmeinung glaubt man allerdings, dass dies nur die Hälfte der NEOs jener Größe ist.

Der erste Kleinplanet wurde in der Neujahrsnacht von 1800 auf 1801 durch Guiseppe Piazzi entdeckt und auf den Namen Ceres getauft. Die Entdeckung kam nicht ganz überraschend, denn einige Jahre zuvor hatten Johann Titius und Johann Elert Bode eine auffällige Systematik der Planetenabstände zur Sonne festgestellt. Nach ihrer Theorie musste es zwischen Mars und Jupiter einen weiteren Planeten geben. Statt eines großen Planeten wurden dort aber viele kleine Planeten gefunden, die alle auf ähnlichen Bahnen die Sonne umrunden. Mittlerweile sind rund 700.000 Kleinkörper in diesem als „Planetoidengürtel" bezeichneten Gebiet bekannt. Alle Kleinplaneten zusammen besitzen nur ein Bruchteil der Erdmasse. Ceres ist mit 950 km der größte, viele andere sind dagegen nur einige Kilometer groß. Von der Erde aus betrachtet erscheinen Kleinplaneten nur als Lichtpünktchen. Würden sie sich nicht am Himmel bewegen, so wären sie von Sternen nicht zu unterscheiden. Durch diese Bewegung ist es den Astronomen möglich, Kleinplaneten auf lang belichteten Fotografien des Himmels zu entdecken – der Kleinplanet hinterlässt während der Belichtungszeit eine Strichspur auf dem Bild.

Durch Vermessung mehrerer Positionen über einen längeren Zeitraum hinweg kann die Bahn des Kleinplaneten bestimmt und das Objekt auch nach Wochen oder Monaten wieder am Himmel aufgefunden werden.

KLEINPLANETEN AUF DER SCHIEFEN BAHN

Nicht alle Planetoiden ziehen brav ihre Bahn irgendwo zwischen Mars und Jupiter. Noch harmlos sind die sogenannten Trojaner, die in Jupiterentfernung um die Sonne laufen. In jeweils 60 Grad Abstand vor und hinter Jupiter haben sie sich in energetisch günstigen Bereichen versammelt, aus denen sie sich ohne Fremdeinwirkung auch nicht befreien können. Mehr Anlass zur Sorge gab der bereits 1932 entdeckte Kleinplanet Apollo. Nachdem man seine Bahn bestimmt hatte, stellte sich heraus, dass Apollo hin und wieder die Erdbahn kreuzen und damit der Erde gefährlich nahe kommen kann. Es folgten weitere Objekte, die auf ihren zum Teil stark elliptischen Bahnen die Erdbahn queren. Von diesen „Erdbahnkreuzern" sind bis heute rund 2000 Exemplare bekannt. Die ständige Überwachung dieser Kleinplaneten hat für uns Menschen einen ganz praktischen Grund, denn bereits der Einschlag eines nur ein Kilometer großen Körpers auf der Erde hätte verheerende Folgen. Spielfilme wie „Deep Impact" oder „Armageddon" beschreiben ein zwar maßlos übertriebenes, aber doch nicht ganz unrealistisches Szenario.

KNOCHEN, KARTOFFELN UND MELONEN

Im Teleskop erscheinen die Kleinplaneten wie gesagt nur als punktförmige Objekte. Allein durch die Analyse ihres Lichtwechsels konnte man schließen, dass sie rotieren und einige von ihnen nicht kugelrund, sondern eher eiförmig durch den Weltraum trudeln.
Anfang der 1990er-Jahre konnten erstmals echte Bilder einiger Kleinplaneten bestaunt werden. Auf

Zwergplanet Ceres weist annähernd kugelförmige Gestalt auf (960 x 890 km). Im Krater Occator sind helle Flecken zu sehen, die wahrscheinlich aus Carbonaten bestehen.

Neun Kleinplaneten im Größenvergleich. Vesta ist hier mit einem Durchmesser von 530 km mit Abstand das größte Objekt.

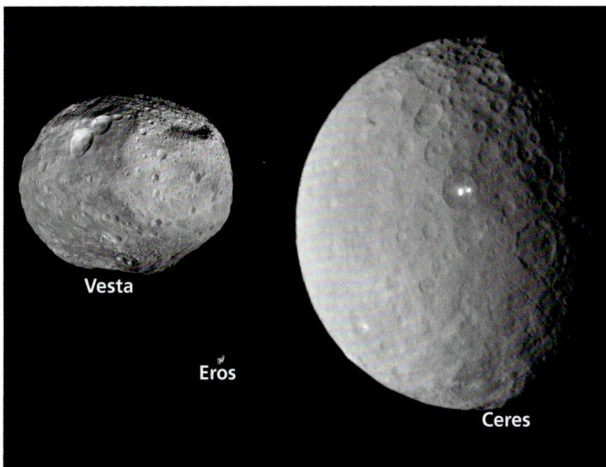

Große und kleine Kleinplaneten: Ceres, Vesta und Eros im Größenvergleich.

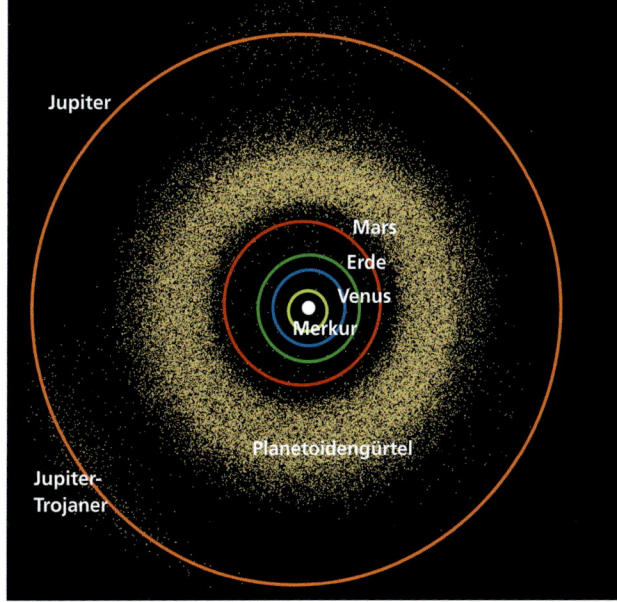

Zwischen Mars und Jupiter ziehen unzählige Kleinplaneten ihre Bahnen.

ihrem Weg zu Jupiter flog die Raumsonde *Galileo* am Kleinplaneten Gaspra vorbei und bestätigte, dass dieses Objekt eine ganz eigene Form besitzt. Von den zahlreichen Kratern auf Gaspra war man überrascht. Anscheinend entgeht kein Körper im Sonnensystem, und sei er noch so klein, dem Bombardement anderer „Kleinstplaneten", von denen es im Sonnensystem unzählige gibt.

Noch überraschender fiel der Besuch *Galileos* bei Ida aus. Dieser 58 km lange Kleinplanet wird sogar von einem eigenen, nur 1,5 km kleinen Mond umkreist, dem man den Namen Dactyl gab; man hatte den ersten Mond eines Kleinplaneten entdeckt! Ganz anders dagegen bei der Sonde NEAR. Sie startete mit dem Ziel, den Kleinplaneten Eros genau zu erforschen. Auch hier nahm man auf dem Weg einen weiteren Kleinplaneten mit, die 52 km große und ausnahmsweise recht runde Mathilde. Sein Ziel erreichte NEAR im Jahr 2002. Statt an Eros einfach vorbeizufliegen, schwenkte die Sonde in eine Umlaufbahn um den 34 km langen Körper ein – und erforschte ihn als „Kleinplanetensatellit" ein Jahr lang.

Durch weitere Raumsondenmissionen konnten zahlreiche Kleinplaneten aus der Nähe fotografiert werden und erlauben so den oben dargestellten Größenvergleich. Die jüngste Mission *Dawn* besuchte 2011 den großen Körper Vesta und seit 2015 Ceres, die mittlerweile als Zwergplanet eingestuft wurde.

JUPITER
— *der Riese im Sonnensystem*

Jenseits des Kleinplanetengürtels sind die Planeten viel größer, sehr viel massereicher – und sie bestehen hauptsächlich aus Gas ohne feste Oberfläche. Jupiter ist der größte aller Planeten. Um ihn kreisen mehrere Monde, vier davon sind fast kleine Planeten.

Jupiter galt schon bei den ersten Himmelsbeobachtern als „König der Planeten". Er strahlt mit ruhigem, gleichbleibend hellem Licht und ist jedes Jahr gut am Himmel zu sehen. Wahrhaft majestätisch zieht er langsam seine Bahn unter den Sternen, von Jahr zu Jahr stattet er einem anderen Sternbild seinen Besuch ab.

Jupiter umläuft nach Merkur, Venus, Erde und Mars als fünfter Planet unsere Sonne. Verbunden mit dem größeren Sonnenabstand – Jupiter ist fünfmal so weit vom Zentralgestirn entfernt als die Erde – ist die lange Umlaufzeit: Jupiter benötigt fast zwölf Jahre für einen Sonnenumlauf. Von der schnelleren Erde wird er dabei alle 400 Tage überholt und hat sich am irdischen Himmel dann gerade von einem Tierkreissternbild zum nächsten geschoben. Nach Mond und Venus ist Jupiter das hellste Objekt am Nachthimmel und übertrifft sogar Sirius, den hellsten Fixstern. Wenn ein Planet weit von der Sonne entfernt ist und trotzdem hell leuchtet, muss er auch besonders groß sein. Im Teleskop erscheint das Jupiterscheibchen daher auch größer als Mars, der der Erde viel näher steht. Auffallend ist die deutliche Abplattung: Der Äquatordurchmesser von Jupiter übertrifft den von Pol zu Pol gemessenen Wert um fast 10 %.

DIE NATUR DES RIESENPLANETEN

Teleskopbeobachtungen von Jupiter zeigen auffallende, parallel zum Äquator verlaufende Streifenmuster. Bei höherer Vergrößerung werden immer mehr Einzelheiten sichtbar. Manche davon verändern sich im Laufe von Wochen und Monaten, andere dagegen sind jahrelang stabil. In wenigen Stunden fällt auf, dass sich Jupiter schnell um seine eigene Achse dreht: Die Rotationsdauer des Planeten beträgt nur 9^h55^m. Dabei besitzt Jupiter (wie die Sonne) eine differenzielle Rotation: In Äquatornähe dreht sich der Planet gut fünf Minuten schneller als in nördlichen oder südlichen Breiten. Die schnelle Rotation ist Grund für Jupiters deutliche Abplattung. Eine feste Oberfläche kann der Riesenplanet daher kaum haben. Die von irdischen Beobachtungen bekannten Streifenmuster entpuppten sich auf Bildern der ersten Raumsonden daher auch als Wolkenwirbel, die mit Geschwindigkeiten von bis zu 500 km/h durch die dichte Atmosphäre fegen. Spektroskopische Untersuchungen von der Erde aus ergaben, woraus die Jupiterwolken zusammengesetzt sind. Richtig gründlich wurde die Atmosphäre dann durch die von der Raumsonde *Galileo* mitgeführte Messkapsel erkundet. Ihre Daten bestätigten das bis dato vorhandene Bild,

Wolkenwirbel prägen Jupiters Gestalt. Auffällig ist der „Große Rote Fleck". Dieses Bild ist eine Aufnahme von Hubble im April 2017.

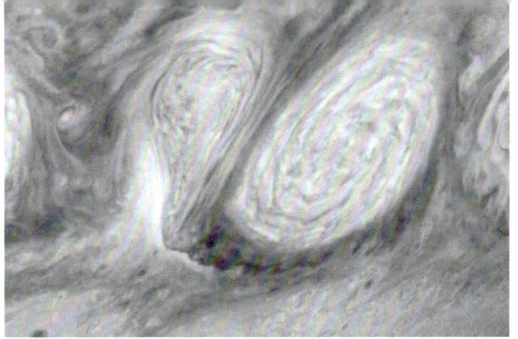
Wirbelstürme von der Größe der Erde

Polarlichter am Nordpol

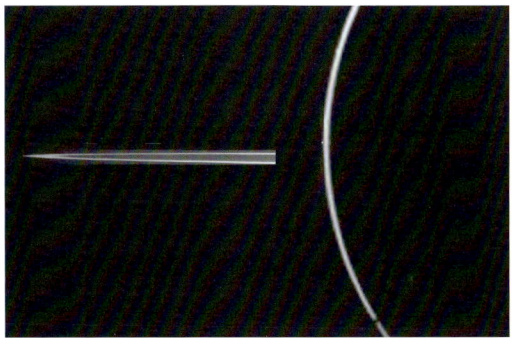
Die Ringe des Riesenplaneten

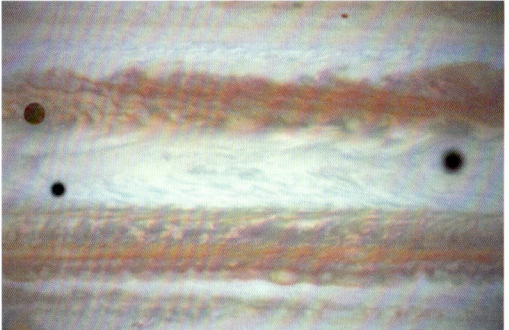
Monde und deren Schatten vor Jupiter

nach dem die –150 °C kalte Atmosphäre zu 75 % aus molekularem Wasserstoff und zu 24 % aus Helium besteht. In Spuren kommen auch Methan, Ammoniak und Wasserdampf vor. Die Jupiteratmosphäre besitzt damit eine Zusammensetzung ähnlich wie die Sonne!

FAST EINE ZWEITE SONNE

Am Fixsternhimmel können viele Sterne beobachtet werden, die sich gegenseitig umrunden. Man spricht von Doppelsternen, die gemeinsam aus einer Wolke interstellarer Materie entstanden sind. Solche „Zwillingsgeburten" sind keineswegs selten, die Hälfte aller Sterne sind Teil eines Doppel- oder Mehrfachsternsystems. Unsere Sonne als Einzelgänger ist eher die Ausnahme. Mit Jupiter gibt es aber einen Planeten, der es fast zur zweiten Sonne geschafft hätte. Er vereint 70 % der Masse aller Planeten in sich und hat damit während der Entstehung des Planetensystems den Löwenanteil der Materie an sich gezogen. Um wirklich eine Sonne werden zu können, hätte Jupiter aber mehr als die hundertfache Masse aufsammeln müssen.

Trotzdem strahlt Jupiter mehr Energie ab als er von der Sonne erhält. Wie ein Protostern schrumpft Jupiter ganz allmählich und heizt sich dabei auf. Die entstehende Wärme wird nach außen abgeführt, sie ist die Energiequelle der turbulenten Atmosphäre. Bereits 1000 km unterhalb der Wolkenwirbel ist der Druck so hoch, dass Wasserstoff und Helium in flüssiger Form vorkommen. Diese „flüssige Atmosphäre" reicht bis in eine Tiefe von 25.000 km (gut ein Drittel des Jupiterradius), wonach der zunehmende Druck dem Wasserstoff metallische Eigenschaften verleiht. Die 40.000 km starke Schicht metallischen Wasserstoffs reicht bis zum Zentrum des Riesenplaneten, wo ein erdgroßer Gesteinskern vermutet wird.

Der metallische Wasserstoff ist elektrisch leitfähig und für das ausgeprägte Magnetfeld Jupiters verantwortlich. Wie auf der Erde können daher auch bei Jupiter hin und wieder Polarlichter beobachtet werden, wenn energiereiche Teilchen des Sonnenwindes im Bereich der Pole in die Jupiteratmosphäre vordringen.

Jupiter besitzt einen zarten Ring, der 1979 von den *Voyager*-Raumsonden entdeckt wurde und nur im Gegenlicht sichtbar ist. Hier beginnt der Übergang

☞ DER GROSSE ROTE FLECK

Im Jahr 1655, knapp fünf Jahrzehnte nach Erfindung des Fernrohrs, entdeckte Giovanni Cassini einen auffallend roten Wolkenwirbel auf Jupiter. Diese „Großer Roter Fleck" (GRF) genannte Struktur ist seitdem nicht verschwunden, existiert als schon mehrere Jahrhunderte. Detailuntersuchungen haben ergeben, dass es sich beim GRF um einen riesigen Wirbelsturm handelt. Man blickt hier in tiefer gelegene Schichten der Jupiteratmosphäre. Den GRF kann man in einem guten Amateurteleskop beobachten, seine Größe ist in den letzten Jahrzehnten aber deutlich geschrumpft.

Die vier Galileischen Monde im Größenvergleich: Von links nach rechts sind dies Ganymed, Kallisto, Io und Europa.

zu den zahlreichen Jupitermonden, von denen vier schon im Fernglas beobachtet werden können.

DIE JUPITERMONDE

Um Jupiter kreisen mehr als 60 Monde. Vier von ihnen – Io, Europa, Ganymed und Kallisto – kann man leicht mit dem Fernrohr beobachten. Man könnte sie sogar mit bloßem Auge sehen, würde ihr heller Mutterplanet sie nicht überstrahlen. Bereits Galileo Galilei hat sie mit seinem bescheidenen Fernrohr beobachtet, daher werden sie auch Galileische Monde genannt. Für Galilei war diese Entdeckung ein weiterer Hinweis darauf, dass sich eben nicht alles nur um die Erde dreht – aus der Ferne betrachtet sehen Jupiter und seine Monde wie die Miniaturausgabe eines Sonnensystems aus. Die Galileischen Monde bewegen sich nahe der Äquatorebene um Jupiter, so dass im Fernrohr interessante Schattenspiele beobachtet werden können. Mal tritt ein Mond in den (ansonsten unsichtbaren) Schatten des Riesenplaneten, oder er zieht vor- oder hinter der Jupiterscheibe vorbei. Besonders attraktiv sind Schattenwürfe der Monde auf Jupiter selbst, dann wandert ein kleiner schwarzer Klecks langsam über Jupiters Wolkenbänder.

Durch die Beobachtungen von Jupitermondverfinsterungen konnte 1676 der dänische Astronom Ole Römer sogar die Lichtgeschwindigkeit bestimmen.

VULKANE, EISPANZER UND OZEANE

Auf den Nahaufnahmen der Monde durch Raumsonden wurde eine überraschende Vielfalt deutlich. Jeder Jupitermond ist eine eigene, faszinierende Welt. Kein Vergleich mit dem kargen Erdmond oder den zwei Minimonden des Mars! Io ist der innerste Jupitermond und vielleicht der spektakulärs-

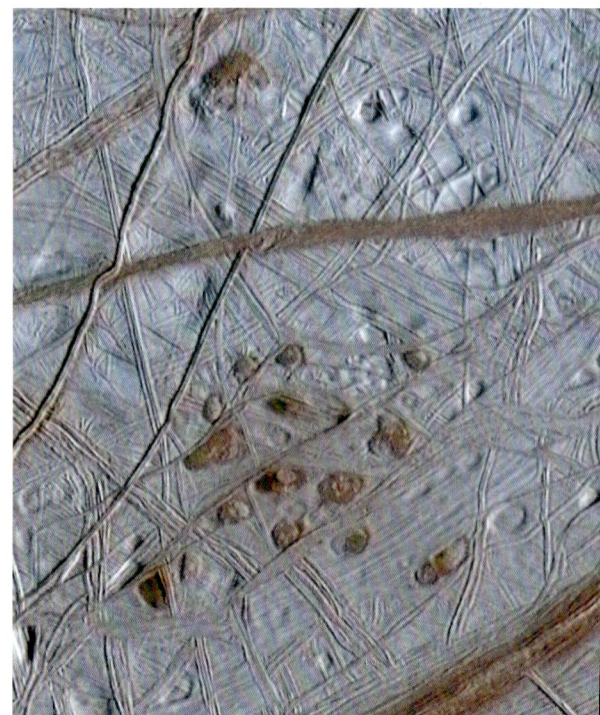

Die Oberfläche des Jupitermondes Europa ist von einer Eiskruste bedeckt, unter der sich womöglich ein Ozean aus Wasser befindet.

te des ganzen Sonnensystems. Sein „Pizzagesicht" wird durch aktiven Vulkanismus geprägt. Dabei schießen immer wieder Schwefelfontänen aus der Oberfläche Ios empor, steigen mehrere hundert Kilometer auf und regnen in schirmartiger Form auf die Oberfläche hinab. Io ist nur 420.000 km von Jupiter entfernt und wird ständig von den Gezeitenkräften des Riesenplaneten durchgeknetet. Er befindet sich auch noch innerhalb des Strahlungsgürtels von Jupiter und steht in starker Wechselwir-

Vulkanausbruch auf Io, dem aktivsten Mond im Sonnensystem.

kung mit dessen Magnetfeld. Auch **Europa**, der von Jupiter gesehen zweite große Mond, beeinflusst Io, er zieht und zerrt durch Gezeitenkräfte an seinem inneren Nachbarn. Dabei ist Europa ganz anders beschaffen als Io. Mit 3130 km ist dieser Mond nur wenig kleiner als der Erdtrabant, seine Oberfläche ist von Rissen und Spalten gezeichnet. Einschlagkrater sind keine zu finden, und das aus gutem Grund: Die Oberfläche von Europa besteht aus einem dicken Eispanzer, unter dem ein tiefer Ozean aus Wasser vermutet wird. Es gibt sogar Überlegungen, eine Raumsonde zu Europa zu schicken, die auf dem Mond landen und sich durch dessen Eispanzer bohren soll, um im Europa-Ozean nach biologischen Aktivitäten zu suchen.

Ganymed ist der dritte im Bunde, mit 5262 km der größte Mond im Sonnensystem und damit 400 km größer als der Planet Merkur! Lange Zeit hielt diesen Rekord der Saturnmond Titan, bis sich herausstellte, dass dieser von einer dichten Wolkendecke umhüllt ist, die einen größeren Durchmesser vorgegaukelt hatte. Ganymed ist mit über einer Million Kilometer recht weit von Jupiter entfernt, trotzdem benötigt er für einen Umlauf um seinen Planeten nur etwas mehr als sieben Tage. Auch Ganymed ist von einem Eispanzer bedeckt, der allerdings von zahlreichen Kratern gezeichnet ist. Wenn es, wie manche Forscher vermuten, auch unter der Eisdecke Ganymeds einen Ozean aus Wasser gibt, dann ist dieser ob der 150 km dicken Eisschicht noch schwieriger zu erreichen als bei Europa.

Kallisto ist von den Galileischen Monden am weitesten von Jupiter entfernt. In knapp 2 Mio. km Entfernung benötigt dieser Mond über zwei Wochen für einen Umlauf. Er ist der dunkelste der vier großen Monde. Auf seiner Oberfläche sind unzählige Krater und zwei große Einschlagbecken zu finden. Je weiter ein Mond von Jupiter entfernt ist, desto mehr Krater weist er auf. Doch auch Kallistos Oberfläche besteht überwiegend aus Eis, unter dessen mindestens 200 km dicker Kruste sich ebenfalls ein wenige Kilometer tiefes Wassermeer befinden kann.

Regelmäßig werden neue Jupitermonde entdeckt, die kleinsten davon weisen gerade mal Kilometergröße auf. Innerhalb der Bahnen der großen Monde befinden sich nur vier weitere Jupitersatelliten, die noch vergleichsweise groß sind: Metis, Adrastea, Amalthea und Thebe. Sie „füttern" mit verlorenen Staubpartikeln gleichsam die Jupiterringe. Ansonsten handelt es sich bei ihnen, wie bei den anderen 61 bisher bekannten Mini-Monden, wahrscheinlich um eingefangene Planetoiden, die auf ihrer Bahn um die Sonne irgendwann dem Riesenplaneten zu nahe gekommen sind und seitdem von dessen Gravitationskraft gefangen gehalten werden.

☞ DIE GRÖSSTEN JUPITERMONDE

MOND	DURCH-MESSER	ENTFERNUNG ZU JUPITER
GANYMED	5262 km	1.070.000 km
KALLISTO	4800 km	1.883.000 km
IO	3700 km	422.000 km
EUROPA	3138 km	671.000 km
AMALTHEA	270 km	181.000 km
HIMALIA	170 km	11.461.000 km
THEBE	110 km	222.000 km

SATURN
— *der Ringplanet*

Saturn ist nach Jupiter der zweitgrößte Planet des Sonnensystems – und mit seinen prächtigen Ringen der schönste. Sie sind weniger als einen Kilometer stark, aber dank ihnen hat sich Saturn das Prädikat „Herr der Ringe" mehr als verdient.

Als sechstes Mitglied der klassischen Planeten ist Saturn bereits mit bloßem Auge als heller „Stern" am Himmel zu sehen. Er braucht fast 30 Jahre für einen Umlauf um die Sonne und ist im Mittel 1,4 Milliarden Kilometer (ca. 9,5-fache Erdentfernung) von ihr entfernt. Wie Jupiter kann auch Saturn jedes Jahr für einige Monate am Nachthimmel beobachtet werden. Der Ringplanet wandert aber deutlich langsamer durch die Sternbilder des Tierkreises, noch nicht einmal ein halbes Sternbild schafft er pro Jahr. Wer Saturn einmal am Himmel gefunden hat, wird ihn auch im nächsten Jahr an ähnlicher Position wiederentdecken.

Schon die ersten Fernrohrbeobachter bemerkten ein merkwürdiges, längliches Aussehen des Planeten. Später wurde er als „Planet mit Henkel" beschrieben, und erst 50 Jahre danach, um 1659, erkannte Christian Huygens die wahre Natur der Saturnringe. Kurz zuvor wurde bereits Titan, der größte der Saturnmonde, entdeckt.

Außer seinen Ringen hat Saturn allerdings nicht viel zu bieten. Im Gegensatz zu Jupiter erscheint seine „Oberfläche" nahezu strukturlos. Nur zarte Bänder und hin und wieder ein kleines Fleckchen kann man im Fernrohr beobachten. Dieses Bild des Planeten wurde auch durch die Aufnahmen der Raumsonden nicht grundlegend verändert. Saturn wurde bisher von vier Sonden besucht, 1979 von *Pioneer 11*, 1980 von *Voyager 1*, 1981 von *Voyager 2* und von 2004 bis 2017 von *Cassini*. Für *Pioneer 11* war Saturn das letzte Reiseziel; *Voyager 2* nutzte die Anziehungskraft des Planeten für eine Bahnkorrektur, durch die die Sonde auf ihren Weg zum Planeten Uranus gebracht wurde. Dagegen flog *Voyager 1* so dicht am Ringplaneten vorbei, dass die Sonde daraufhin nahezu senkrecht aus der Bahnebene der Planeten um die Sonne herausgeschleudert wurde. *Cassini* ist sogar in einen Orbit um Saturn eingetreten und hat am Ende der Mission waghalsige Flüge durch die Ringebene von Saturn unternommen.

Saturn in einer Aufnahme der Raumsonde Cassini. *Deutlich ist der Schattenwurf des Planeten auf die Ringe zu sehen. Am Nordpol von Saturn fällt eine hexagonförmige Struktur auf, deren Ursache noch ungeklärt ist.*

WICHTIGE FAKTEN ZU SATURN

Der Ringplanet ist fast doppelt so weit von der Sonne entfernt als Jupiter, sein Durchmesser beträgt rund 120.000 km (etwa 20.000 km weniger als Jupiter). Deutlich ist auch bei Saturn eine Abplattung der Planetenkugel zu erkennen, denn er dreht sich mit 10^h40^m fast so schnell um seine eigene Achse wie der große Bruder Jupiter (9^h55^m). Wie Jupiter ist auch Saturn ein Gasplanet, die beiden sind sich hinsichtlich ihres inneren Aufbaus sehr ähnlich. Auch Saturns Atmosphäre besteht zum überwiegenden Teil aus Wasserstoff (93 %), der Heliumanteil (6 %) ist etwas geringer als bei Jupiter. An die ca. 1000 km dicke Atmosphärenschicht schließt sich wiederum ein (hier ca. 30.000 km dicker) Mantel aus flüssigen Gasen an, darunter folgt der Bereich des „metallischen Wasserstoffs" und schließlich ein harter Kern, der aus einer etwa erdgroßen Gesteinskugel besteht, die von einer ca. 10.000 km dicken Eiskruste umgeben sein soll. Da Saturn weiter von der Sonne entfernt ist, empfängt seine Atmosphäre weniger Strahlungsenergie, wodurch in den Saturnwolken nur kleinere Turbulenzen entstehen können. Außerdem ist die äußere Atmosphäre von einer dicken Dunstschicht verhüllt, was in schwächerer Form auch bei Jupiter beobachtet wurde. Im Gegensatz zu Jupiter ist Saturns Äquatorebene stark (fast 27°) gegen seine Bahnebene geneigt. Somit entstehen auf Saturn Jahreszeiten, da seine Hemisphären während des 29,5 Jahre dauernden Sonnenumlaufs unterschiedlich viel Energie erhalten. Auch die Saturnringe

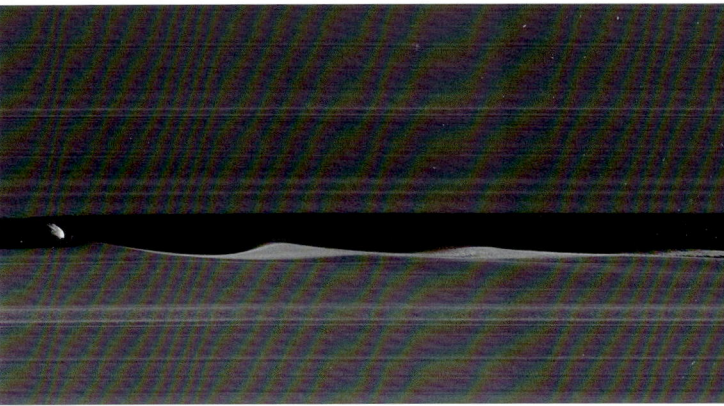

Der kleine Saturnmond Daphne, nur 8 km groß, erzeugt eine Lücke in den Saturnringen.

sind in der Äquatorebene angeordnet und damit gegen die Bahnebene geneigt. Von der Erde aus betrachtet ändert sich im Laufe eines Saturnjahres der Blick auf die Saturnringe: Mal schauen wir auf den weit geöffneten Saturnring, 7,5 Jahre später blicken wir exakt auf dessen Kante; der Saturnring ist für einige Zeit nicht zu sehen.

MILLIARDEN TEILE BILDEN VIELE RINGE

Je detaillierter die Saturnringe untersucht wurden, in desto mehr Einzelteile haben sie sich „aufgelöst". Kann man von der Erde aus gerade mal einige dunkle Lücken in den Saturnringen beobachten, so waren unter den scharfen Blicken der Raumsonden mehr und mehr Strukturen zu sehen. „Einen" Ring gibt es nicht, vielmehr haben Radarbeobachtungen gezeigt, dass sie aus unzähligen mehr oder weniger großen Brocken bestehen. Manche sind einige Meter groß, die meisten siedeln sich aber im Zentimeterbereich an. Mit einem Durchmesser von ca. 250.000 km befinden sich die Ringe in dem „Roche-Grenze" genannten Bereich, wo größere Körper durch die Gezeitenwirkung des Planeten nach und nach zerrieben werden. Wie die Ringe genau entstanden sind, ist heute noch nicht vollständig geklärt. Möglicherweise sind Kometen oder Planetoiden Saturn zu nahe gekommen und haben sich dort im Laufe der Zeit in viele kleine Teile aufgelöst.

32 MONDE UND EIN GEHEIMNIS

Saturn besitzt wie Jupiter viele Monde, gelegentlich werden neue entdeckt. Mit über 5100 km Durchmesser ist Titan der größte von ihnen und nach Jupitermond Ganymed der zweitgrößte im Sonnensystem. Die anderen Saturnmonde sind deutlich kleiner, und bei den Brocken unter 100 km Größe handelt es sich wohl um eingefangene Planetoiden.

Die Aufnahme von Saturn im Gegenlicht zeigt die gesamte Ausdehnung der Saturnringe.

Titan ist nicht nur der größte, sondern auch der interessanteste Saturnmond. Als Lichtpünktchen kann man ihn mit einem Fernrohr sehen, aber selbst mit den größten Teleskopen der Erde können auf der winzigen Kugel so gut wie keine Einzelheiten ausgemacht werden. Selbst die an sich so erfolgreiche Raumsonde *Voyager 2* lieferte nur offenbar unscharfe Bilder – aber auch den Grund dafür: Titan ist von einer dichten Atmosphäre umhüllt, die Wolkendecke versperrt den Blick auf die Oberfläche. Diese Atmosphäre besteht hauptsächlich aus Stickstoff und Methan, daneben wurden auch andere Kohlenwasserstoffverbindungen gefunden.

Viele Forscher geraten beim Gedanken an Titan ins Schwärmen und Spekulieren. Verbergen sich unter der dichten Wolkendecke ähnliche Bedingungen, wie sie vor Milliarden Jahren auf der jungen Erde herrschten? Können in der dichten Titanatmosphäre fotochemische Reaktionen ablaufen, bei denen einfache Lebensbausteine entstehen? Um diesen Fragen auf den Grund zu gehen, hatte die Saturnsonde *Cassini* die Landekapsel *Huygens* mit an Bord, die 2005 in die Titanatmosphäre eingetaucht und sogar auf der Titanoberfläche gelandet ist.

Die anderen Saturnmonde sind deutlich kleiner als Titan und ganz anders zusammengesetzt.

Rhea besitzt nur knapp ein Drittel des Titandurchmessers, sie ist der größte Eismond des Saturn. Wie bei den äußeren Jupitermonden ist Rheas Oberfläche von Kratern zernarbt, die zu früherer Zeit von Wasser aus tieferen Regionen aufgefüllt wurden.

Japetus folgt im Durchmesser knapp dahinter, ist aber mit 3,5 Mio. km weit von Saturn entfernt und umrundet diesen in 79,3 Tagen. Seine Oberfläche ist auf der einen Seite deutlich dunkler, so dass Japetus von der Erde aus betrachtet mal heller und mal schwächer leuchtet.

Dione und **Tethys** sind die letzten beiden Monde mit Durchmessern über 1000 km. Sie umlaufen Saturn auf näheren Bahnen (siehe Tabelle). Auch ihre, wahrscheinlich aus Eis bestehenden, Oberflächen weisen viele Krater auf.

Ein besonderes Merkmal prägt den knapp 400 km großen Mond **Mimas**. Eigentlich hatte man erwartet, dass Monde dieser Größe nicht genügend Masse besitzen, um durch Eigengravitation einen Kugelkörper zu bilden. Mimas erscheint dagegen kugelrund und besitzt einen 130 km großen und 10 km tiefen Einschlagskrater, dem man den Namen „Herschel" gab.

CASSINI – DIE RAUMSONDE BEI SATURN

Nach dem Vorbeiflug von *Voyager 2* im Jahr 1981 vergingen über 20 Jahre, bis Saturn wieder Besuch von einem irdischen Späher bekommen sollte. Flüge zu den äußeren Planeten sind kompliziert und dauern lange, *Cassini* benötigte für ihre Reise fast sieben Jahre und musste dabei zweimal an Venus und sogar einmal an der Erde vorbeifliegen, um genügend Schwung für ihren Weg ins äußere Sonnensystem aufzunehmen. Ihren letzten Schubs lieh sich die Sonde dann von Jupiter, den sie am 30. Dezember 2000 passierte.

Am 1. Juli 2004 zündete *Cassini* ihr Haupttriebwerk und schwenkte in eine Umlaufbahn um den Ringplaneten ein. Ähnlich der Jupitersonde *Galileo* erforschte *Cassini* seinen Planeten über Jahre hinweg aus einer Umlaufbahn und beobachtete dabei auch die Saturnmonde aus nächster Nähe.

Zu den Aufgaben von *Cassini* gehörte es, die genaue Zusammensetzung der Saturnatmosphäre zu ermitteln, Langzeitbeobachtungen der Wolken vorzunehmen sowie die Untersuchung der Ringstrukturen, um schließlich die Entstehung der Saturnringe nachvollziehen zu können. Mit besonderer Spannung wurde der Abstieg der Landekapsel *Huygens* auf dem Saturnmond Titan erwartet, die auch Bilder von der bisher unbekannten Titanoberfläche geliefert hat. Die *Huygens*-Mission war ein voller Erfolg, die Sonde landete weich auf der Titanoberfläche und übermittelte faszinierende Bilder dieser fremdartigen Welt. Später konnte *Cassini* flüssiges Methan auf Titan nachweisen. Die Mission von *Cassini* endete im Herbst 2017.

☞ DIE GRÖSSTEN SATURNMONDE

MOND	DURCHMESSER	ENTFERNUNG ZU SATURN
TITAN	5150 km	1.221.830 km
RHEA	1530 km	527.040 km
JAPETUS	1460 km	3.561.300 km
DIONE	1120 km	377.400 km
TETHYS	1060 km	294.660 km
ENCELADUS	500 km	238.020 km
MIMAS	390 km	185.520 km
HYPERION	300 km	1.481.100 km
PHOEBE	220 km	12.952.000 km

URANUS
— *der blasse Planet*

Der siebte Planet im Sonnensystem trägt den Namen Uranus. Er ist mit bloßem Auge fast nicht mehr zu sehen und wurde daher erst 1781 entdeckt. Wie bei Jupiter und Saturn handelt es sich um einen Gasriesen, aber Uranus ist deutlich kleiner.

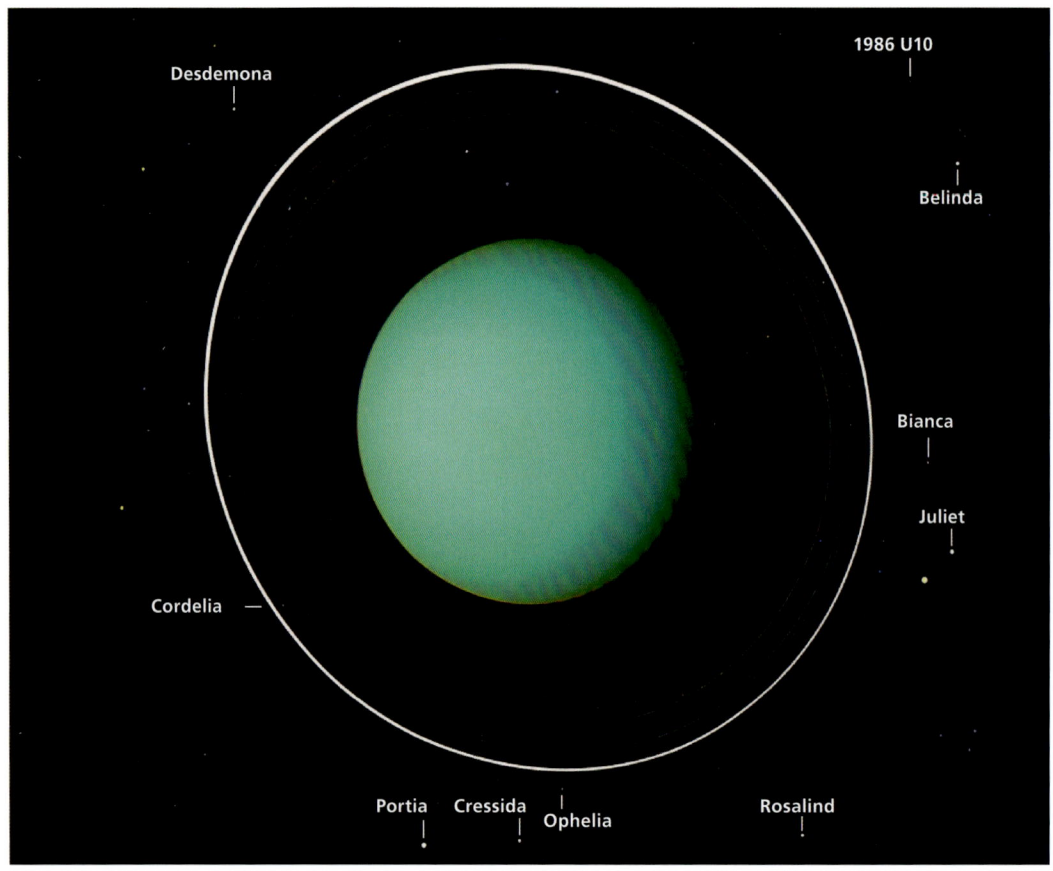

Uranus, seine Ringe und Monde. Auf diesem Bild von Voyager 2 *entdeckte Erich Karkoschka im Jahr 1999 einen neuen Mond (1986 U10).*

Die Entdeckung von Uranus ließ lange auf sich warten, erst am 13. März 1781 bemerkte Friedrich Wilhelm Herschel ein bis dahin unbekanntes Lichtpünktchen, das sich vor dem Hintergrund der Fixsterne langsam bewegte. Kurioserweise ist Uranus bereits auf älteren Sternkarten enthalten, wurde dort aber als „Fixstern" eingetragen. Im Idealfall ist Uranus hell genug, um ihn – von einem dunklen Ort aus – mit bloßem Auge sehen zu können, und mit einem Fernglas und einer guten Aufsuchkarte kann jeder diesen fernen Planeten erspähen. Durch die Entdeckung von Uranus wurde das Sonnensystem auf einen Schlag doppelt so groß. Mit knapp drei Milliarden Kilometern ist der siebte Planet fast 20-mal so weit von der Sonne entfernt als die Erde. Seine Bahn ist wie die von Jupiter und Saturn leicht elliptisch und mit 0,77° nur minimal gegen die Erdbahnebene geneigt. Uranus ist daher von der Erde aus immer in der Nähe der als Ekliptik bezeichneten Linie zu finden.

Für einen Sonnenumlauf benötigt Uranus 84 Jahre, er bewegt sich am irdischen Himmel daher von Jahr zu Jahr nur ein kleines Stück weiter. Derzeit findet man ihn im Gebiet der Sternbilder Fische/Widder. Von der Erde aus sieht man selbst bei starker Vergrößerung nur ein kleines, blaugrünes Scheibchen, was selbst die Bestimmung der Uranusgröße ziemlich schwierig machte. Es blieb daher der Raumsonde *Voyager 2* vorbehalten, uns nähere Informationen über diesen Planeten zu liefern.

EINE HELLGRÜNE EINÖDE

Die ersten Bilder von *Voyager 2*, die im Januar 1986 an Uranus vorbeiflog, waren enttäuschend. Ihre Aufnahmen zeigten ein blassgrünes, strukturloses Planetenscheibchen. Erst mittels kontrastverstärkter Falschfarbenbilder ließen sich der eintönigen Atmosphäre einige Details abringen. Da die Bahnachse von Uranus um 98° gekippt ist, der Planet also auf seiner Bahn „entlangwalzt", blickte *Voyager 2* bei ihrem Anflug auf den sonnenbeschienenen Südpol.
Unter der ca. 40 km dicken Dunstschicht, die einige Prozentpunkte Methan enthält und dem Planeten so seine grünblaue Farbe verleiht, verbirgt sich eine recht stark durchmischte Atmosphäre, die zu 83 % aus Wasserstoff und zu 15 % aus Helium besteht. Uranus weist damit im Prinzip eine ähnliche Zusammensetzung wie Jupiter und Saturn auf, er

VIELE MONDE – UND SOGAR RINGE

Um den Uranusdurchmesser genauer bestimmen zu können, wurde im März 1977 eine Sternbedeckung durch Uranus verfolgt. Kurz vor und nach dem Uranusscheibchen flackerte das Licht des Sterns dabei unerwartet – ein deutliches Anzeichen für einige schmale Ringe um den Planeten. Diese Ringe wurden 1986 von *Voyager 2* bestätigt und können mit großen Teleskopen mittlerweile auch von der Erde aus aufgenommen werden. Die ca. 100.000 km durchmessenden Ringe bestehen aus neun größeren Teilen und werden von mehreren „Schäferhundmonden" begleitet, die das Ringmaterial in bestimmten Bereichen zusammenhalten.
Bei Uranus wurden bis jetzt 27 Monde entdeckt, von denen aber nur fünf eine nennenswerte Größe besitzen. Ihr Aussehen erinnert an die Eismonde von Jupiter und Saturn, sie sind durch Einschlagkrater und tiefe Furchen und Gräben gezeichnet.
Auch hier war mit ziemlicher Sicherheit flüssiges Wasser unter einem dicken Eispanzer dafür verantwortlich, dass durch Einschläge entstandene Wunden mit Wasser aufgefüllt wurden und schnell wieder zugefroren sind.

 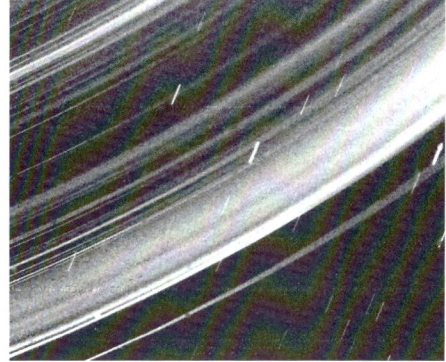

Links: Im Infrarotlicht sieht das Hubble-Teleskop mehr Einzelheiten als die Raumsonde Voyager 2; *dafür gelangen dieser Detailaufnahmen der Ringe (rechts).*

ist mit einem Durchmesser von 51.000 km aber weniger als halb so groß wie der Ringplanet. In tieferen Regionen liegt auch bei Uranus das Gas in flüssiger Form vor. Aufgrund der deutlichen Abplattung der Uranuskugel geht man aber davon aus, dass sich hier keine Schalenstruktur wie bei seinen großen Brüdern gebildet hat. Vielleicht wurde Uranus auch Opfer einer kosmischen Kollision, die einerseits den Planeten „auf die Seite" geworfen hat und gleichzeitig für eine starke Durchmischung der Uranusatmosphäre sorgte.

👉 DIE GRÖSSTEN URANUSMONDE

MOND	DURCH-MESSER	ENTFERNUNG ZU URANUS
TITANIA	1580 km	435.910 km
OBERON	1524 km	583.520 km
UMBRIEL	1172 km	266.300 km
ARIEL	1158 km	191.020 km
MIRANDA	480 km	129.390 km

NEPTUN
— *der blaue Eisriese*

Die Entdeckung von Neptun war ein sensationeller Erfolg für die Wissenschaft – der ferne Planet wurde „vom Schreibtisch aus" durch Berechnungen entdeckt. Er ist der vierte Gasplanet des Sonnensystems und in mehrfacher Hinsicht interessanter als Uranus.

Als achter Planet des Sonnensystems ist Neptun noch weiter von der Sonne entfernt als Uranus. Er wurde erst 1846 entdeckt, 65 Jahre nach der Entdeckung von Uranus – was auch in diesem Fall etwas verblüfft, denn Neptun ist bereits im kleinen Teleskop leicht zu sehen. Sogar auf einer gezeichneten Karte von Galileo Galilei findet sich Neptun, der diesen aber als Stern eingetragen hatte.

Nachdem Johannes Kepler die Bewegungen der Planeten durch mathematische Gesetze formuliert hatte und Isaac Newtons Gravitationsgesetz allgemein akzeptiert worden war, nahmen sich die Forscher der „Himmelsmechanik" an. Ein erster Erfolg der noch mit viel Skepsis bedachten Methode war die für 1758 von Edmond Halley vorhergesagte Rückkehr seines Kometen.

WIE NEPTUN ENTDECKT WURDE

Langfristige Beobachtungen des gerade neu entdeckten Uranus ließen Zweifel an der Richtigkeit der himmelsmechanischen Gesetze aufkommen: Die Positionen von Uranus wichen etwas von den vorausberechneten ab. Entweder waren die Gesetze doch nicht ganz korrekt – oder es gab noch einen weiteren Planeten, der die Bahn von Uranus beeinflusst. Die zweite These vertrat der französische Astronom Urbain Jean Joseph Leverrier und konnte auf diese Weise sogar die Position des von ihm vermuteten Planeten berechnen. Leider traf das Ergebnis seiner jahrelangen Berechnungen bei seinen Landsleuten auf taube Ohren, niemand wollte ihm glauben, dass man einen neuen Planeten quasi vom Schreibtisch aus entdecken könne. Sie hätten es besser doch getan, denn nachdem Leverrier an den deutschen Astronomen Johann Gottfried Galle geschrieben hatte, blickte der noch am selben Abend durch sein Teleskop und fand prompt den neuen Planeten – Neptun.

Zeitgleich verfolgte übrigens auch der Engländer John Couch Adams dieses Ziel – nur fand er im Gegensatz zu Leverrier niemanden, der für ihn durchs Teleskop blickte.

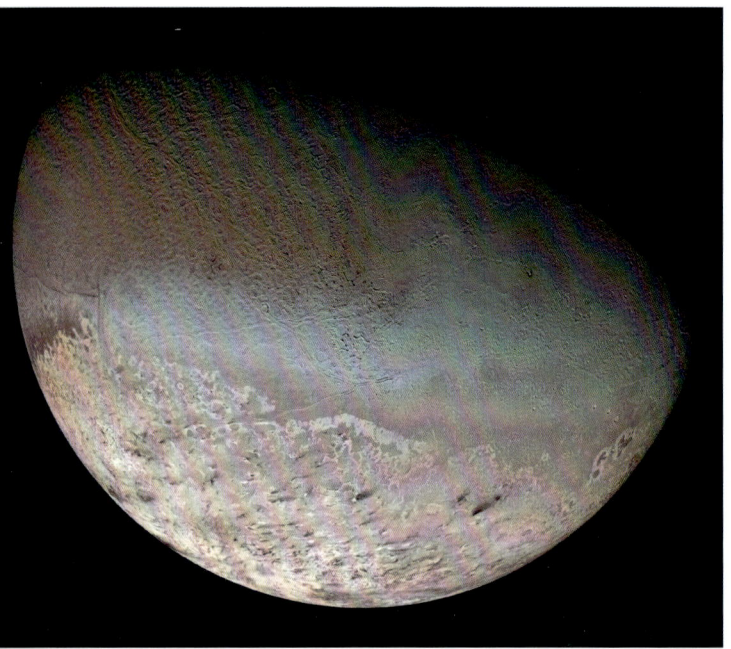

Der Neptunmond Triton ist einer der kältesten Orte des Sonnensystems. Wahrscheinlich handelt es sich bei ihm um einen eingefangenen „Eiszwerg" aus dem Kuipergürtel.

NEPTUN IM DETAIL

Mit einem Durchmesser von 49.424 km ist Neptun zwar knapp 2000 km kleiner als Uranus, besitzt aber etwas mehr Masse und damit auch eine höhere mittlere Dichte. In ca. 30-facher Erdentfernung benötigt Neptun rund 166 Jahre für einen Sonnenumlauf. Er hat seit seiner Entdeckung am 23. September 1846 im Sternbild Wassermann also gerade eine vollständige Runde am Himmel geschafft und zieht seine Bahn derzeit wieder im Wassermann. Neptun ist wie Jupiter, Saturn und Uranus ein Gasplanet und wurde ebenfalls von der Raumsonde *Voyager 2* besucht (im August 1989). Nach dem enttäuschenden Auftritt von Uranus hatten die

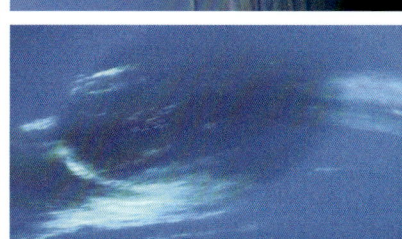

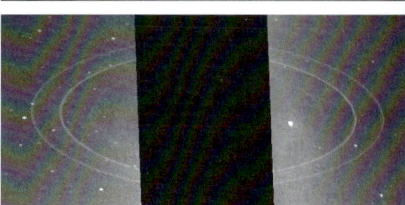

Seiner leuchtend blauen Farbe verdankt Neptun den Beinamen „zweiter blauer Planet". Überrascht waren die Forscher von der strukturreichen Atmosphäre, in der man hoch liegende Methaneiswolken (ganz oben rechts), einen dunklen Fleck und kleine, „Scooter" genannte Wolkenwirbel fand. Die schwachen Neptunringe (Bild rechts unten) bestehen aus sehr kleinen Partikeln.

Wissenschaftler an Neptun keine großen Erwartungen – und waren umso mehr überrascht, als dieser viele Details in seiner Atmosphäre zeigte. Die typisch blaue Farbe erhält Neptun von Methan in der ansonsten überwiegend aus molekularem Wasserstoff bestehenden Atmosphäre. Auf den *Voyager*-Aufnahmen erschien er daher als zweiter „blauer Planet" in unserem Sonnensystem.

In der blauen Neptunatmosphäre fiel ein dunkles Gebiet auf, das im Verhältnis zum Planetendurchmesser so groß wie der Große Rote Fleck auf Jupiter ist und daher „Großer Dunkler Fleck" (GDF) genannt wurde. Um den GDF siedelten sich weiße Wolken aus Methaneis an, die ihre Schatten auf tiefer gelegene Gebiete warfen. So beständig wie der GRF auf Jupiter ist der GDF allerdings nicht, denn Beobachtungen mit dem Hubble-Teleskop viele Jahre später konnten diese Struktur nicht mehr nachweisen. Auf den in tieferen Schichten wahrscheinlich flüssigen Gasbereich folgt ein Kern, der im Vergleich zu Uranus größer ausfallen muss, was man aus der größeren Masse von Neptun schließt.

RINGE UND MONDE AUCH BEI NEPTUN

Wenige Wochen nach seiner Entdeckung wurde bei Neptun ein Mond gefunden: Triton, der mit Abstand größte Begleiter des fernen Planeten. Erst 1949 folgte die Entdeckung des zweiten Mondes Nereide, sechs weitere wurden von *Voyager 2* aufgespürt und seit 2002 fünf neue Monde durch Teleskopbeobachtungen entdeckt; Neptun hat daher mindestens 13 Monde.

Triton wurde von *Voyager 2* eingehend untersucht, er gilt als eines der kältesten Objekte im Sonnensystem – und umläuft Neptun entgegen der sonst üblichen Flugrichtung. Erste Anzeichen für Ringe um Neptun resultierten aus Sternbedeckungen. Vermutete man diese Ringe nur als bruchstückhaft, so waren sie auf den *Voyager*-Aufnahmen durchgehend zu sehen, aber unterschiedlich stark auffällig.

☞ DIE GRÖSSTEN NEPTUNMONDE

MOND	DURCH-MESSER	ENTFERNUNG ZU NEPTUN
TRITON	2720 km	354.600 km
NEREIDE	340 km	5.513.400 km
GALATEA	158 km	62.000 km
DESPINA	148 km	52.500 km
LARISSA	100 km	73 600 km

PLUTO
— *und der Kuipergürtel*

Auf die vier Gasriesen folgt ein merkwürdiger kleiner „Planet". Nicht einmal so groß wie unser Erdmond, zieht er als schwaches Lichtpünktchen seine Bahn um die Sonne. Doch Pluto ist nicht allein dort draußen, er ist ein Objekt des Kuipergürtels.

Obwohl mehrere Astronomen nach einem neunten Planeten suchten, wurde Pluto erst im Jahr 1930 entdeckt. Clyde W. Tombaugh machte Mitte Januar des Jahres mit dem 24-Zoll-Refraktor des Lowell-Observatoriums in Flagstaff, Arizona, Himmelsaufnahmen, die er aber erst am 18. Februar auswerten konnte – und dabei den neuen Himmelskörper entdeckte. Offiziell wurde die Entdeckung von Pluto am 13. März 1930 bekannt gegeben.

Der ferne Planet ist so lichtschwach, dass man zu seiner Beobachtung auch heute noch ein größeres Teleskop benötigt. Außer einem kleinen Lichtpünktchen ist nichts zu sehen; Pluto konnte nur durch seine Bewegung relativ zu den Sternen als Planet nachgewiesen werden.

Für einen Sonnenumlauf benötigt Pluto 248 Jahre. In den rund 90 Jahren seit seiner Entdeckung hat er den Tierkreis noch nicht einmal zur Hälfte durchlaufen. Entdeckt wurde Pluto in den Zwillingen, derzeit findet man ihn im Schützen. Seine Bahn ist um 17° gegen die Ekliptik geneigt, er steht also meist ober- oder unterhalb jener Ebene, in der sich die meisten Planeten um die Sonne bewegen. Zudem weicht seine Bahn am stärksten von der Kreisform ab: In seinem nächsten Bahnpunkt ist Pluto nur 30 Astronomische Einheiten (AE, der mittlere Abstand Erde – Sonne) von der Sonne entfernt, in seinem fernsten fast 50 AE. So kann es vorkommen, dass Pluto der Sonne näher ist als Neptun, was zwischen 1979 und 1999 der Fall war. Seinen fernsten Bahnpunkt wird Pluto erst im Jahr 2107 erreichen.

Von der Erde aus erscheint Pluto selbst in den größten Teleskopen nur als Lichtpunkt, denn sein scheinbarer Durchmesser beträgt nur 0,1 Bogensekunden und liegt damit unterhalb jener Grenze, die durch die Erdatmosphäre vorgegeben wird. Erst dem Hubble-Weltraumteleskop gelang es, auf Pluto zumindest grobe Oberflächenmerkmale ausmachen zu können.

IN DER GRUPPE GIBT ES KEINE STARS

Pluto erhielt seinen Namen vom römischen Gott der Unterwelt. Man hätte ihn besser nach einem Volk der Außenwelt benannt, denn Pluto ist nur einer von vielen Körpern, die weit entfernt von der Sonne ihre langen Bahnen ziehen. Diese Außenwelt ist der Kuipergürtel, benannt nach dem aus den Niederlanden stammenden Astronomen Gerard Peter Kuiper. Für Jahrzehnte war Pluto das einzige dort bekannte Objekt und der Entwurf des Kuipergürtels reine Theorie. Doch das sollte sich in den 1990er-Jahren ändern. 1992 wurde ein Objekt in einer mittleren Entfernung von 44 AE entdeckt: 1992 QB_1. 2001 folgte ein Körper jenseits von Neptun in 43 AE mittlerem Abstand; er trägt den Namen Varuna, nach der indischen Gottheit der kosmische Ordnung. 2002 wurde Quaoar (43,5 AE) entdeckt, 2003 dann Sedna, die eine eigentümlich langgestreckte Bahn aufweist mit einer mittleren Entfernung von fast 500 AE. Was ist dort draußen los, im fernen Sonnensystem? Den vorläufig letzten Hieb erlitt Pluto 2005 durch die Entdeckung von Eris, einem weiteren Objekt in ähnlicher Entfernung (68 AE), aber womöglich größerem Durchmesser als Pluto.

Pluto und sein großer Mond Charon im gleichen Größenverhältnis. Charon ist deutlich dunkler als Pluto, reflektiert aber ungefähr so viel Licht wie die Erdoberfläche.

DEGRADIERT ZUM ZWERGPLANETEN

Was sollte man mit den zahlreichen Objekten so weit draußen im Sonnensystem anfangen, außer, ihnen kreative Namen aus diversen irdischen Mythologien zu verleihen? Pluto war kein Einzelgänger mehr, so viel stand fest. Aus diesem Grund entschloss sich die Internationale Astronomische Union im Jahr 2006, die neue Klasse der Zwergplaneten einzuführen. Im Unterschied zu Kleinplaneten sind Zwergplaneten so massereich, dass sie

Ein detailreicher Ausschnitt von Sputnik Planitia auf Pluto, die Bildhöhe beträgt etwa 80 km.

Ein Bild von Pluto, wie es das menschliche Auge sehen würde.

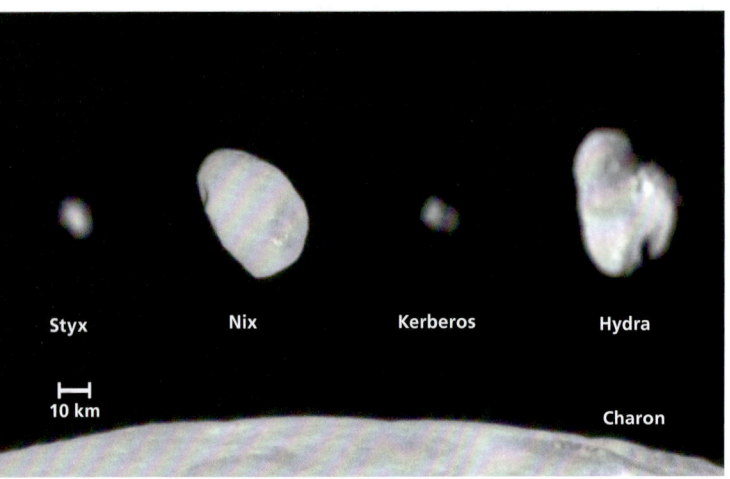

Neben Charon wird Pluto von vier weiteren Monden begleitet.

Pluto besitzt eine sehr dünne Atmosphäre, die New Horizons *beim Blick zurück im Gegenlicht aufgenommen hat.*

EINE EIGENE WELT

Die Objekte des Kuipergürtels werden kurz als KBO (für „Kuiper Belt Object") oder TNO (für „Trans-Neptunian Object", Objekt jenseits von Neptun) bezeichnet. Um auf ihnen Oberflächeneinzelheiten zu erkennen, sind sie viel zu weit entfernt. Doch durch indirekte Messungen – der Farbe und Dichte der Objekte – kam man zum Schluss, dass die KBOs zu einem wesentlichen Teil aus gefrorenen Gasen bestehen müssen. Das wären völlig andere Verhältnisse als bei den Kleinplaneten, deren pockennarbige Gesteinsgestalt sich bereits auf Raumsondenaufnahmen gezeigt hatte. Wie mag wohl Pluto aussehen?

Die Antwort auf diese Frage hat lange auf sich warten lassen, doch der Geduldige wurde wieder einmal belohnt. Am 19. Januar 2006 startete die Raumsonde *New Horizons* ihren weiten Weg zu Pluto, der damals noch ein rechtschaffener Planet war. Ein Jahr später holte die Sonde bei Jupiter Schwung, um dann über neun Jahre lang bis auf kleinere Kurskorrekturen einsam durch das All zu treiben.

DAS NEUE BILD VON PLUTO

Am 14. Juli 2015 wurde Pluto vom Sternchen zum Star. Nach neun Jahren erreichte *New Horizons* den Zwergplaneten und raste mit 52.000 km/h in nur drei Stunden an ihm und seinen Monden vorbei. Erste Bilder wurden zur Erde gefunkt, der überwiegende Teil der Aufnahmen und Messdaten aber erst in den Monaten nach dem Rendezvous übermittelt.

Die Fotos von Pluto erstaunen zuerst durch ihre Farbvariationen, sie geben allerdings nicht den Anblick wieder, den ein mitfliegender Astronaut gesehen hätte. Um Unterschiede auf Plutos Oberfläche zu betonen, setzen sich die Aufnahmen auch aus Farben zusammen, die für das menschliche Auge unsichtbar sind, sie wurden zudem nachträglich

annähernd kugelförmige Gestalt aufweisen. Aber im Gegensatz zu „richtigen" Planeten sind Zwergplaneten nicht allein auf ihrer Bahn, in ihrer Nachbarschaft gibt es andere Körper mit ähnlichen Bahnen. So wurde der ehemalige Kleinplanet Ceres zum Zwergplaneten auf- und Pluto gleichermaßen abgewertet. Ceres ist der größte Körper im Kleinplanetengürtel zwischen Mars und Jupiter, Pluto ein großer, womöglich nicht der größte, Körper im Kuipergürtel jenseits der Neptunbahn. Dieser Kuipergürtel ist keine graue Theorie mehr, mittlerweile wurden dort über 1000 Körper gefunden. Neben Pluto werden die Objekte Eris, Makemake und Haumea offiziell als Zwergplaneten geführt, wobei die fernere Eris sogar größer als Pluto sein könnte.

Die Oberfläche des Plutomondes Charon wird von einem großen Canyonsystem geprägt.

verstärkt. Auf der Oberfläche von Pluto sind nur wenige Krater zu sehen, sie ist daher geologisch jung. Das helle Gebiet erhielt die Bezeichnung „Sputnik Planitia" (Sputnik-Ebene). Es ist möglicherweise durch einen gewaltigen Meteoriteneinschlag entstanden und besteht zum überwiegenden Teil aus gefrorenem Stickstoff.

Am Westrand der Sputnik-Ebene ragen Berge bis in 3500 Metern Höhe auf, die aus Wassereis bestehen. Das ist relativ zum Durchmesser von Pluto mit 2374 km eine gewaltige Höhe.

Plutos Oberfläche ist ein Gemisch aus gefrorenem Stickstoff, Kohlenmonoxid und etwas Methan. Unter ihr wird ein Mantel aus Wassereis erwartet, der einen großen Gesteinskern umgibt.

Der Zwergplanet besitzt eine sehr dünne Atmosphäre, ihr Druck entspricht dem irdischen in 100 km Höhe. Sie besteht wie Plutos Oberfläche überwiegend aus molekularem Stickstoff mit Anteilen von Kohlendioxid und ca. 0,5% Methan. Auf Pluto ist es, wenig überraschend, sehr kalt, im Mittel −230 °C.

DER DOPPELPLANET MIT MONDEN

Charon, der mit Abstand größte Mond von Pluto, ist mit 1210 km gut halb so groß wie sein Partner. Das Duo Pluto – Charon ist eigentlich ein Doppelplanetensystem mit einer Distanz von 20.000 km. Sie umlaufen in 6,4 Tagen einen gemeinsamen Schwerpunkt außerhalb von Pluto und zeigen einander immer die gleiche Seite – Pluto und Charon besitzen eine doppelt gebundene Rotation.

Charon wurde bereits im Jahr 1978 entdeckt, 2005 folgten die wesentlich kleineren Monde Nix und Hydra (je ca. 40 km), 2011 Kerberos (12 × 4 km) und 2012 Styx (5 × 7 km).

Das große Bild zeigt Pluto und Charon im gleichen Größen- und Helligkeitsverhältnis, aber nicht im korrekten Abstand. Auf Charon fällt zuerst eine dunkelrote Polregion auf. Hierbei handelt es sich um eine Mischung aus organischen Molekülen, die aus Kohlenstoff, Stickstoff und Wasserstoff aufgebaut sind, sogenannte Tholine. Ansonsten ist die Oberfläche von Charon von Wassereis bedeckt. Krater wurden bisher keine gefunden, dafür prägen tiefe Gräben und bis zu vier Kilometer hohe Berge Charons Gestalt. Quer über Charon zieht sich ein rund 2000 km langer und 7 km tiefer Canyon.

Sind Pluto und Charon exotische Objekte oder typische Vertreter des Kuipergürtels? Eine Antwort auf diese Frage ist für das Jahr 2019 zu erwarten, denn die Sonde *New Horizons* hat ein neues Ziel, das unter der Nummer 2014 MU$_{69}$ geführte Objekt des Kuipergürtels. Eine weitere bisher unbekannte Welt wird uns dann ihr wahres Gesicht zeigen.

Bei dem Gebirge Wright Mons handelt es sich vermutlich um einen Eisvulkan, der zwischen 3 und 5 km hoch ist.

KOMETEN
— und die Oortsche Wolke

Neben den Planeten, Zwergplaneten und Kleinplaneten schwirren weitere Körper durch das Sonnensystem: die Kometen. Einige von Ihnen stammen aus einer noch weitgehend unerforschten Region am Rand des Sonnensystems, der Oortschen Wolke.

Früher reagierten die Menschen mit Entsetzen auf das Erscheinen eines Schweifsterns. Diese galten als Unglücksboten, wurden für Kriege und andere Katastrophen verantwortlich gemacht. Selbst 1910, bei der vorletzten Rückkehr des Halleyschen Kometen, gerieten viele noch in Panik. Man erwartete vom Schweif des „Besensterns" gesundheitsschädliche Auswirkungen auf die Menschheit. Dabei sind Kometen alles andere als gefährlich (von einem Kometeneinschlag auf der Erde einmal abgesehen). Ungewöhnlich ist nur ihr scheinbar plötzliches Auftreten, wenn ein heller Komet einige Wochen lang für Aufmerksamkeit sorgt. Ganz so überraschend, wie es scheint, tauchen die Kometen aber doch nicht am Himmel auf. Schon 1682 bemerkte Edmond Halley, dass die Bahn eines gerade am Himmel sichtbaren Kometen perfekt mit Erscheinungen der Jahre 1607 und 1531 zusammenpasste. Er schloss daraus, dass auch Kometen Mitglieder des Sonnensystems sind und sagte die Wiederkehr des Kometen von 1682 für das Jahr 1758 voraus. Halleys Prognose ging in Erfüllung, auch wenn er selbst einige Jahre zuvor gestorben war und seinen Triumph nicht miterleben konnte. Seitdem wird dieser Komet, der alle 76 Jahre in Sonnennähe auftaucht, der Halleysche Komet genannt. Die letzte Sichtbarkeit fand 1986 statt, die nächste wird 2061 folgen. Halley gehört zur Gruppe der kurzperiodischen Kometen, die spätestens alle 200 Jahre im inneren Sonnensystem auftauchen. Daneben gibt es auch langperiodische Kometen, manche von ihnen benötigen Tausende Jahre für einen Sonnenumlauf.

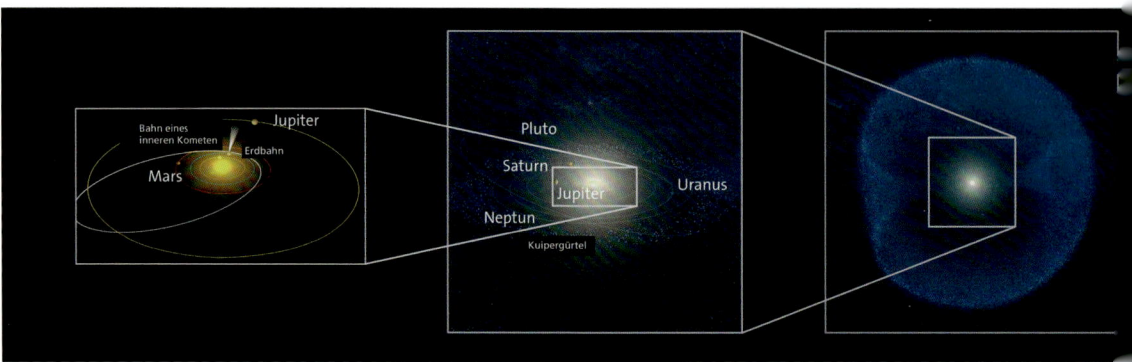

Größenverhältnisse im Sonnensystem: viele Kometen stammen aus der weit entfernten Oortschen Wolke.

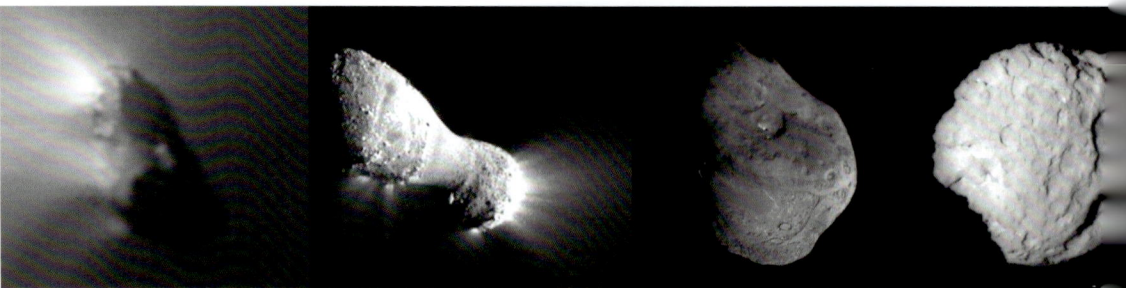

Kerne der Kometen im Vergleich: von links nach rechts Halley (15 km), Hartley 2 (2 km), Tempel 1 (6 km) und Wild 2 (4 km).

Helle Kometen sind seltene Gäste. Im Januar 2007 zeigte Komet McNaught seinen spektakulären Staubschweif über der Europäischen Südsternwarte.

WAS SIND KOMETEN?

Am auffälligsten bei Kometen ist ihr langer Schweif. Genau genommen sind es sogar zwei Schweife, der eine zeigt genau von der Sonne weg, der andere ist leicht gekrümmt. Kometenschweife entwickeln sich erst dann, wenn der Komet nah an die Sonne herangekommen ist, was ungefähr im Abstand der Marsbahn geschieht. Bis dorthin sind die Kometen nicht sichtbar, denn ihr Kern ist klein und dunkel.

Fred Whipple prägte den Ausdruck eines „schmutzigen Schneeballs", wonach der meist nur einige Kilometer große Kometenkern aus einem Gemisch von Staub, Gesteinsbrocken und gefrorenen Gasen besteht. In Sonnennähe beginnt der Kometenkern aufzutauen und bildet eine etwa 100.000 km große „Atmosphäre", die sogenannte Koma des Kometen. Entlang seiner Bahn hinterlässt der Komet eine Schleppe aus feinen Staubteilchen, die den Staubschweif bilden. Der Sonnenwind regt die Gasatome zum Leuchten an und treibt sie vom Kometenkern weg, wodurch der Gasschweif entsteht. Der Gas- oder Plasmaschweif leuchtet meist blau und zeigt genau von der Sonne weg. Der Staubschweif hingegen reflektiert das Sonnenlicht, sieht daher gelblich-weiß aus und ist etwas gekrümmt.

WOHER KOMMEN KOMETEN?

Einige Kometen umlaufen die Sonne wie die Planeten in wenigen Jahren oder Jahrzehnten, aber viele Kometen bewegen sich auf langgestreckten Bahnen um die Sonne. Lange Zeit sind sie weit entfernt, schnellen in wenigen Monaten um die Sonne und fliegen dann wieder in ihre weit entfernte Heimat. Die Auswertung zahlreicher Kometenbahnen ergab, dass sich diese Kometen nicht wie die Planeten in einer Scheibe um die Sonne ansiedeln. Zudem sind ihre sonnenfernsten Bahnpunkte unglaublich weit von der Sonne entfernt, man spricht vom 50.000-fachen Erdabstand – das sind bereits 0,75 Lichtjahre. Damit nähern sie sich schon ein gutes Stück den nächsten Fixsternen, die einige Lichtjahre weit von der Sonne entfernt sind.

Der niederländische Astronom Jan Hendrik Oort stellte die Hypothese auf, nach der sich in weiter Entfernung von der Sonne Milliarden oder gar Billionen Kometenkerne befinden. Dieses kugelförmige Gebiet im Grenzbereich zu anderen Sternen wird nach ihm „Oortsche Wolke" genannt. Einzelne Objekte konnten dort bislang nicht beobachtet werden, sie sind zu weit entfernt.

Ein kleiner Schritt in diese Richtung gelang durch die Entdeckung des Objekts 2003 VB_{12} im November 2003, das jetzt Sedna genannt wird. Sedna wurde auch auf älteren Aufnahmen identifiziert, wodurch die Bahn dieses 1000 km großen „Kleinplaneten" gut bestimmt werden konnte. Demnach befindet sich Sedna auf einer sehr elliptischen Bahn und kommt der Sonne im besten Fall bis auf 76 AE nahe. Der sonnenfernste Bahnpunkt liegt hingegen fast 1000 AE weit entfernt, Sednas Welt befindet sich also irgendwo zwischen dem bekannten Sonnensystem und der Oortschen Wolke.

ROSETTA UND „TSCHURI"
— ein Komet aus der Nähe

Kometen sind Relikte des Sonnensystems. Stammt von ihnen das Wasser auf der Erde? Haben sich dort die ersten Lebenskeime gebildet? Um einen Kometen aus der Nähe zu erforschen, wurde im März 2004 eine ehrgeizige Mission gestartet: *Rosetta*.

Überraschende Gestalt: die scheinbar aus zwei Teilen bestehende Form von „Tschuri" hat die Forscher überrascht.

Die großen Teleskope der Sternwarten und im Erdorbit blicken fast bis zum Rand des Universums, aber der Kern eines Kometen ist auch für sie nur ein Lichtpunkt. Kometen sind kleine Körper, sie messen wenige Kilometer, nur durch ihren Schweif machen sie sich am irdischen Himmel deutlich bemerkbar. Doch es gibt viele, geradezu unzählige von ihnen, und während der Entstehungszeit des Sonnensystems sind zahlreiche Kometen mit der Erde kollidiert. Wenn Kometen wie ein „schmutziger Schneeball" zum großen Teil aus Wasser bestehen, könnten sie für das Wasservorkommen auf der Erde verantwortlich sein? Und hatten die auf Kometen entstandenen einfachen organischen Moleküle einen Einfluss auf die Entstehung von Leben auf der Erde?

Das klingt nach großen Fragen, entsprechend anspruchsvoll wurde der Name einer europäischen Kometensonde gewählt: *Rosetta*. Der Rosettastein, 1799 in der ägyptischen Hafenstadt Rosette gefunden, enthält einen Text in drei Sprachen, mit dem die dort eingemeißelten ägyptischen Hieroglyphen entziffert werden konnten.

DER LANGE WEG VON ROSETTA

Die Raumsonde *Rosetta* war hingegen kein Zufallsfund, sondern ein jahrzehntelang geplantes Projekt. Dessen Entwicklung begann Anfang der 1990er-Jahre. Am 2. März 2004 hob endlich die Rakete mit *Rosetta* ab, im März 2005 holte sie bei der Erde Schwung, im Februar 2007 bei Mars, im November 2007 noch einmal bei der Erde, flog am Asteroiden Šteins vorbei, im November 2009 wieder an der Erde, im Juli 2010 am Asteroiden Lutetia. Ab 2011 durfte *Rosetta* schlafen und wurde erst im Januar 2014 wieder aufgeweckt.

Wozu der ganze Aufwand? Die Sonde sollte sich von hinten ihrem Ziel nähern, ihn gleichsam verfolgen. Das Zielobjekt war ein Komet mit dem sperrigen Namen 67P/Tschurjumov-Gerasimenko. Er wurde 1969 von Klym Tschurjumov und Swetlana Gerasimenko entdeckt. Ehemals ein langperiodischer Komet, veränderte sich die Bahn von „Tschuri" aufgrund des Schwerkrafteinflusses von Jupiter, so dass er heute knapp 6,5 Jahre für einen Sonnenumlauf benötigt. *Rosetta* hatte es auf die Sonnennähe im August 2015 abgesehen und wollte die Entwicklung des Kometen rund um dessen aktivste Zeit beobachten.

EINE BADEENTE MIT HARTER SCHALE

Schon beim Anflug im Sommer 2014 gerieten die Wissenschaftler in Aufregung. Der Komet war deutlich unregelmäßig, er schien aus zwei Teilen zu bestehen, was ihm schnell die niedliche, aber völlig unzutreffende Bezeichnung „Badeente" einbrachte. Diese Gestalt war für die Bahnmechaniker eine große Herausforderung, denn *Rosetta* sollte um einen Orbit um den Kometen einschwenken. Doch alle Manöver wurden mit Bravour gemeistert und *Rosetta* folgte dem Kometen von August 2014 bis September 2016 wie ein Hund an der Leine.

Auf der Oberfläche des Kometen sind im Gegensatz zu Asteroiden keine Einschlagskrater zu entdecken, sie muss sich daher regelmäßig verändern. Die zwei wie aneinander geklebten Teile des Kometen messen gemeinsam etwa 3,5 × 3,5 × 4,0 km. *Rosetta* hat dort „Löcher" entdeckt, höhlenartige Vertiefungen, die rund 200 Meter in das Innere des Kometen reichen. Die Oberfläche von Tschuri ist hingegen unterhalb einer Staubschicht von einigen Zentimetern steinhart, das hat das Hammer-Werkzeug des Landers *Philae* herausgefunden. Wahrscheinlich handelt es sich hierbei um verfestigtes Wassereis, das durch wiederholtes Auftauen und Einfrieren besonders hart wurde.

DAS (FAST) ERFOLGREICHE UNGLÜCK

Die Raumsonde *Rosetta* hatte einen Passagier an Bord, das Landemodul *Philae* (benannt nach einer Insel im Nil). *Philae* sollte auf dem Kometen landen und ihn vor Ort untersuchen. Da die Anziehungskraft des Kometen kaum spürbar ist, trug *Philae* eine Gasdüse zum Anpressen mit sich und sollte sich nach dem Aufsetzen mit Harpunen im Kometen verankern. Leider versagten sowohl die Anpressdüse als auch die Harpunen, so dass *Philae* zwar im Zielgebiet ankam, dann aber wie ein Flummi über den Kometen hüpfte und irgendwo auf dem Kometen strandete. Viele der Experimente konnten dennoch durchgeführt werden, bald war jedoch der Strom verbraucht.

WAS HAT ROSETTA HERAUSGEFUNDEN?

Das Wasser auf der Erde stammt wahrscheinlich nicht, wie lange Zeit angenommen wurde, von Kometen. Denn der Anteil des Wasserstoff-Isotops Deuterium ist auf dem Kometen im Vergleich zur Erde viel zu hoch. Dafür wurde ein geringer Prozentsatz von Sauerstoff beim Kometen entdeckt. Und erstmals konnte die Aminosäure Glycin auf einem Kometen nachgewiesen werden, einer der Bausteine des Lebens.

Während der Sonnennähe im August 2015 konnte *Rosetta* bei Tschuri Ausströmungen von Wasserdampf und Kohlendioxid messen. In dieser Zeit hat der Komet täglich über 100.000 Tonnen Gas und Staub ins All abgegeben. Kein Wunder also, dass wir von der Erde aus vor allem den Schweif eines Kometen sehen.

So entsteht der Kometenschweif: In Sonnennähe taut ein Komet auf und schickt Staub und Gas ins Weltall.

Auf diesem Bild der Kometenoberfläche wurde endlich der verschollene Lander Philae *entdeckt, ganz rechts am Rand.*

Komet zum Greifen nah: Philae *ist auf dem Kometen gelandet, unten sieht man ein Bein der Sonde.*

DAS UNIVERSUM DER STERNE

— Von Gas und Staub zum Schwarzen Loch

Helle und dunkle Nebelgebiete in der Milchstraße. Sie verschlucken oder reflektieren das Licht der Sterne.

DIE MILCHSTRASSE
— unsere galaktische Heimat

Wir sehen sie als zart schimmerndes Band am Himmel: Bei der Milchstraße handelt es sich um ein Sternsystem mit Milliarden Sternen, zahlreichen Nebeln und vielen Sternhaufen. Die Sonne mit ihren Planeten ist weit vom Zentrum der Galaxis entfernt.

Unsere Milchstraße von oben. Die Sonne befindet sich etwa auf halber Strecke zwischen Zentrum und Rand.

In den Sommermonaten Juli und August kann man die Milchstraße am besten sehen. Ihr Band zieht sich dann quer über den Himmel und hoch über unseren Köpfen leuchtet sie besonders hell. Dieses Bild der Milchstraße war dank des dunkleren Nachthimmels für unsere Vorfahren noch einprägsamer. Es entstanden Mythen und Legenden, wie die Milchstraße wohl entstanden sei. Aus der gerne und oft zitierten griechischen Sagenwelt gibt es gleich zwei Geschichten dazu. Die gängigste berichtet vom kleinen Gottessohn Herakles (heute als Herkules ein Sternbild), der bei seiner Mutter Hera so gierig nach Milch saugte, dass ein Teil davon quer über den Himmel schoss und die Milchstraße bildete. Eine andere erzählt das Abenteuer von Phaidos, der eines Tages den Sonnenwagen seines Vaters Helios zu einer Spritztour entwendete und prompt einen Unfall baute. Die Sonne purzelte heraus, der Himmel fing Feuer, übrig blieb eine lange Aschespur – die Milchstraße.

Für die Ureinwohner Australiens oder die Indios in Peru bildete die Milchstraße einen himmlischen Fluss, an dessen Ufern sich Tiere aufhalten. Ähnlich den Sternbildern sah man auch in den Dunkelwolken der Milchstraße Figuren, die aus der Natur bekannt waren, zum Beispiel einen Emu.

Die wahre Natur der Milchstraße zu erkennen, dauerte überraschend lang. Viel mehr als auch dem Gelegenheitsbeobachter auf den ersten Blick auffällt – im Sommer ist die Milchstraße heller als im Winter – war lange Zeit nicht bekannt. Seit der Erfindung des Fernrohrs wurde zwar schnell klar, dass dieses mit bloßem Auge neblige Gebilde aus vielen einzelnen Sternen besteht. Was es damit aber genau auf sich hat, stellte sich erst Mitte der 1950er Jahre mittels Radiobeobachtungen heraus.

DIE MILCHSTRASSE – EINE GALAXIE

Wenn man heute in einem Buch liest „Die Milchstraße ist eine Spiralgalaxie wie viele andere im Universum auch", dann erscheint dies vollkommen selbstverständlich. Wir haben uns an den Gedanken gewöhnt, dass die Erde nicht der Mittelpunkt des Universums ist, unsere Sonne nur ein Stern am Rande einer Galaxie namens Milchstraße, die zusammen mit Millionen anderen durch die scheinbar endlosen Weiten des Weltalls treibt. Man muss dabei aber bedenken, dass dieses Wissen durch Beobachtungen aus dem Inneren der Milchstraße heraus gewonnen wurde und die Existenz anderer Galaxien erst seit den 1920er-Jahren bekannt ist. Wenn man im Wald steht, fällt es auch nicht gerade leicht, aus der Vielzahl einzelner Bäume auf ein abgeschlossenes Waldstück zu schließen – und so erging es auch den Astronomen. Sie zählten die Sterne, versuchten deren Entfernungen zu ermitteln, stellten Hypothesen zur dreidimensionalen Gestalt der Milchstraße auf und verwarfen sie wieder. Erst als man durch radioastronomische Beobachtungen den in der Milchstraße vorhandenen neutralen Wasserstoff nachweisen konnte, ergab sich unser heutiges Bild einer Spiralgalaxie (der Begriff „Galaxie" stammt aus dem Griechischen und bedeutet Milchstraße).

DIE MILCHSTRASSE IN ZAHLEN

DURCHMESSER	100.000 Lichtjare
DICKE DER SCHEIBE	3000 Lichtjahre
DICKE DES ZENTRUMS	16.000 Lichtjahre
ANZAHL DER STERNE	100 Milliarden
ABSTAND DER SONNE VOM ZENTRUM	25.700 Lichtjahre
ABSTAND DER SONNE ZUR EBENE	50 Lichtjahre

Das Band der Milchstraße setzt sich aus unzähligen Sternen zusammen. Ihr gemeinsames Licht wird von dunklen Regionen aus Gas und Staub unterbrochen.

In Spiralgalaxien sind, ähnlich wie die Planeten in einem Sonnensystem, die Sterne hauptsächlich in einer flachen Scheibe angeordnet, mit einer Verdickung im Zentrum. Die Sterne sind in der Ebene aber nicht gleichmäßig verteilt, sondern in Spiralarmen konzentriert, die sich um das Zentrum der Galaxie winden. Unsere Sonne (und mit ihr alle anderen Körper des Sonnensystems) befindet sich weit vom Zentrum der Milchstraße entfernt und etwas unterhalb der Milchstraßenebene.

Daher sieht die Milchstraße am Himmel im Sommer sehr viel heller aus als im Winter: Im Sommer blicken wir in Richtung Milchstraßenzentrum, im Winter zum Rand der Galaxis hin. Im Frühjahr und Herbst dagegen schauen wir senkrecht zur Milchstraßenebene, dort sind nur wenige Sterne zu sehen, dafür kann man weit in den Weltraum außerhalb der Milchstraße sehen.

Das Milchstraßenzentrum befindet sich in Richtung des Sternbildes Schütze, aber dichte Staub- und Gaswolken versperren – zumindest im sichtbaren Licht – den direkten Blick dorthin. Beobachtungen von Sternen im Infrarotlicht haben gezeigt, dass sich diese um eine unsichtbare, sehr große Masse bewegen – im Herzen der Milchstraße befindet sich ein Schwarzes Loch.

DIE STERNE
— *Leuchtfeuer im All*

Auf den ersten Blick sieht der Sternenhimmel jedes Jahr gleich aus. Man spricht von Fixsternen, die ewig und unveränderlich sind. Aber Sterne haben ein bewegtes Leben: Sie werden geboren und sind dramatischen Entwicklungen unterworfen.

Die funkelnden Lichtpunkte am Himmel wurden von unseren Vorfahren Fixsterne genannt. Im Gegensatz zu den Wandelsternen, den Planeten, findet man einen Fixstern zu einem bestimmtem Zeitpunkt immer an der gleichen Stelle am Himmel. Auch die Figuren der Sternbilder scheinen wie „festgenagelt" an der Himmelssphäre zu stehen. Wenn man zum Beispiel als Kind am 21. August 2018 um 22:30 Uhr das Sternbild Leier gesehen hat, dann wird man als Rentner die Leier am 21. August 2088 um 22:30 Uhr wieder exakt an der gleichen Stelle des Himmels vorfinden. Nichts scheint sich zu verändern, die Sterne sind scheinbar an einer fernen Sphäre festgeheftet.

Auch die Helligkeiten der Sterne sind offenbar auf immer und ewig gleich. Der Stern Wega aus dem oben genannten Sternbild Leier war schon für die Babylonier der hellste Sommerstern. Selbst die Farben der Sterne, die man ohne Fernrohr nur bei hellen Sternen sehen kann (etwa der rötlichen Beteigeuze im Orion), haben sich nicht verändert, seitdem sie von Menschen beobachtet werden.

SIND DIE STERNE UNVERÄNDERLICH?

Keine Regel ohne Ausnahmen – auch bei den Sternen fielen schon früh einige unbesonnene Ausreißer auf, die sich nicht an die göttliche Unveränderlichkeit der Fixsternsphäre halten wollten. Ein Stern im Sternbild Perseus verändert zum Beispiel etwa alle drei Tage merkbar seine Helligkeit; für einige Stunden wird er deutlich lichtschwächer, um dann wieder mit seiner normalen Helligkeit zu leuchten. Dies wurde bereits von arabischen Sternkundigen bemerkt, die diesem Stern den Namen „Algol" gaben, was übersetzt „Teufelsstern" bedeutet.

Im Jahr 1054 tauchte am Himmel plötzlich ein Stern auf, der heller als alle anderen strahlte und für Wochen sogar am Taghimmel sichtbar war. Chinesische Astronomen beschrieben dieses Phänomen und nannten es „Gaststern". Nach einigen Monaten wurde der Gaststern wieder schwächer und verblasste danach zunehmend, bis er für das bloße Auge ganz verschwand. Ähnliche Phänomene beobachteten 1572 Tycho Brahe sowie 1604

Die Plejaden sind auch als „Siebengestirn" bekannt. Das blaue Licht der Sterne leuchtet interstellaren Staub an.

Die Sterne des Haufens M 39 sind größtenteils Hauptreihensterne kurz vor der Entwicklung zu Roten Riesen.

☞ LEUCHTKRAFT

KLASSE	OBJEKT-BESCHREIBUNG
0	Hyperriesen
Ia	helle Überriesen
Ib	Überriesen
II	helle Riesen
III	Riesen
IV	Unterriesen
V	Hauptreihensterne (Zwerge)
VI	Sub-Hauptreihensterne (Unterzwerge)
VII	Weiße Zwerge

☞ DIE 10 HELLSTEN STERNE AM HIMMEL

NAME	STERNBILD	ENTFERNUNG (LICHTJAHRE)	SCHEINBARE HELLIGKEIT	ABSOLUTE HELLIGKEIT
SIRIUS	Großer Hund	8,6 LJ	−1,46	+1,4
CANOPUS	Schiffskiel	312,6 LJ	−0,72	−5,6
ARKTUR	Bootes	36,7 LJ	−0,04	−0,3
ALPHA CENTAURI	Zentaur	4,4 LJ	−0,03	+4,3
WEGA	Leier	25,3 LJ	+0,03	+0,6
KAPELLA	Fuhrmann	42,4 LJ	+0,08	−0,5
RIGEL	Orion	772,5 LJ	+0,12	−6,8
PROKYON	Zwillinge	11,4 LJ	+0,38	+2,7
ACHERNAR	Eridanus	143,7 LJ	+0,46	−2,8
BETEIGEUZE	Orion	427,3 LJ	+0,50	−5,1

Johannes Kepler, in beiden Fällen stand plötzlich ein heller Stern am Himmel, der Wochen bzw. Monate später wieder verschwand.

MERKMALE DER STERNE

Ab dem 17. Jahrhundert wurden die Menschen neugieriger und begannen, an der Lehre der unveränderlichen Fixsterne zu zweifeln. Mit dem gerade erfundenen Fernrohr konnten die Objekte am Himmel genauer untersucht werden, was die Zweifel an der gängigen Lehre zunehmend verstärkte. Richtig „untersuchen" konnte man die Sterne aber noch nicht. Was unterscheidet denn einen Stern von einem anderen? Natürlich seine Position am Himmel, seine Helligkeit und bei manchen die Farbe. Wie weit ein Stern entfernt ist, woraus er besteht und um was es sich bei einem Stern eigentlich handelt, ist durch bloßes Anschauen mit dem Fernrohr nicht zu ermitteln.

Aufgabe der ersten systematischen Sternbeobachter war es daher, die Positionen der Sterne exakt zu vermessen und ihre Helligkeiten mit Zahlenwerten zu benennen. Für die Positionsangaben führte man ein Gradnetz ein, wie es bereits auf der Erde verwendet wurde: Breitengrade nannte man „Deklination", Längengrade „Rektaszension". Die Sternhelligkeiten wurden, ähnlich wie Schulnoten, in sechs Klassen unterteilt – die hellsten Sterne erhielten den Wert eins, die schwächsten, gerade noch mit bloßem Auge sichtbaren, den Wert sechs. Damit war der Grundstein für eine physikalische Betrachtung der Sterne gelegt, und dank immer größerer Teleskope, verfeinerter Messmethoden, neuer Instrumente und ausgefallener Ideen gelang es ab Mitte des 19. Jahrhunderts, dem Wesen der Sterne Schritt für Schritt auf die Spur zu kommen.

STERNE UNTER DIE LUPE GENOMMEN

Der entscheidende Beweis, dass Sterne nicht an einer imaginären Sphäre festgeheftet sind, gelang erst Mitte des 19. Jahrhunderts Friedrich Wilhelm Bessel. Er beobachtete einen lichtschwachen Stern im Schwan und versuchte, mit der von der Landvermessung her bekannten Methode der trigonometrischen Entfernungsbestimmung, die Distanz dieses Sterns zu messen. Sein Ergebnis: Der Stern 61 im Schwan ist über zehn Lichtjahre von uns entfernt! Kurz darauf wurden von anderen Astronomen auch die Entfernungen der Sterne Wega in der Leier (25 Lichtjahre) und Toliman im Südsternbild Zentaur (4 Lichtjahre) bestimmt.

Kennt man die Entfernung eines Sterns, dann kann man auf dessen wahre Helligkeit schließen. Dabei ergab sich, dass Sterne keinesfalls gleich hell sind, und damit die helleren uns etwa näher stehen als die schwächeren. Das Gegenteil ist der Fall: Die Sterne sind nicht nur sehr unterschiedlich weit von uns entfernt, sie haben auch deutlich unterschiedliche wahre Helligkeiten. Unter ihnen gibt es blasse Lichter ebenso wie strahlende Leuchtfeuer. Gleichzeitig wurde den Forschern bewusst, dass Sterne – absolut betrachtet – extrem hell sein müssen, wie sollte man sie sonst aus diesen riesigen Entfernungen von Billionen von Kilometern noch sehen können? Mit dem Einzug der Spektroskopie wurden auch in den Spektren der Sterne ähnlich

☞ HEISSE UND KÜHLE STERNE

NAME	STERNBILD	TEMPERATUR	SPEKTRAL-KLASSE	FARBE
ALNITAK	Orion	31.000 K	O	blau
RIGEL	Orion	11.000 K	B	blauweiß
SIRIUS	Großer Hund	9400 K	A	weiß
PROKYON	Kleiner Hund	6500 K	F	gelbweiß
KAPELLA	Fuhrmann	5800 K	G	gelb
SONNE	—	5800 K	G	gelb
ARKTUR	Bootes	4300 K	K	orange
BETEIGEUZE	Orion	3500 K	M	rot

dunkle Linien wie im Spektrum der Sonne gefunden. Der Schluss lag nahe, dass es sich bei Sternen um weit entfernte Sonnen handeln muss.

EIGENSCHAFTEN DER STERNE

In der modernen Astronomie werden Sterne durch folgende Kriterien voneinander unterschieden: Die wahre Helligkeit, in der Astronomie „Leuchtkraft" genannt, kann ermittelt werden, wenn die scheinbare Helligkeit (von der Erde aus gemessen) und die Entfernung des Sterns bekannt sind. Es wurden sieben Leuchtkraftklassen definiert, dabei werden die hellsten „Überriesen" mit I, die schwächsten Sterne (Weiße Zwerge) mit VII bezeichnet. Unsere Sonne gilt in dieser Klassifikation als Zwerg der Klasse V. Häufig wird statt der Leuchtkraft die absolute Helligkeit eines Sterns angegeben, darunter versteht man die scheinbare Helligkeit, die der Stern in einer Einheitsentfernung von 10 Parsec (32,6 Lichtjahre) hätte. Unsere Sonne hat eine scheinbare Helligkeit von $-26^m,8$, aber nur eine absolute Helligkeit von $+4^m,7$.

Unter dem Spektraltyp eines Sterns versteht man, vereinfacht gesagt, dessen Farbe bzw. Temperatur. Die Skala reicht von kühlen, roten Sternen über durchschnittliche, gelbe Sterne (wie unsere Sonne) bis hin zu heißen, blauen Sternen. Die Spektralklassen werden mit lateinischen Großbuchstaben

☞ BARNARDS PFEILSTERN

Nicht alle „Fix-Sterne" stehen unbeweglich am Himmel. Ein ganz besonders flinker ist „Barnards Pfeilstern". Er ist nach Alpha Centauri mit einer Entfernung von nur 6 Lichtjahren unser nächster Nachbarstern. Die Bezeichnung „Pfeilstern" erhielt er wegen seiner großen Eigenbewegung, die jedes Jahr gut 10 Bogensekunden beträgt. Der amerikanische Astronom Edward E. Barnard (1857–1923) entdeckte diesen roten Zwergstern im Jahre 1916 im Sternbild Schlangenträger. Kleine Unregelmäßigkeiten in der Bewegung von Barnards Pfeilstern werden als Hinweis auf zwei unsichtbare Planeten mit 0,7 und 1,15 Jupitermassen interpretiert, die mit Perioden von 12 und 26 Jahren in einer Entfernung von 3 und 5 Astronomischen Einheiten um diesen Stern kreisen.

bezeichnet, wobei die alphabetische Reihenfolge historisch bedingt durcheinander kam und heute O-B-A-F-G-K-M lautet. O-Sterne sind dabei die heißesten Objekte, M-Sterne die kühlsten. Von einer Spektralklasse zur nächsten werden noch zehn Zwischenstufen verwendet, so dass zum Beispiel unsere Sonne als G2-Stern bezeichnet wird.

Die Masse eines Sterns kann nur durch indirekte Methoden ermittelt werden, etwa bei Doppelsternen, die sich gegenseitig umkreisen. Bei anderen Sternen behilft man sich mit der Masse-Leuchtkraft-Beziehung, d. h. aus der Leuchtkraft eines Sterns kann dessen Masse abgeleitet werden. Sternmassen gibt man gewöhnlich in Einheiten der Sonnenmasse an, das Spektrum reicht dabei von sehr leichten (massearmen) Sternen mit nur 1/50 der Sonnenmasse bis hin zu Sternen, die über 100-mal so massereich wie die Sonne sind.

Der Durchmesser eines Sterns kann ebenfalls nur indirekt ermittelt werden, denn auch im größten Fernrohr erscheinen die Sterne aufgrund ihrer großen Entfernung nur als Pünktchen. Auch hier ist die Bandbreite groß, es gibt Sterne, die nur ein Hundertstel des Sonnendurchmesser aufweisen, die Riesen hingegen erreichen die tausendfache Größe der Sonne.

Die chemische Zusammensetzung eines Sterns kann durch Analyse seines Spektrums ermittelt werden. Zumindest mit gewissen Einschränkungen, denn in den Stern hineinschauen kann man nicht, die Untersuchung beschränkt sich auf die leuchtende Oberfläche des Sterns. Alle Sterne bestehen zum überwiegenden Teil aus Wasserstoff, dem einfachsten chemischen Element. In der Regel findet man auch einen deutlichen Anteil Helium. Schwerere Elemente wie Sauerstoff, Kalzium oder Eisen kommen dagegen meistens nur in Spuren vor.

STERNFAMILIEN

Aufgrund der oben beschriebenen Eigenschaften der Sterne könnte man den Eindruck gewinnen, es gäbe Sterne jeglicher Natur. Als die Astronomen Ejnar Hertzsprung und Henry Norris Russell Anfang des 20. Jahrhunderts unabhängig voneinander eine Vielzahl von Sternen nach Farbe (bzw. Temperatur oder Spektralklasse) und absoluter Helligkeit (bzw. Leuchtkraft) sortierten, ergab sich zu ihrer Überraschung, dass es Sterne nur in bestimmten Kombinationen dieser Parameter gibt.

Russell kam dabei auf den genialen Gedanken, die Sterne unter diesen Aspekten in ein Diagramm einzutragen, das nun Hertzsprung-Russell-Diagramm

Das Spektrum von Arktur, einem kühlen Stern des Spektraltyps K

genannt wird (Abkürzung: HRD). Im HRD bilden die Sterne auffällige Gruppen, sie kommen also keineswegs in jeder möglichen Form vor. Auffällig ist die „Hauptreihe" genannte Linie, auf der sich die meisten Sterne zu befinden scheinen (auch die Sonne). Rote Sterne (rechts im HRD) sind demnach entweder sehr hell oder sehr lichtschwach, dazwischen gibt es nichts. Heiße, blaue Sterne kommen im Normalfall nur als besonders leuchtkräftige Exemplare vor. Gewöhnliche Sterne können nicht gleichzeitig heiß und lichtschwach sein. Eine Ausnahme stellen die Weißen Zwerge dar, den kleinen, heißen Kernen „gestorbener" Sterne.

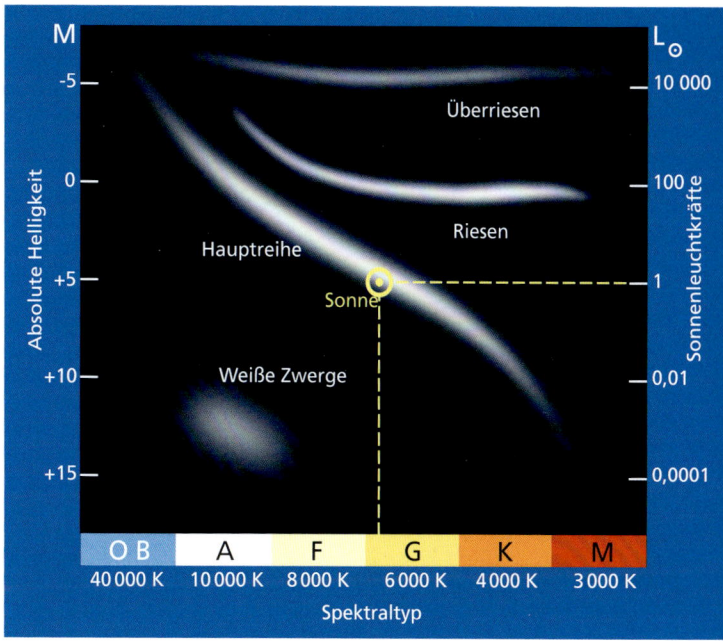

Eigenschaften und Lebenswege der Sterne werden sehr anschaulich im Hertzsprung-Russell-Diagramm dargestellt.

DIE ENERGIEQUELLE DER STERNE

Bisher ist noch kein Tag vergangen, an dem die Sonne nicht mit immer gleicher Kraft vom Himmel scheint (von irdischen Einflüssen wie Wolken einmal abgesehen). Sie tut dies seit Menschengedenken, und so wird es auch in Zukunft sein. Die Sonne – und mit ihr alle anderen Sterne – müssen daher eine nahezu unerschöpfliche Energiequelle besitzen, die sie Millionen oder Milliarden Jahre lang leuchten lässt. Die Lösung dieses Rätsels ließ besonders lange auf sich warten, denn es war kein Stoff bekannt, der dies zu leisten im Stande ist. Eine Sonne aus Steinkohle musste schnell verworfen werden, denn dies hätte ihr nur eine Lebensdauer von einigen tausend Jahren gewährleistet.

Erst die Fortschritte in der Atom- und Quantenphysik zu Beginn des 20. Jahrhunderts ließen die Forscher auf eine geradezu unglaubliche Idee kommen: In den Sternen „verschmelzen" kleine Atome zu größeren, wobei riesige Energiemengen entstehen. Bei den meisten Sternen ist es Wasserstoff, der sich auf diese Weise zum nächst schwereren Element Helium umwandelt: Aus vier Protonen („Wasserstoffkernen") entsteht über mehrere Zwischenschritte ein aus zwei Protonen und zwei Neutronen bestehender Heliumkern. Dabei wird ca. ein Prozent der Teilchenmasse direkt in Energie umgewandelt, wie es Albert Einstein mit seiner berühmten Formel $E = mc^2$ beschreibt: Energie ist gleich dem Produkt aus Masse und dem Quadrat der Lichtgeschwindigkeit.

Die Sonne verbraucht in jeder Sekunde 5 Millionen Tonnen Materie, die in Energie ungewandelt wird. Bei noch massereicheren Sternen sind Druck und Temperatur in ihrem Inneren so hoch, dass sogar Heliumkerne miteinander verschmelzen, wodurch Kohlenstoff entsteht. Auch wenn die Massevorräte der Sterne im Vergleich zu ihrem Verbrauch unendlich scheinen – irgendwann wird die Energieproduktion enden und der Stern beginnt sich zu verändern. Für unsere Sonne ist dieser Tag aber noch fern, sie wird uns weitere Milliarden Jahre mit Licht und Wärme versorgen.

VERÄNDERLICHE STERNE

Nicht alle Sterne am Himmel leuchten mit gleichmäßiger Konstanz, manche von ihnen verändern in mehr oder weniger regelmäßigen Abständen ihre Helligkeit. Bei einigen prominenten Exemplaren lässt sich dieses Schauspiel bereits mit bloßem Auge verfolgen, zum Beispiel beim bereits erwähnten Stern Algol im Sternbild Perseus, oder beim Stern δ (delta) im Sternbild Kepheus. Wann man solche Ereignisse beobachten kann, ist in astronomischen Jahrbüchern angegeben.

Bei den veränderlichen Sternen unterscheidet man jene, die ihre Helligkeit nur scheinbar variieren von solchen, die tatsächlich heller oder schwächer leuchten.

Die scheinbar veränderlichen Sterne werden als Bedeckungsveränderliche bezeichnet; Algol im Perseus zählt zu ihnen. Hierbei handelt es sich um Doppelsterne, dessen zwei Komponenten sich umkreisen und in regelmäßigen Abständen gegenseitig bedecken. Wir blicken fast exakt auf die Bahnebene des Sternpaars, so dass sie wechselseitig aneinander vorbeiziehen und somit kleine Sternfinsternisse zu

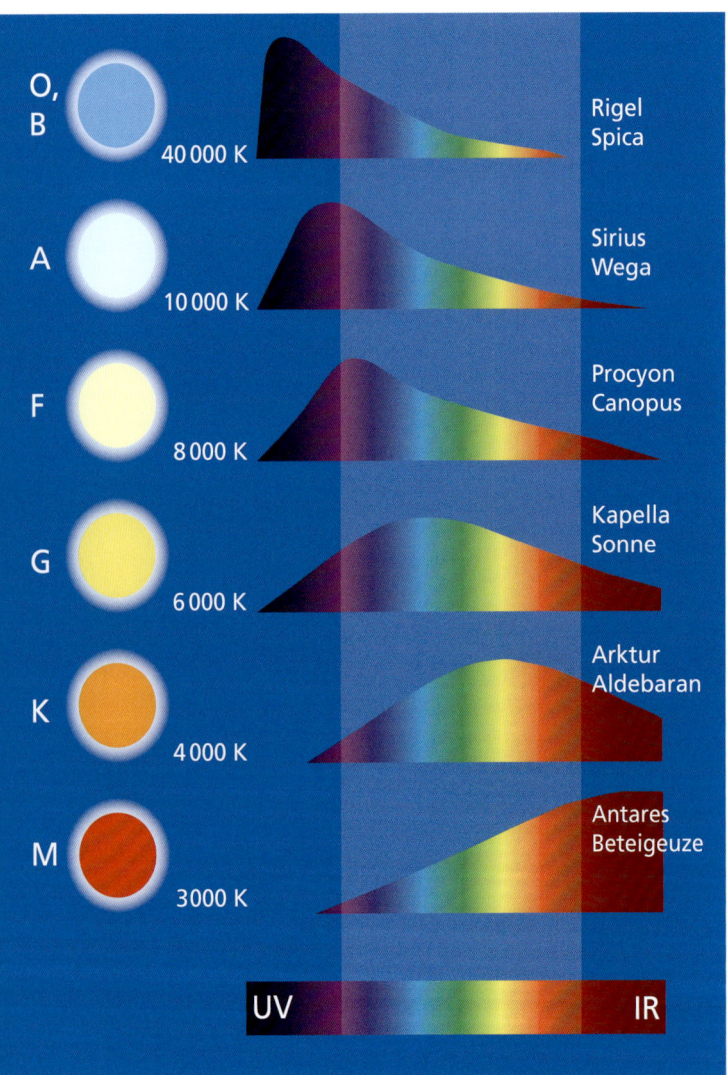

Sterne werden je nach ihrer Farbe und Oberflächentemperatur in Spektralklassen eingeteilt, von heißen blauen Sternen bis zu kühlen roten Exemplaren.

Im Vergleich zu anderen Sternen ist unsere Sonne nur ein Zwerg.

beobachten sind. Bedeckt der schwächere (kleinere) der beiden den (größeren) hellen Stern, wird dessen Helligkeit deutlich reduziert. Zieht dagegen der größere vor dem kleineren vorbei, so bedeckt er diesen zwar vollständig, aber die Helligkeit des Gesamtsystems nimmt nur wenig ab, da der kleinere Partner sowieso nicht viel zur Gesamthelligkeit beiträgt. Man spricht vom Haupt- und Nebenminimum des veränderlichen Sterns.

Die zweite Klasse der veränderlichen Sterne ist sehr viel facettenreicher, es gibt zahlreiche Gründe, weswegen ein einzelner Stern seine Helligkeit tatsächlich ändern kann. Diese physikalisch veränderlichen Sterne sind für Astrophysiker ein gefundenes Fressen, können sie doch viel über die Natur des Objekts lernen. Zwei Paradebeispiele seien hier genannt: der Stern δ (delta) im Kepheus und der Stern Mira im Walfisch. Bei δ im Kepheus nimmt die Helligkeit etwa alle fünf Tage deutlich ab. Hier bedecken sich aber nicht zwei Sterne gegenseitig, sondern der Stern ändert seinen Durchmesser und damit seine Oberfläche und Helligkeit – er pulsiert, bläht sich auf und zieht sich wieder zusammen. Ein praktischer Nebeneffekt dieses Sterntyps ist der Zusammenhang zwischen Pulsationsdauer und absoluter Helligkeit: Durch die Messung des Lichtwechsels kann man so auf die Entfernung des Sterns schließen (seine scheinbare Helligkeit ist ja bekannt). Da es sich bei diesen Cepheiden um sehr leuchtkräftige Sterne handelt, kann man sie auch in anderen Galaxien beobachten und so die Entfernung der ganzen Galaxie bestimmen!

Ein zweiter Pulsationsveränderlicher ist der Stern Mira im Walfisch. Der Zeitraum seiner Helligkeitsschwankungen ist ungleich länger, Mira benötigt fast ein Jahr (ca. 330 Tage) für einen vollständigen Lichtwechsel. Außerdem sinkt die Helligkeit von Mira so stark ab, dass man ihn mit freiem Auge lange Zeit nicht sehen kann. Mira ist ein roter Riesenstern, etwa 500-mal so groß wie die Sonne.

DER LEBENSWEG DER STERNE

Die einzelnen Stadien der Sternentwicklung werden in den folgenden Kapiteln beschrieben. In Kürze: Sterne entstehen aus interstellaren Gas- und Staubwolken, die sich unter ihrem eigenen Gewicht zusammenziehen, bis Temperatur und Druck im Zentrum so hoch sind, dass die Kernfusion zündet und ein neuer Stern zu leuchten beginnt.

Der weitere Lebensweg eines Sterns hängt hauptsächlich von seiner Masse ab: massereiche Sterne finden viel schneller ein Ende als mittelschwere oder massearme Sterne. Die Masse entscheidet auch über das Ende des Sterns: Kleine Sterne wie unsere Sonne stoßen irgendwann ihre äußeren Gashüllen ab und um den kleinen kümmerlichen Sternkern bildet sich ein schalenförmiger Nebel, den man Planetarischer Nebel nennt. Massereiche Sterne hingegen beenden ihr Leben mit einem großen Feuerwerk, der sogenannten Supernova-Explosion. Dabei zerfetzt es den Stern bis auf einen kleinen Rest mit enorm hoher Dichte, je nach Masse des Sternrests spricht man von einem Neutronenstern oder einem Schwarzen Loch.

GEBURT DER STERNE
— aus Gas und Staub

Neue Sterne entstehen überwiegend aus Wasserstoff. In der Milchstraße befinden sich auch heute noch große Mengen dieses Gases, vermischt mit schwereren Elementen. An vielen Stellen des Himmels kann man leuchtende Gasnebel beobachten.

Bereits ohne Fernrohr kann man am Himmel einige Nebelfleckchen entdecken. Diese waren auch unseren Vorfahren bekannt, die allerdings nichts über deren Natur wussten. Um sie nicht mit neu auftauchenden Kometen zu verwechseln, stellte der französische Astronom Charles Messier in der zweiten Hälfte des 18. Jahrhunderts eine Liste von rund 100 Nebelobjekten auf. Diese „Messier-Objekte" sind heute noch bei Hobby-Astronomen sehr beliebt. Weiter ging Friedrich Wilhelm Herschel: Der aus Deutschland stammende englische Astronom katalogisierte mit seinem riesigen Spiegelteleskop über 2500 Nebel. Der Herschel-Katalog spielt dagegen heute keine Rolle mehr, da er vom umfangreicheren „New General Catalogue" (NGC) abgelöst wurde.

Die Beschreibung der Objekte im Herschel-Katalog geschah Anfang des 19. Jahrhunderts unter rein morphologischen Gesichtspunkten, man klassifizierte die Nebel nach deren Größe, Form und äußerem Erscheinungsbild. Zwar entpuppten sich einige der Nebel beim Blick durchs Fernrohr als Ansammlungen vieler Sterne, die meisten jedoch blieben in jeder Hinsicht nebulös.

RÄTSELHAFTE NEBELLINIEN

Mit dem Einzug der Spektroskopie wurden Mitte des 19. Jahrhunderts auch die Nebel spektroskopisch untersucht. Ganz im Gegensatz zu Sternspektren – sie sehen aus wie ein Regenbogen, der von dunklen Fraunhofer-Linien durchbrochen ist – erschienen bei den Nebelspektren nur einige, nun helle Linien auf ansonsten dunklem Grund. Solche Linien kannte man bereits aus dem Chemielabor: Sie werden von leuchtenden Gasen erzeugt. Später wurden in den Spektren von Sternen dunkle Linien entdeckt, die nicht zum Stern selbst gehören konnten, darunter die Linien der Elemente Kalzium und Natrium. Offenbar bestehen manche der Nebelflecken am Himmel aus leuchtendem Gas, und selbst im eigentlich „leeren" Weltraum kommen Elemente vor, die das Licht dahinter liegender Sterne etwas abschwächen und ihnen ihren „Fingerabdruck" mitgeben.

Andere Nebel wiederum zeigten keine hellen Spektrallinien und endgültige Klarheit brachte erst die Entdeckung von Edwin Hubble Anfang des 20. Jahrhunderts, dass einige „Nebel" weit entfernte Galaxien sind, die aus unzähligen Sternen bestehen. Die Nebelflecken am Himmel zerfielen somit in drei Klassen: Sternhaufen, die nur bei zu geringer Vergrößerung neblig erscheinen, Galaxien, die sich erst durch den Einsatz der Fotografie an Riesenteleskopen zu erkennen gaben – und echte Nebel, die die charakteristischen, hellen Linien aufweisen.

Ein junger Stern, umgeben von seiner Scheibe aus Staub und Gas, in der sich Planeten zu bilden beginnen (künstlerische Darstellung).

Das Universum der Sterne — Geburt der Sterne

Der große Orion-Nebel ist das bekannteste Sternentstehungsgebiet. Junge, heiße Sterne regen das sie umgebende Gas zum Leuchten an. Er ist 1500 LJ von uns entfernt.

Der Pferdekopfnebel im Sternbild Orion ist eine prominente Kombination aus rot leuchtendem Wasserstoffgas und einer kalten Dunkelwolke, die das Licht des dahinter liegenden Nebels verdeckt.

ÜBERALL IST WASSERSTOFF

Die auffälligste Linie in den Nebelspektren befindet sich im roten Bereich des Regenbogenlichts bei einer Wellenlänge von 656 Nanometern. Diese Linie kannte man schon von den dunklen Fraunhofer-Linien der Sterne: Sie gehört zum Element Wasserstoff, das anscheinend überall in der Milchstraße vorkommt. Leider ist das menschliche Auge für dieses sehr rote Licht nicht besonders empfindlich, sonst könnte man am Himmel die teils riesigen Wasserstoffwolken auf den ersten Blick erkennen. Was unser Auge aber sehen kann, ist das schwächere grüne Licht des Wasserstoffs, die so genannte Hβ-Linie (H steht dabei für Wasserstoff, das rote Licht wird als Hβ-Linie bezeichnet). Leuchtendes Gas kann nur dann beobachtet werden, wenn sich in der Nähe der Gaswolken besonders heiße Sterne befinden, die den Wasserstoff ionisieren, d. h. seiner Elektronen berauben. Hin und wieder wird aber doch ein Elektron vom Wasserstoffkern eingefangen, purzelt auf die inneren „Schalen" des Atoms und gibt dabei Energie in Form eines Lichtteilchens von ganz bestimmter Farbe ab. Dadurch kommen die scharfen Spektrallinien zustande, aus deren Wellenlänge man exakt auf das chemische Element schließen kann. Im Radiobereich beobachtet man ein ähnliches Verhalten, wenn die Elektronen noch sehr weit vom Atomkern entfernt sind. Daneben geben die Gasnebel auch kontinuierliche Strahlung ab (mit „kontinuierlich" ist hier nicht die Zeitdauer, sondern die gleichmäßige Emission über alle Farben hinweg gemeint), woraus man auf die Temperatur des Gases schließen kann.

Manche Nebel leuchten allerdings weder rot noch grün und zeigen auch keine scharfen Spektrallinien. Hier ist zwar Gas und Staub vorhanden, aber die nahen Sterne sind nicht in der Lage, den Nebel zum Leuchten anzuregen. Die nur wenige zehntausendstel Millimeter kleinen Partikel reflektieren dagegen das Licht der Sterne, meist sehen diese Reflexionsnebel daher blau aus, es gibt aber auch orangefarbene, eben je nach Farbe und Temperatur der die Nebel anleuchtenden Sterne.

DUNKLE LÖCHER VOR DEN STERNEN

Vor einigen der hell leuchtenden Wasserstoffwolken sind dunkle Gebiete zu sehen, die oft nach ihrer charakteristischen Form benannt werden (z. B. der Pferdekopfnebel oben). Auch entlang der Milchstraße kann man bereits mit bloßem Auge (besonders im Sommer zwischen den Sternbildern Schwan und Adler) scheinbar sternärmere Regionen erkennen. Sind hier etwa weniger Sterne vorhanden, besitzt die Milchstraße dort „Löcher"? Was auf den modernen Himmelsaufnahmen klar als „Dunkelnebel" erkennbar ist, stellte die Forscher früher wieder einmal vor ein Rätsel. Dem

Ein junger Stern stößt diesen roten Teilchenstrahl aus, der das interstellare Medium aufschiebt und damit zum Leuchten anregt.

Die „Säulen der Schöpfung" – diese Hubble-Aufnahme des Adler-Nebels zeigt ein Sternentstehungsgebiet.

deutschen Astronomen Max Wolf und seinem amerikanischen Kollegen Edward Barnard ist es zu verdanken, dass diese Dunkelgebiete als dichte interstellare Materie enthüllt wurden.

Großen Anteil an der Erforschung der Dunkelnebel hatte die Radioastronomie. Atome und Moleküle können schwingen und dabei Radiostrahlung emittieren. So wurden in den Dunkelnebeln ganz unvermutete Stoffe gefunden, etwa Kohlenwasserstoff, Kohlenmonoxid und auch komplexere Verbindungen wie Ameisensäure. Offenbar sind diese mehr als „eiskalten", um −265 °C kühlen Gebiete hervorragend dazu geeignet, die Grundbausteine des Lebens zu bilden.

Auch der kalte, also nicht leuchtende Wasserstoff kann im Radiobereich beobachtet werden. Stoßen zwei Wasserstoffatome zusammen, so klappt dabei die Eigenrotation des Elektrons um, und wenn es wieder in seinen Normalzustand zurückkehrt, sendet es dabei Strahlung von 21 cm Wellenlänge aus. Durch die Kartierung dieser Strahlung schloss man auf die Spiralstruktur unserer Milchstraße.

GEBOREN AUS GAS UND STAUB

Sowohl interstellare Gaswolken als auch Sterne bestehen überwiegend aus Wasserstoff. Vereinfacht gesagt handelt es sich bei Sternen um hoch verdichtete Gaswolken, in deren Innern die Kernfusion gezündet hat. Doch der Weg von einer Wolke aus Wasserstoffgas zum leuchtenden Stern ist weit. Zwei Kräfte kämpfen gegeneinander an: die Schwerkraft und der Gasdruck der Gasmoleküle.

Nur in sehr großen Wolken mit ca. 3000 Sonnenmassen Materie kann die Schwerkraft einen Kontraktionsprozess in Gang setzen, bei dem sich die Wolke langsam zusammenzuziehen beginnt. Pro Kubikzentimeter sind gerade mal 100 Wasserstoffatome vorhanden, das Gas ist also sehr dünn. Durch die Kontraktion beginnt die Temperatur der Wolke zu steigen. Am Anfang wird die Wärme nach außen abgestrahlt, aber mit zunehmender Dichte gelingt dies nicht mehr, die Temperatur im Inneren steigt weiter an, die Moleküle zerfallen bei 2000 Grad Kelvin in Atome, bei 10.000 K verlieren sie ihre Elektronen. Die Gravitation gewinnt zunehmend die Oberhand, da der Gasdruck durch diese Prozesse abnimmt. Im Inneren der Wolke entsteht ein Protostern, der weiterhin Materie aus der umgebenden Wolke an sich zieht und diese durch seine Strahlung aufheizt, so dass sie im Infrarotlicht zu leuchten beginnt. Erst wenn die Materie

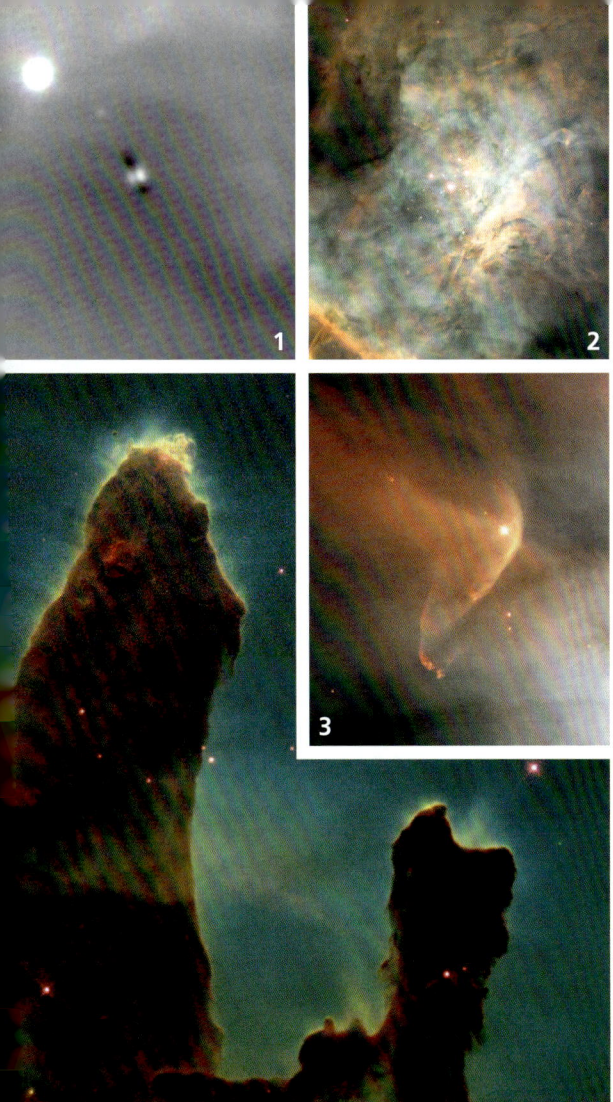

Das Universum der Sterne — Geburt der Sterne

Beispiele für Sternentstehungsgebiete:

01 *Eine protoplanetare Scheibe im Orion-Nebel, hier werden später Planeten entstehen.*

02 *Das „Trapez" – der zentrale Teil des Orion-Nebels; diese vier Sterne regen den Nebel zum Leuchten an.*

03 *Eine Stoßfront im interstellaren Medium, durch den „Wind" eines jungen Sterns verursacht.*

Magnetfelder eine wichtige Rolle spielen, die sich in der nun flachen Scheibe um der Protostern verwirbeln und so die Rotation des Systems abbremsen. In der Nähe von jungen Sternen hat man zudem kerzengerade Materiestrahlen gefunden, die mit dem interstellaren Medium wechselwirken und dort leuchtende Gebilde erzeugen, die nach ihren Entdeckern „Herbig-Haro-Objekte" genannt werden. Diese Jets führen wahrscheinlich ebenfalls Drehimpuls vom jungen Stern ab, so dass dessen Rotation mit der Zeit abnimmt.

Ein zweiter Aspekt wurde bisher verschwiegen: Die 3000 Sonnenmassen „schwere" Gaswolke wird nicht nur einen Stern bilden, sie zerfällt in einzelne, kleinere Gebiete, aus denen jeweils ein Stern entsteht. Dadurch kommt es zu ganzen Haufen junger Sterne, die alle – das ist für die Astronomie besonders wichtig – etwa gleich weit von der Erde entfernt sind. Oft sind diese Sternentstehungsgebiete noch von Gas- und Staubmassen umgeben, die von den jungen, heißen Sternen ionisiert und damit zum Leuchten angeregt werden. Das bekannteste Beispiel für ein solches Sternentstehungsnest ist der Orion-Nebel im gleichnamigen Sternbild, den man bereits mit dem Fernglas beobachten kann.

um den Protostern dünner geworden ist, dringt sichtbares Licht hindurch. Schließlich erreichen Druck und Temperatur im Kernbereich des Protosterns so hohe Werte, dass die Kernfusion einzusetzen beginnt: aus Wasserstoff wird Helium. Ab dann spricht man von einem echten Stern, bei dem sich der Druck aus dem Inneren und die Schwerkraft für lange Zeit die Waage halten.

Dieses simple Modell wird in der Realität durch einige Prozesse komplizierter, als es auf den ersten Blick den Anschein hat. So steigt während des Kontraktionsvorgangs die Rotationsgeschwindigkeit der Wolke stark an, da der anfänglich vorhandene Drehimpuls der einzelnen Gasteilchen nun eine gemeinsame Richtung einschlägt und wie die Pirouette einer Eiskunstläuferin die Wolke immer schneller zu rotieren beginnt. Diese zunehmende Drehung müsste den Protostern eigentlich irgendwann zerreißen, und warum dies trotzdem nicht geschieht, ist immer noch Gegenstand astronomischer Forschung. Man geht davon aus, dass hierbei

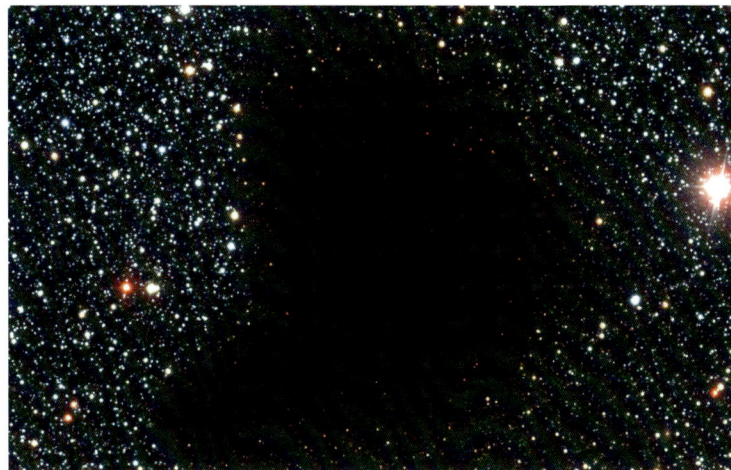

Eine „Bok-Globule": Hier werden neue Sterne entstehen.

EXOPLANETEN
— neue Welten bei fernen Sternen

Unser Sonnensystem besitzt acht große und unzählige Kleinplaneten. Sind Planeten im Universum eine Ausnahme oder die Regel? Die Milchstraße besteht aus Milliarden Sternen, warum sollten nicht auch sie von Planeten begleitet werden?

Wenn die Werbung behauptet, es wäre alles eine Frage der Technik, dann zielt das nicht auf die Astronomie ab, trifft hier aber besonders zu. Denn über die Frage, ob auch andere Sterne von Planeten umkreist werden, konnte lange Zeit nur spekuliert werden. Nachzudenken hilft in manchen Fällen, Nachzumessen ist immer der bessere Weg. Doch um Planeten bei anderen Sternen zu entdecken, mussten erst die richtigen Messgeräte entwickelt werden.

EINE NEUER FUND MIT ALTEM GERÄT

Im Süden Frankreichs befindet sich das Observatoire de Haute Provence, eine Ansammlung von Kuppeln und Gebäuden zwischen gedrungenen Bäumen, dominiert von der „Grande Coupole" mit ihrem 1,93-Meter-Teleskop. Das Alter von 80 Jahren sieht man der Sternwarte deutlich an, die Zugänge erinnern mehr an Ruinen aus der Antike als an eine moderne Forschungseinrichtung. Und das große Teleskop macht nicht den Eindruck, als ob es noch benutzt werden würde.

Doch der Eindruck täuscht, inmitten der südfranzösischen Idylle findet tatsächlich noch Forschung statt. Und man ist sichtlich stolz auf eine Entdeckung, die 1995 den Schweizer Astronomen Michel Mayor und Didier Queloz gelang. Sie hatten einen neuen, sehr empfindlichen Spektrografen entwickelt. Mit ihm konnte man die Bewegung der dunklen Spektrallinien im Sternlicht in bisher nicht erreichbarer Genauigkeit vermessen.

Eine Verschiebung der Spektrallinien im Spektrum eines Sterns bedeutet: der Stern bewegt sich. Eine Zeit lang kommt er uns etwas näher, dann wieder entfernt er sich von uns. Die Ursache dafür kann entweder ein anderer, sehr naher Stern sein, oder – ein Planet.

Mayor und Queloz fanden beim Stern Nr. 51 im Sternbild Pegasus deutliche Hinweise auf eine Bewegung des Sterns, doch von einem anderen Stern

Das große Teleskop am Observatoire de Haute Provence in Frankreich. Mit ihm wurde 1995 der erste Exoplanet entdeckt.

So stellt man sich den Planeten von 51 Pegasi vor: ein „heißer Jupiter", der seinen Stern eng umrundet.

als Verursacher war weit und breit nichts zu sehen. Somit hatten sie den ersten Planeten um einen anderen Stern nachgewiesen!

NUR FÜR DICKE DINGER GEEIGNET

Die Technik von Mayor und Queloz bezeichnen Astronomen als „Radialgeschwindigkeitsmethode". Der Begriff „Radial" bezieht sich auf die Entfernung des Sterns, mit dem Spektrograf wird dessen Geschwindigkeit von und zu der Erde gemessen. Diese Methode wird auch heute noch zur Suche nach Exoplaneten eingesetzt, kann aber nur solche Planeten bei anderen Sternen messen, die besonders groß (genauer: massereich) sind und ihren Zentralstern eng umkreisen.

Somit kam zur Freude der Entdeckung schnell Überraschung: der Planet des Sterns 51 Pegasi ist halb so schwer wie Jupiter, von seiner Sonne aber nur acht Millionen Kilometer weit entfernt und umläuft sie in nur vier Tagen. Später wurden weitere Planeten dieser Art gefunden, man gab ihnen die Bezeichnung „heiße Jupiter". Für kleinere und vom Stern weiter entfernte Planeten ist die Methode der Radialgeschwindigkeit nicht empfindlich genug.

EXOPLANETENFORSCHUNG HEUTE

Mit dem Start des Satelliten *Kepler* im März 2009 nahm die Entdeckung von Exoplaneten enormen Aufschwung. Der Satellit misst die Helligkeit von vielen Sternen, minimale Änderungen der Helligkeiten deuten auf Exoplaneten hin, die vor ihrem Stern vorbeiziehen und so dessen Licht etwas abschwächen. Mittlerweile wird diese Technik auch von Teleskopen auf der Erde eingesetzt. Selbst Hobbyastronomen können damit Exoplaneten nachweisen.

GIBT ES EINE ZWEITE ERDE?

Auch wenn die Nachrichten gelegentlich von der Entdeckung einer zweiten Erde sprechen, ganz so weit sind wir noch nicht. Aber es wurden zahlreiche Exoplaneten gefunden, die wahrscheinlich Gesteinsplaneten sind und ihren Stern in der lebensfreundlichen habitablen Zone umlaufen. Der überwiegende Teil von ihnen ist aber massereicher als die Erde, man spricht von „Super-Erden". Von den bisher rund 3000 nachgewiesenen Exoplaneten werden nur 200 als erdähnlich bezeichnet. Doch wie eingangs gesagt ist die Suche nach Exoplaneten eine Frage der Technik und die aktuelle Statistik ein Zwischenstand, der bald überholt sein dürfte. Planeten um Sterne sind wohl der Regelfall.

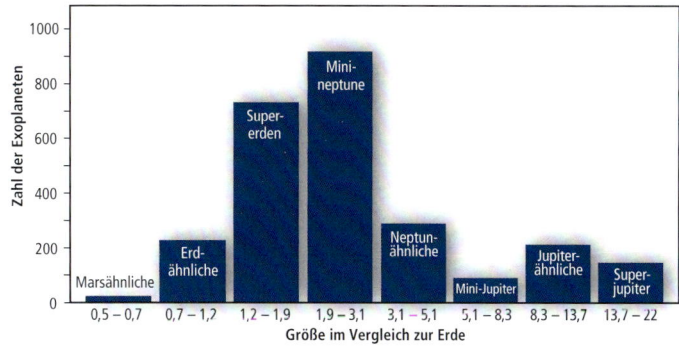

Die Verteilung der Exoplaneten. Welche von ihnen man findet, hängt derzeit auch von der verwendeten Technik an.

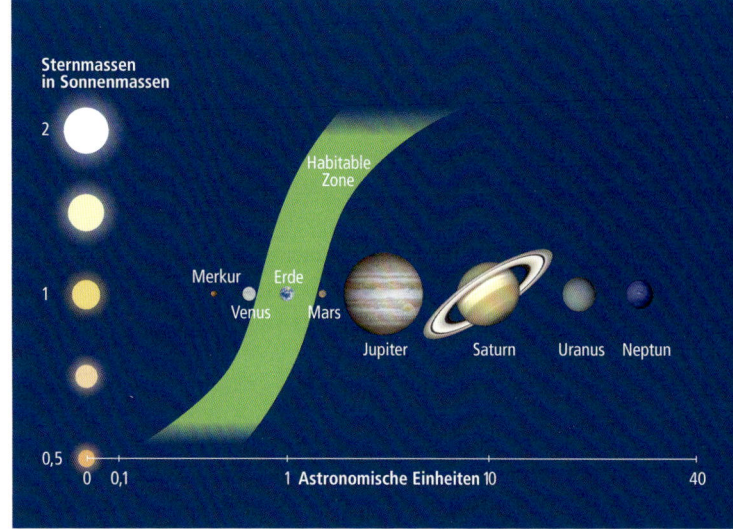

Unsere Erde befindet sich in der bewohnbaren, „habitablen" Zone um die Sonne. Wie weit die habitable Zone von einem Stern entfernt ist, hängt von dessen Masse und Leuchtkraft ab.

Proxima Centauri, der sonnennächste Stern, wird von einem Planeten begleitet, er etwas größer als die Erde ist.

OFFENE STERNHAUFEN
— Labor der Astrophysik

„Offene Sternhaufen" bilden eigentlich eine geschlossene Gesellschaft. Hier sind hunderte Sterne versammelt. Für Astrophysiker besonders interessant: Die Sterne des Haufens sind etwa gleich alt und alle gleich weit von der Erde entfernt.

Die meisten Sterne entstehen in Gruppen, sogenannten Offenen Sternhaufen. Im englischen Sprachraum wird die Bezeichnung galaktischer Sternhaufen verwendet, was auf den Ort der Objekte hinweist: Sie sind Teil der Milchstraße. Offene Sternhaufen sind beliebte Beobachtungsobjekte für Hobby-Astronomen. Ob mit bloßem Auge, Fernglas oder Teleskop mit geringer Vergrößerung, bereits mit einfachen Mitteln findet man am Himmel viele dieser schönen Objekte. Der bekannteste Sternhaufen ist M 45, die Plejaden im Sternbild Stier. Man nennt sie auch das Siebengestirn, aber mit bloßem Auge sind entweder sechs oder neun Sterne zu sehen. Auf Fotografien der Plejaden sind blaue Nebel zu sehen. Einst ging man davon aus, es handele sich hierbei um die Reste der ursprünglichen Gaswolke, aus der der Sternhaufen entstanden ist, aber mittlerweile weiß man, dass die Sterne irgendwann in dieses Gebiet interstellarer Materie hineingewandert sind.

STERNE ENTSTEHEN IN GRUPPEN

Neue Sterne bilden sich aus riesigen Wasserstoffwolken, die genügen Masse für einige Dutzend oder gar Hunderte von Sternen besitzen. Die meisten Sterne entstehen daher in Sternhaufen, die sich dann im Laufe von ca. 100 Millionen Jahren verlieren. Auch unsere Sonne ist Mitglied eines Sternhaufens, der aber weit über den Himmel (in Richtung des Sternbildes Großer Bär) verstreut ist und daher nicht als kompakter Haufen wahrgenommen werden kann.

Was für Hobbyastronomen hübsch anzuschauen ist, stellt für die Astrophysiker ein geniales Labor dar, um die Eigenschaften unterschiedlicher Sterne zu untersuchen. Die Sterne eines Sternhaufen sind nämlich einerseits gleich weit von uns entfernt und andererseits etwa alle zur gleichen Zeit entstanden. Aus der „Einheitsentfernung" kann man (wenn die Entfernung des Sternhaufens bekannt ist) auf die wahren Helligkeiten der Einzelsterne schließen.

☞ DAS ALTER VON STERNHAUFEN

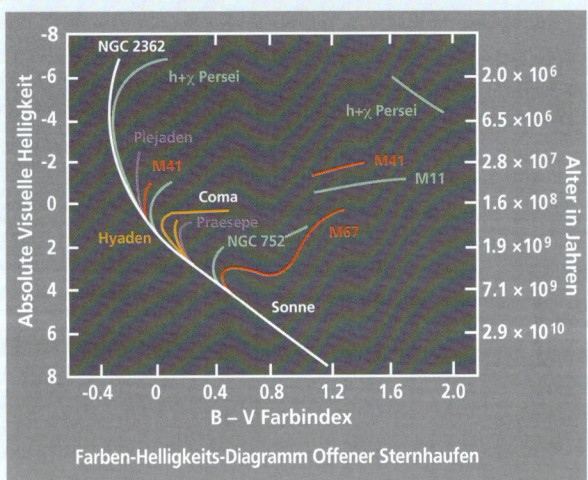

Farben-Helligkeits-Diagramm Offener Sternhaufen

Trägt man die Sterne eines Offenen Sternhaufens in das Farben-Helligkeits-Diagramm ein (links), so lässt sich daraus das Alter des Sternhaufens bestimmen. Da die Sterne eines Haufens alle vor etwa gleicher Zeit entstanden sind, muss man herausfinden, Sterne welcher Masse gerade die „Hauptreihe" genannte Linie verlassen und sich auf den Weg ins Greisenalter zu den Roten Riesen machen. Die Masse eines Sterns steht im Verhältnis zu dessen absoluter Helligkeit, so dass der Abknickpunkt des Haufenmusters auf das Alter des Haufens schließen lässt: Je tiefer er liegt, desto älter ist der Sternhaufen, denn dann haben sich auch mittelschwere Sterne schon so weit entwickelt, dass sie im rötlichen Licht leuchten.

Das Universum der Sterne — Offene Sternhaufen

Auf halbem Weg zwischen den Herbststernbildern Kassiopeia und Perseus findet man den berühmten Doppelsternhaufen h + chi Persei. Die Sternhaufen sind etwa 5 Millionen Jahre alt und knapp 8000 Lichtjahre von uns entfernt.

Im Sternbild Zwillinge steht M 35, ein mit dem Fernglas sichtbarer Sternhaufen. Mit dem Teleskop ist auch NGC 2158 zu sehen (rechts im Bild).

Der Sternhaufen NGC 4755 wird auch als „Schmuckkästchen" bezeichnet. Die Sterne entstanden zusammen vor ca. 16 Millionen Jahren aus der gleichen Gaswolke.

Da die Sterne eines Haufens zu gleicher Zeit und aus dem gleichen Material entstanden sind, könnte man erwarten, sie sähen alle gleich aus und wären in ihrer Entwicklung ähnlich weit fortgeschritten. Tatsächlich beobachtet man aber auch in Sternhaufen unterschiedliche Sterne. Manche von ihnen befinden sich noch in den „besten Jahren" wie unsere Sonne, andere haben sich bereits aufgebläht und leuchten rötlich.

Die Entwicklungswege der Sterne werden von ihrer Masse bestimmt: Je massereicher ein Stern ist, desto heißer wird es in seinem Kern und desto schneller verbrennt er seinen Wasserstoffvorrat. Sterne wie unsere Sonne leuchten einige Milliarden Jahre lang, bei besonders massereichen Exemplaren ist der Spuk bereits nach wenigen Millionen von Jahren vorüber. Dafür enden sie mit einem großen Knall, der Supernova-Explosion.

PLANETARISCHE NEBEL
— *Sterne am Ende ihres Lebens*

Neben den großen, rot leuchtenden Gasnebeln findet man im Universum auch viele kleine, oft kreisrund erscheinende Nebelfleckchen. Sie stellen das Ende eines durchschnittlichen Sterns dar, der seine äußeren Gashüllen abgestoßen hat.

Die Bezeichnung „Planetarischer Nebel" ist irreführend, denn mit Planeten haben diese Nebel überhaupt nichts zu tun. Der Name stammt vom Erscheinungsbild der helleren Exemplare im Teleskop, denn dort ähneln sie in Größe, Form und Farbe den äußeren Planeten. Das bekannteste Beispiel für einen Planetarischen Nebel ist M 57, der Ringnebel in der Leier.

Die Spektren der oft nur wenige Dutzend Bogensekunden kleinen Nebelchen sind, ähnlich denen der rot leuchtenden Gasnebel, von hellen Emissionslinien geprägt. Am auffälligsten ist hier aber nicht die rote Wasserstofflinie, sondern die grüne Linie des zweifach ionisierten Sauerstoffs (daher erscheinen die Nebel im Teleskop meist grünlich). Diese OIII genannte Linie konnte zuerst nicht zugeordnet werden, denn nach irdischen Laborverhältnissen ist sie „verboten" und kann nur in dem extrem dünnen Gas der kosmischen Nebel entstehen. Neben Sauerstoff finden sich dort aber auch andere Elemente wie einfach ionisierter Stickstoff und Wasserstoff.

Meistens steht exakt in der Mitte des Nebels ein kleiner, schwach leuchtender Stern, den man als Zentralstern bezeichnet. Diese Zentralsterne sind extrem heiß, die Spanne reicht von 30.000 bis 300.000 Grad (zum Vergleich: unsere Sonne ist „nur" knapp 6000 °C heiß). Sie strahlen energiereiches, ultraviolettes Licht aus, das den sie umgebenden Nebel zum Leuchten anregt.

Wie langfristige Untersuchungen ergeben haben, dehnen sich die Nebel langsam aus, sie werden größer. Mit 20 – 50 km/s driftet der Nebel von seinem Zentralstern weg, dem entspricht pro Jahr die Entfernung Sonne – Saturn. Die Strahlung des Sterns kann den Nebel nur bis in eine begrenzte Entfernung zum Leuchten anregen, daher sind Planetarische Nebel nur 1 – 2 Lichtjahre groß, auf lang belichteten Aufnahmen wurden aber auch noch weiter entfernte Gebiete entdeckt.

Die Lebensdauer eines Planetarischen Nebels ist ebenfalls begrenzt, nach nur einigen 10.000 Jahren hat sich das Gas so weit vom Zentralstern entfernt, dass es nicht mehr leuchten kann, da es zu wenig Strahlung erhält. Planetarische Nebel sind daher nach astronomischen Maßstäben sehr junge Objekte.

EIN ALTER STERN VERBLASST

Bisher wurden rund 1000 dieser Nebel entdeckt und man schätzt, dass es ca. 50.000 von ihnen in der Milchstraße gibt. Im Gegensatz zu den rot leuchtenden Gasnebeln werden bei Planetarischen Nebeln aber keine neuen Sterne geboren. Das Gegenteil ist der Fall, sie stellen die Reste alter Sterne dar, die ihren Lebensabend erreicht haben. Auch unsere Sonne wird in einigen Milliarden Jahren einen Planetarischen Nebel erzeugen.

Durchschnittliche Sterne mit nicht mehr als 1,4 Sonnenmassen sind die braven Arbeitstiere des Weltalls. Sie haushalten mit ihrem Wasserstoffvorrat und leuchten über Milliarden Jahre mit gleichbleibender Kraft. Ist der Wasserstoff im Kern des Sterns dann doch einmal verbraucht, beginnt die Zone des Wasserstoffbrennens in einem schalenförmigen Bereich nach außen zu wandern. Dabei bläht sich der Stern auf und wird zum Roten Riesen, die Sonne wird sich in diesem Stadium über die Erdbahn hinaus ausdehnen.

In diesen unruhigen Zeiten des Sternlebens verliert der Stern seine äußeren Gashüllen, er macht gleichsam eine Diät im Alter. Gleichzeitig komprimiert sich der übrig gebliebene Sternkern immer weiter, wird heißer und entwickelt sich hin zu einem Weißer Zwerg genannten Objekt, dessen Materie so dicht gepackt ist, dass ein Teelöffel davon auf der Erde mehrere Tonnen wiegen würde. Die expandierenden Gashüllen werden durch die nun intensive UV-Strahlung des Sternrests ionisiert und wie eine Leuchtstoffröhre zum Leuchten angeregt: Ein Planetarischer Nebel ist entstanden. Nicht ganz zu

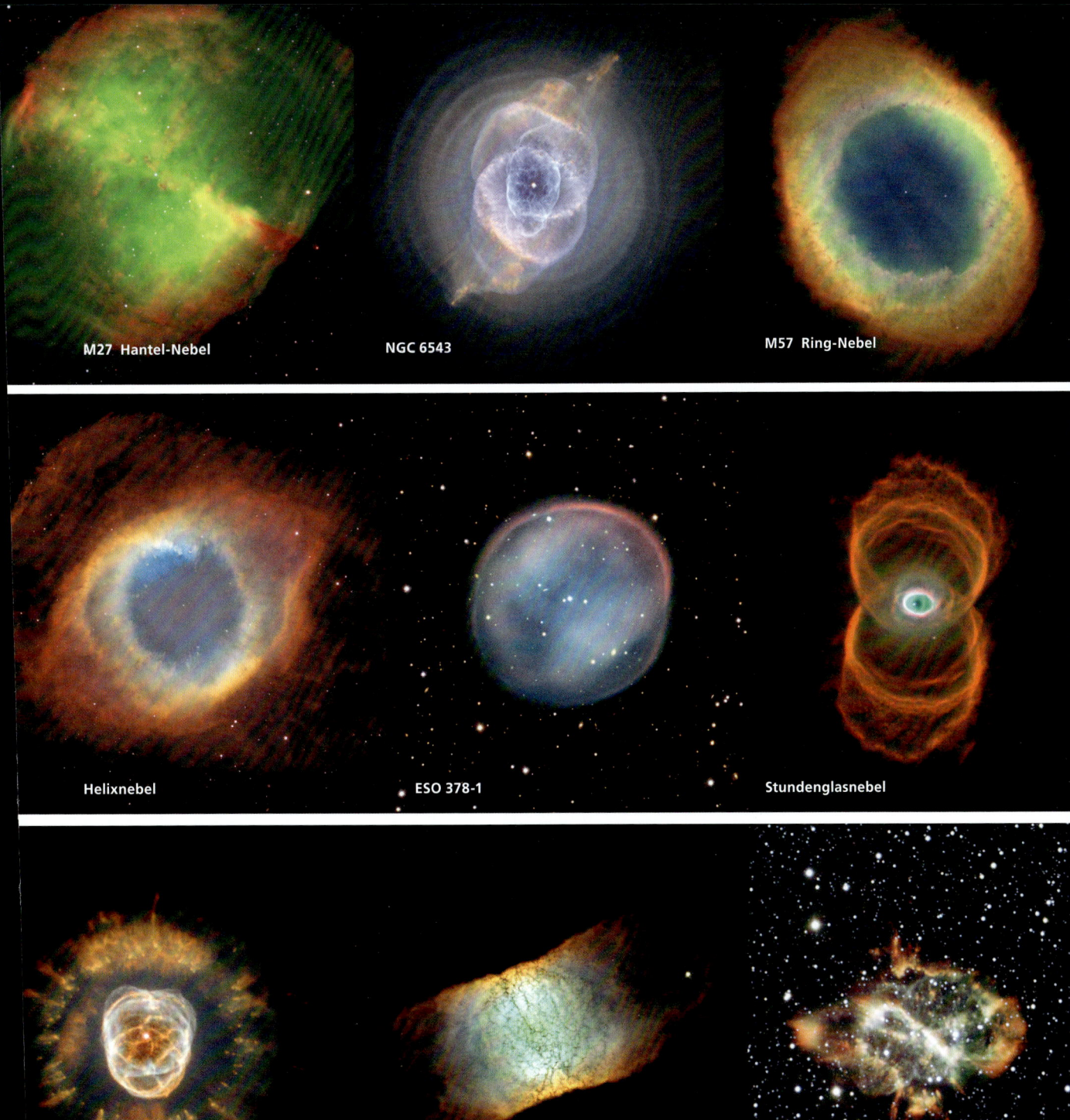

Planetarische Nebel treten in vielen Formen und Farben auf.

dieser eigentlich einleuchtenden Theorie scheint der Formen- und Farbenreichtum der Planetarischen Nebel zu passen. Sie sind nicht immer kreisrund, manche sogar richtig langgestreckt und mit vielen Unregelmäßigkeiten ausgestattet. Die Gründe dafür sind noch nicht vollständig verstanden, aber oft entstehen diese Nebel in einem Doppelsternsystem, so dass der zweite Stern die kugelsymmetrische Form der abgestoßenen Gashüllen beeinflusst. Auch Staubscheiben oder gar Planeten um den Stern können die gleichmäßige Ausbreitung der Gase nach allen Richtungen einschränken.

SUPERNOVAE
— Explosionen im All

Sterne leben nicht ewig – die besonders massereichen treten mit einem großen „Knall" von der Bühne ab. An vielen Orten in der Milchstraße finden sich Reste solcher Sternexplosionen. Bei manchen kann der ehemalige Stern nachgewiesen werden.

Als Charles Messier Mitte des 18. Jahrhunderts seinen Katalog nebliger Himmelsobjekte veröffentlichte, ahnte er nicht, welch besonderes Objekt sich hinter seinem ersten Eintrag „M 1" verbirgt. Erst im 20. Jahrhundert konnte durch die Analyse von Aufnahmen des Nebels, die im Abstand mehrerer Jahre gemacht wurden, die Expansion der stark zerfaserten Nebelstrukturen nachgewiesen werden. Demnach muss dieser Nebel ungefähr im 11. Jahrhundert entstanden sein und dehnt sich heute noch mit rund 1000 km/s aus. Dazu passend findet sich in Aufzeichnungen chinesischer Astronomen die Beobachtung eines „Gaststerns", der im Jahr 1054 plötzlich am Himmel aufleuchtete, für mehrere Wochen sogar am Taghimmel zu sehen war und erst nach Monaten wieder zu verblassen begann. Auch Tycho Brahe (bekannt für seine exakten Positionsbestimmungen von Planeten, aufgrund derer Johannes Kepler seine drei Gesetze ableitete) beobachtete im Jahr 1572 im Sternbild Kassiopeia einen neuen Stern, ebenso Johannes Kepler 1604 einen anderen im Sternbild Schlangenträger. Die große Helligkeit dieser Objekte brachte ihnen den Namen „Supernova" ein, was übersetzt eigentlich so viel wie „besonders neuer Stern" bedeutet. Um neugeborene Sterne handelt es sich allerdings

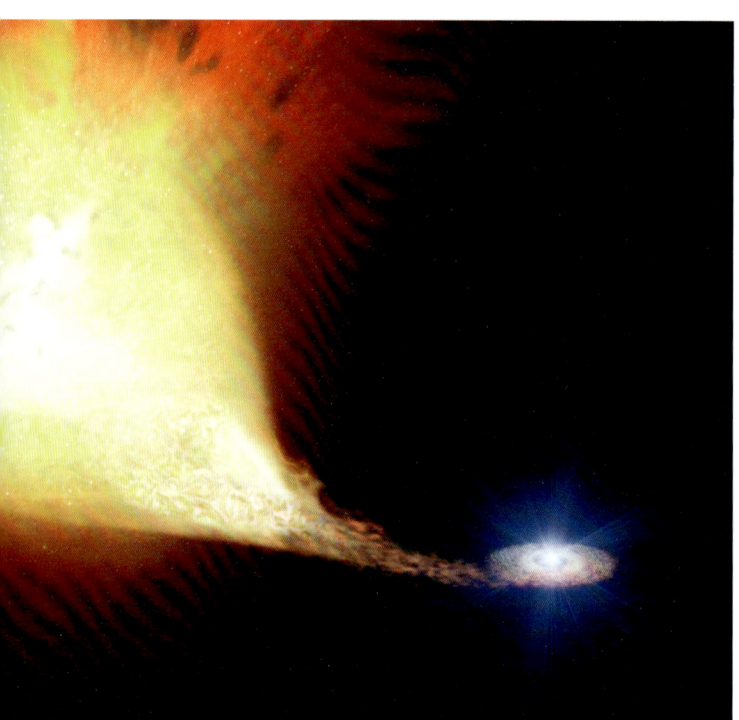

So kann es in einem Doppelsternsystem zu einer Supernova kommen: Der kompakte Weiße Zwerg entreißt seinem Begleitstern Materie, die sich in einer Scheibe um den Zwerg ansammelt. Wenn genügend Materie vorhanden ist, kommt es zur Explosion.

Der Krabbennebel M 1 ist der heute noch sichtbare Rest einer Supernova, die im Jahr 1054 von chinesischen Astronomen beobachtet wurde. In ihm befindet sich ein Neutronenstern, der 30-mal pro Sekunde aufblitzt.

nicht, vielmehr stellt eine Supernova-Explosion das dramatische Ende eines alten Sterns dar.

SCHWERE JUNGS MIT KURZEM LEBEN

Für den Lebensweg der Sterne gilt „die Masse macht's" – je massereicher („schwerer") ein Stern ist, desto schneller verbraucht er seinen Brennstoff und desto intensiver laufen die Kernfusionsprozesse in seinem Inneren ab. Unsere Sonne hat mit 10 Milliarden Jahren ein langes Leben, bereits Sterne mit der dreifachen Sonnenmasse streben nach nur 200 Millionen Jahren ihrem Ende entgegen, und bei solchen ab zehn Sonnenmassen ist schon nach 20 Millionen Jahren der Ofen aus.

In massereichen Sternen wird alles Material zu schwereren Elementen fusioniert, so lange bei diesem Prozess noch Energie zu gewinnen ist. Es entstehen erst Helium, Kohlenstoff, Sauerstoff, Neon, Silizium und schließlich Eisen. Wie Zwiebelschalen legen sich die Brennzonen um den Eisenkern, bis dieser – recht plötzlich – seine Energieproduktion einstellt, denn um schwerere Elemente als Eisen zu erzeugen, müsste nun Energie zugeführt werden. Die Energieproduktion hat gestoppt, die Schwerkraft übernimmt die Kontrolle und lässt die äußeren Schalen auf den Eisenkern stürzen: Das überlebt der Stern nicht, mit einem einzigartigen Schauspiel explodiert er und schleudert dabei seine verbrauchten Gasreste in den Weltraum. Das Feuerwerk wird als Supernova sichtbar, die heller strahlt als alle Sterne der Milchstraße zusammen! Übrigens können nur bei Supernovaexplosionen Elemente schwerer als Eisen entstehen, zum Beispiel Silber oder Gold.

DER KLEINE REST DER GROSSEN SHOW

Durch Zufall entdeckte im Jahr 1967 Jocelyn Bell einen periodischen Radiopuls im Weltraum. Zuerst dachte man tatsächlich, bei dem alle 1,33 Sekunden aufblitzenden Signal handele es sich um eine Botschaft Außerirdischer. Doch es wurden weitere „Funkfeuer" dieser Art aufgespürt, so auch 1968 im Supernova-Überrest M 1 im Sternbild Stier. Bald war klar, dass es sich nicht um die geheimen Botschaften ferner Zivilisationen handelte, sondern man einem im Jahr 1938 theoretisch vorhergesagten Phänomen auf der Spur war: den Neutronensternen.

Beim Einsturz der äußeren Gasschalen auf den kompakten Eisenkern während einer Supernova quetscht die Gravitation die Kernteilchen so stark zusammen, dass Elektronen und Protonen sich zu

👉 DIE SUPERNOVA VON 1987

Zum Leidwesen der Forscher ist seit 1604 keine Supernova in unserer eigenen Milchstraße aufgetaucht. In weit entfernten Galaxien dagegen werden jedes Jahr einige Supernovae entdeckt, die für eingehende Untersuchungen aber zu lichtschwach sind. Umso größer war die Sensation, als im Februar 1987 in unserer Nachbargalaxie, der Großen Magellanschen Wolke, plötzlich ein helles Objekt auftauchte: eine Supernova! Sie war trotz ihrer Entfernung so hell, dass man sie für einige Wochen mit bloßem Auge sehen konnte. Jahre nach dem Ereignis konnte das Hubble-Teleskop bereits schalenförmige Strukturen um den Rest der Supernova nachweisen, die im Laufe der Zeit immer größer werden (Aufnahme von 2011).

Neutronen vereinigen. Es entsteht ein „Brei" aus Neutronen, der so dicht gepackt ist wie ein Atomkern und von dem eine reiskorngroße Menge auf der Erde Millionen Tonnen wiegen würde. Dieser Neutronenstern ist der kleine, extrem kompakte Rest des ehemaligen Sterns. Die zweifache Sonnenmasse wäre hier in einer Kugel von ca. 30 km Durchmesser komprimiert.

Neutronensterne nehmen die ursprüngliche Rotation des Sterns mit, man sagt, der Drehimpuls bleibt erhalten. Aufgrund ihrer winzigen Größe drehen sie sich dann aber sehr schnell, manche schaffen mehrere Umdrehungen pro Sekunde. Extrem starke Magnetfelder lassen Strahlung nur in zwei scharfen Bündeln entweichen, die von der Erde aus gesehen wie ein Leuchtturm aufblitzen. Man nennt diese Objekte daher auch Pulsare, sie können hauptsächlich im Radiobereich beobachtet werden; mittlerweile sind rund 1000 Pulsare in der Milchstraße bekannt.

KUGELSTERNHAUFEN
— Gemeinschaft mit hohem Alter

Um die Milchstraßenebene kreisen sehr kompakte Sternhaufen, die nach ihrem optischen Erscheinungsbild Kugelsternhaufen genannt werden. Sie enthalten zehntausende Sterne und gehören zu den ältesten Objekten im Universum.

In Bereich unserer Milchstraße sind rund 150 Kugelsternhaufen bekannt. Das hellste Exemplar am Nordhimmel ist M 13, der Kugelsternhaufen im Sternbild Herkules. An Glanz übertroffen wird M 13 aber von den Objekten am Südhimmel, vor allem von Omega Centauri, dem hellsten Kugelsternhaufen am irdischen Himmel. Sein Name weist schon darauf hin, dass man ihn früher für einen Stern hielt und daher mit einem griechischen Buchstaben katalogisierte.

Harlow Shapley fiel Anfang des 20. Jahrhunderts auf, dass die Kugelsternhaufen nicht gleichmäßig am Himmel verteilt sind. Er zog daraus den richtigen Schluss: Unsere Sonne befindet sich nicht im Zentrum der Milchstraße, sondern weit abgelegen in einem äußeren Spiralarm. Auch bei anderen Galaxien wurden Kugelsternhaufen entdeckt, so bei unserer Nachbargalaxie, dem Andromeda-Nebel, über 200 Exemplare.

WAS KUGELSTERNHAUFEN WIRKLICH SIND

Die kompakten Objekte haben Durchmesser von ca. 100 Lichtjahren und enthalten im Schnitt 100.000 einzelne Sterne. Der Abstand der Sterne

1

Das Universum der Sterne — Kugelsternhaufen

untereinander ist viel geringer als in der Milchstraße, die Sterndichte gut 1000-mal so groß wie in der Sonnenumgebung. Auf weiten, elliptischen Bahnen umrunden die Kugelsternhaufen das Milchstraßenzentrum, von dem sie sich bis zu 300.000 Lichtjahre weit entfernen können. Kugelsternhaufen sind damit die entferntesten Objekte unserer Milchstraße, die man beobachten kann. Der Sternhaufen im Herkules (M 13) ist beispielsweise 23.000 Lichtjahre weit von uns entfernt. Der kugelförmige Raum, in dem die Kugelsternhaufen ihre Bahnen ziehen, wird Halo der Milchstraße genannt.

Zur Entfernungsbestimmung von Kugelsternhaufen benutzt man sogenannte RR-Lyrae-Sterne (also Sterne nach dem Vorbild des Sterns RR im Sternbild Lyra, der Leier). Ähnlich den Cepheiden besteht bei diesen Sternen ein direkter Zusammenhang zwischen ihrer Lichtwechselperiode und ihrer wahren Helligkeit. So kann man durch den Vergleich der Lichtkurve mit der scheinbaren Helligkeit auf die Entfernung des Sterns und damit des ganzen Kugelsternhaufens schließen.

Genauere Untersuchungen einzelner Sterne der Kugelhaufen zeigen eine deutliche Metallarmut. Als „Metalle" bezeichnen Astrophysiker alle Elemente schwerer als Helium, die nicht in Sternen der ersten Generation vorkommen können, da im jungen Universum nur Wasserstoff und Helium vorhanden waren. Alle anderen Elemente entstanden erst in den Fusionsöfen der Sterne, die das Material nach ihrem Ende wieder an das interstellare Medium abgegeben haben, aus dem später neue Sterne entstanden sind.

DIE ÄLTESTEN STERNE IM UNIVERSUM

Die Sterne der Kugelsternhaufen sind daher sehr alt, man geht von 10 bis 15 Milliarden Jahren aus – was im Extremfall dem Alter des ganzen Universums entspricht. Die kurzlebigen, massereichen Sterne sind in den Kugelhaufen schon lange verschwunden, heute bestehen sie nur noch aus masseärmeren Sternen, die eine entsprechend längere Lebensdauer haben. Neue Sterne entstehen dort schon lange nicht mehr.

Ihre kompakte Gestalt verdanken die Kugelhaufen der Gravitation, die einzelnen Sterne ziehen sich gegenseitig an und halten den Haufen so zusammen. Aufgrund der hohen Sterndichte kommt es aber immer wieder zu engen Begegnungen, bei denen Sterne so stark beschleunigt werden, dass sie aus dem Haufen herausfliegen – der Kugelhaufen löst sich langsam auf. Gleichzeitig wird dem Gesamtsystem dabei aber Energie entzogen, woraus eine stärkere Zusammenballung des Haufens resultiert, er heizt sich gewissermaßen auf, d. h. die Geschwindigkeit der einzelnen Sterne nimmt zu. Warum die Kugelsternhaufen sich auch nach Milliarden Jahren nicht entweder vollständig aufgelöst oder aber gänzlich zusammengezogen haben, ist den Forschern immer noch ein Rätsel. Offenbar laufen die Prozesse so langsam ab, dass sie den Kugelsternhaufen als Gesamtsystem nicht wesentlich beeinflussen.

---

01 Eine Million Sterne lassen Omega Centauri so hell leuchten, dass man ihn mit bloßem Auge sehen kann.

02 Kugelsternhaufen sind die ältesten Objekte im Universum. Sie umkreisen den Galaxienkern außerhalb der galaktischen Scheibe.

03 Im Zentrum eines Kugelsternhaufens stehen die Sterne 1000-mal dichter zusammen als in der Nachbarschaft der Sonne. Diese Aufnahme des Hubble-Weltraumteleskops zeigt die Zentralregion von M 22 (im Schützen) mit mehr als 83.000 Sternen. Der Durchmesser des Haufens beträgt ca. 60 Lichtjahre.

DIE MAGELLANSCHEN WOLKEN
— Begleiter der Milchstraße

Am südlichen Sternenhimmel sind mit bloßem Auge zwei große neblige Objekte zu sehen, die nach ihrem Entdecker „Magellansche Wolken" genannt werden. Dabei handelt es sich um zwei kleine Begleitgalaxien unserer Milchstraße.

Bei seinen Reisen in südliche Gefilde fielen dem portugiesischen Weltumsegler Fernao de Magellan zwei Wölkchen am Himmel auf, die ihren Ort zu den Sternen nicht veränderten und in jeder klaren Nacht zu sehen waren. Er beschrieb sie Anfang des 16. Jahrhunderts detailliert in seinen Reiseberichten, so dass sie später den Namen „Magellansche Wolken" erhielten, obwohl sie mit irdischen Wolken nichts zu tun haben.

☞ DER MAGELLANSCHE STROM

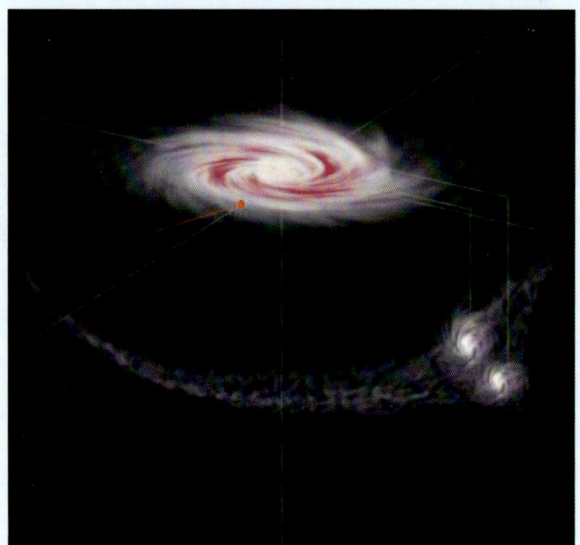

Mit Radioteleskopen kann am Himmel ein gut 90° langes Band beobachtet werden, das aus neutralem Wasserstoff besteht. Das eine Ende dieses als „Magellanscher Strom" bezeichneten Gebildes ist mit den Magellanschen Wolken verknüpft. Wahrscheinlich sind Gezeitenkräfte unserer Milchstraße auf die Magellanschen Wolken für die Entstehung dieses Wasserstoffbandes verantwortlich. Möglicherweise werden LMC und SMC in den kommenden Jahrmillionen vollständig von unserer Galaxis zerrieben.

Die Große Magellansche Wolke (oft als „LMC" für Large Magellanic Cloud abgekürzt) steht nur 20° vom südlichen Himmelspol entfernt im Sternbild Doradus. Die Kleine Magellansche Wolke („SMC" für Small Magellanic Cloud) befindet sich im Sternbild Tukan mit ähnlichem Abstand zum Südpol des Himmels. Man kann sie bereits von äquatornahen Breiten aus sehen (dann im November/Dezember knapp über dem südlichen Horizont), besser aber von der südlichen Halbkugel der Erde. Die Entfernungen der Magellanschen Wolken sind noch nicht mit absoluter Sicherheit bekannt, man geht heute von 170.000 Lichtjahren für die LMC und von 200.000 LJ für die SMC aus. Sicher ist aber, dass es sich bei den beiden „Wolken" um kleine Galaxien handelt, die sich in unmittelbarer Nähe zu unserer eigenen Galaxis, der Milchstraße, befinden und mit dieser durch feine Wasserstoffbrücken verbunden sind.

DIE GROSSE MAGELLANSCHE WOLKE

Die LMC ist sowohl am Himmel als auch in Wirklichkeit das größere Objekt. Ihr Durchmesser beträgt etwas über 20.000 Lichtjahre, sie besteht aus ca. zehn Milliarden Sonnenmassen.
Auffällig sind große, rot leuchtende Sternentstehungsgebiete, allein im Tarantelnebel werden über 100.000 junge Sterne vermutet. Die LMC ist einige Milliarden Jahre alt und von ihrer Morphologie her ein irreguläres System mit den Anzeichen einer Balkenspiralgalaxie. Ausgeprägte Spiralarme besitzt sie nicht. Zusammen mit der Kleinen Magellanschen Wolke zieht die LMC in einer weiten Ellipsenbahn um unsere Milchstraße und wird von dieser durch Gezeitenkräfte zunehmend zerrieben. Ab dem 23. Februar 1987 stand die LMC für mehrere Monate im Rampenlicht: Damals flammte dort eine Supernova auf, die als erste ihrer Art mit den Techniken moderner Astrophysik „aus der Nähe" untersucht werden konnte.

DIE KLEINE MAGELLANSCHE WOLKE

Die SMC ist mit rund 10.000 Lichtjahren Durchmesser nur halb so groß wie ihre große Schwester. Deutlich geringer ist auch die Sternanzahl in der SMC, man spricht von rund zwei Milliarden Sonnenmassen. Die SMC ist eine eindeutig irreguläre Galaxie, die keinerlei Anzeichen einer Spiralstruktur erkennen lässt.

In der Kleinen Magellanschen Wolke wurden 1912 von der amerikanischen Astronomin Henrietta Swan Leavitt erstmals in einem extragalaktischen System die Cepheiden-Veränderlichen nachgewiesen. Aus dem Zusammenhang zwischen Lichtwechsel und absoluter Helligkeit dieser Sterne konnte man auf ihre Entfernung schließen und damit extragalaktische Distanzen überbrücken.

In der großen Magellanschen Wolke sind viele rot leuchtende Sternentstehungsgebiete zu sehen, vor allem der Tarantelnebel (links der Mitte).

Die kleine Magellansche Wolke, aufglöst in einzelne Sterne, aufgenommen im Infrarotlicht. Rechts zeigt sich noch der Kugelsternhaufen 47 Tucanae.

Die beiden Magellanschen Wolken sind Begleiter der Milchstraße und auf der Südhalbkugel mit bloßem Auge zu sehen (im Bild links).

GALAXIEN UND DER URKNALL

— Struktur und Entwicklung des Universums

Galaxien ohne Ende. Das „Hubble Ultra Deep Field" ist der tiefste Blick ins All. Das Bild zeigt über 10.000 Galaxien, die kleinen roten sind am weitesten entfernt.

GALAXIEN
— *die Welteninseln*

Neben unserer Milchstraße gibt es viele andere Galaxien im Universum. Sie sind Millionen Lichtjahre von uns entfernt, jede von ihnen besteht aus Milliarden einzelner Sterne. Eine davon kann man mit bloßem Auge sehen: den Andromeda-Nebel.

Der Begriff „Galaxie" stammt aus dem Griechischen und bedeutet übersetzt „Milchstraße". Über die Existenz anderer Milchstraßen konnte lange Zeit nur spekuliert werden. Zwar sprachen bereits Immanuel Kant und Alexander von Humboldt Ende des 18. Jahrhunderts von fernen Welteninseln im All, aber erst durch den Einsatz des 2,5-m-Spiegelteleskops auf dem Mt. Wilson in den 1920er-Jahren gelang es Edwin Hubble, einen der Nebel in Einzelsterne aufzulösen.

Die Andromeda-Galaxie ist unser Nachbar im All. Sie ist rund drei Millionen Lichtjahre entfernt und wenig größer als unsere Heimatgal... Beide Galaxien bewegen sich langfristig aufeinander zu.

Galaxien und der Urknall — Galaxien

Hubble fand im Andromeda-Nebel einige der Cepheiden-Veränderliche und bestimmte mit ihnen die Entfernung des Nebels zu 800.000 Lichtjahren. Dieser Wert war zwar zu klein, aber eindeutig so groß, dass der „Nebel" kein Objekt unserer eigenen Milchstraße sein kann. Heute weiß man, dass die Andromeda-Galaxie rund drei Millionen Lichtjahre weit entfernt liegt.

In den Jahren danach wurde rasch klar, dass es sich bei vielen der bis dahin nur als Nebel bekannten Objekte um Galaxien handeln muss. Zahlreiche von ihnen weisen eine Spiralstruktur auf, aber es wurden auch Exemplare mit elliptischer oder unregelmäßiger Form gefunden. Hubble entwarf ein Diagramm, das die Galaxien nach deren Erscheinungsbild ordnet. Es ist gut zur Übersicht geeignet, gibt aber nicht eine zeitliche Entwicklung der Galaxien wieder.

UNTERSCHIEDLICHE GALAXIENTYPEN

Viele Galaxien weisen Spiralform auf, die je nach Blickwinkel ein anderes Bild abgeben. Meist zeigt sich ein dunkles Staubband in der Ebene des Scheibengebildes, Sternentstehungsgebiete in den Spiralarmen leuchtenden rot, die Spiralarme winden sich um das Zentrum. Eine Variante der Spiralgalaxien sind die Balkenspiralen, die einen ausgeprägten Balken zeigen, an dessen Enden die Spiralarme ansetzen. Zu ihnen gehört auch die Milchstraße. Keine Spiralstruktur findet sich bei den elliptischen Galaxien, die mit zunehmender Abplattung als E0 bis E7 bezeichnet werden. Sie machen nur rund 15 % der beobachteten Galaxien aus, ihr wahrer Anteil dürfte aber über 50 % betragen. Elliptische Galaxien sind oft sehr massereich und alt. Man vermutet, dass eine große elliptische Galaxie durch die Verschmel-

Die Strudelgalaxie im Sternbild Jagdhunde mit der Katalognummer M 51 ist ein Musterbeispiel für eine Galaxie mit ausgeprägten Spiralarmen. Ihr „Anhängsel" ist eine Zwerggalaxie.

Die Galaxie NGC 1365 im Sternbild Chemischer Ofen ist das Musterbeispiel einer Balkenspiralgalaxie.

Zwerggalaxien sind meist Begleiter von großen Galaxien und haben eine unregelmäßige Form.

Auch der „Sombreronebel" M 104 ist eine Spiralgalaxie, die wir von der Seite sehen. Dadurch wird das dunkle Staubband deutlich.

Die Galaxie NGC 4565 sehen wir exakt von der Seite, ihr Staubband teilt sie scheinbar in zwei Teile.

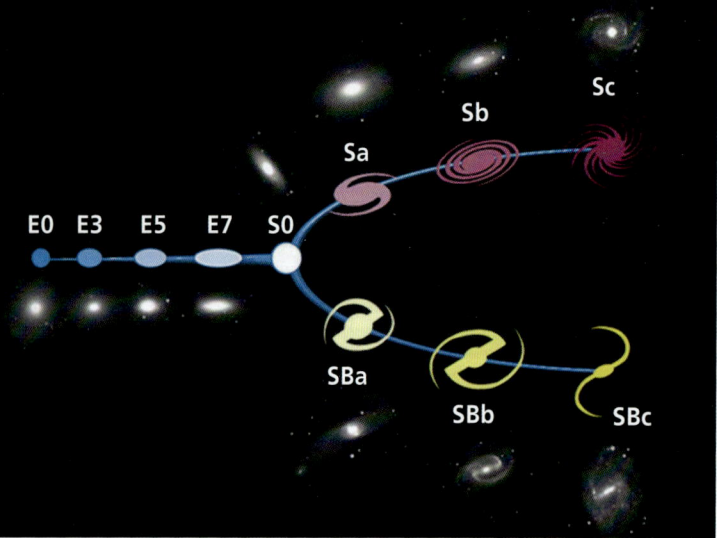

Das Hubble-Diagramm der Galaxien ist gut zur Übersicht, gibt aber nicht die Entwicklung der Galaxien wieder.

zung von Spiralgalaxien entstanden ist. Durch die gegenseitige Durchmischung sind deren Spiralstrukturen dabei völlig verloren gegangen.

Eine bisher unterschätzte Gruppe bilden die irregulären Systeme, die keine Spiral- oder Ellipsenform aufweisen. Sie sind lichtschwach und daher schwer zu entdecken. Bei vielen von ihnen handelt es sich um Zwerggalaxien, Ihr tatsächlicher Anteil dürfte bei 25 % liegen.

Je tiefer man in den Weltraum blickt, desto mehr Galaxien werden sichtbar. Um ihre Entfernung zu bestimmen, behilft man sich mit indirekten Methoden, zu deren Eichung das Hubble-Teleskop in den Weltraum geschickt wurde. Auch die Massenbestimmung der Galaxien ist schwierig, denn ihr leuchtender Anteil ist viel geringer als die Gesamtmasse einer Galaxie. Aus was diese unsichtbare „Dunkle Materie" besteht, ist ein Rätsel.

Die elliptische Galaxie Centaurus A im Südsternbild Zentaur. Von ihr wird auch starke Radiostrahlung empfangen.

Die „Mäusegalaxien" haben sich gegenseitig durchdrungen und werden irgendwann miteinander verschmelzen.

GALAXIENHAUFEN
— *Strukturen im Kosmos*

Galaxien ballen sich zu Haufen zusammen, die sich wiederum zu Superhaufen gruppieren. Auch unsere Milchstraße gehört zu einem Galaxienhaufen, der Lokalen Gruppe. Alle Galaxien ordnen sich zu Filamenten, die das ganze Universum durchziehen.

Unsere Milchstraße gehört zusammen mit der Andromeda-Galaxie und der Triangulum-Galaxie zur sogenannten Lokalen Gruppe. Diese Ansammlung von Galaxien hat etwa 30 Mitglieder, die sich in einem Raumbereich von rund vier Millionen Lichtjahren versammeln. In Richtung des Sternbildes Jungfrau (lat.: Virgo) können Dutzende Galaxien auf engem Raum beobachtet werden. Sie gehören zum Virgo-Haufen, der viel größer ist als die Lokale Gruppe und etwa 2000 einzelne Galaxien zählt. Zusammen mit anderen Galaxienhaufen bilden die Lokale Gruppe und der Virgo-Haufen den Virgo-Superhaufen, dessen Zentrum in einer Entfernung von 36 Mio. LJ vermutet wird.

Diese fünf Galaxien sind unter dem Namen Stephans Quintett bekannt. Vier davon sind räumlich benachbart, die blaue Galaxie links oben steht uns näher als die anderen.

Der Virgo-Galaxienhaufen ist zusammen mit den Galaxien der Lokalen Gruppe ein Teil des Virgo-Superhaufens und ca. 60 Mio. Lichtjahre von uns entfernt.

Auch an anderen Stellen des Himmels wurden Galaxienhaufen gefunden, die zum Teil deutlich weiter entfernt sind. Offenbar gibt es keine Galaxie, die unabhängig von anderen durchs Weltall schwirrt. Alle Galaxien werden durch die Kraft der Gravitation zusammengehalten und bilden Gruppen, Haufen und Superhaufen.

DAS SEIFENBLASEN-UNIVERSUM

Je umfangreicher die Datenkataloge der Galaxien wurden, desto mehr drängte sich ein unerwartetes Bild der großräumigen Galaxienstruktur auf. Bereits Mitte der 1980er-Jahre konnte durch die dreidimensionale Anordnung von rund 20.000 Galaxien eine feine, faserartige Struktur der Galaxienhaufen festgestellt werden. Im Jahr 2002 wurde das Mammutprojekt des 2dF-Surveys fertiggestellt, bei dem rund 250.000 Galaxien vermessen wurden. Demnach bilden die Galaxien netzartige Muster im Universum, einzelne Galaxien und ihre Haufen kommen nur an den Wänden und Fasern vor, die durch schier endlose Leerräume voneinander getrennt sind. Auch Computersimulationen kommen zu einem ähnlichen Ergebnis, wonach sich Galaxien an membranartigen Wänden zusammenballen. Man gewinnt den Eindruck, das Universums sicht wie Seifenschaum aus, dessen dünne Seifenblasenwände durch Anhäufungen von Galaxien gebildet werden.

Diese Strukturen sind ein Relikt von der Entstehung des Universums, denn nach dem Urknall hat sich die Materie nicht gleichmäßig verteilt. Die von Satelliten gemessenen Dichteschwankungen der kosmischen Hintergrundstrahlung lassen darauf schließen. Die uns bekannte Materie steht unter dem Schwerkrafteinfluss der Dunklen Materie, sie sorgt für lokale Verklumpung und damit die Bildung von Galaxien.

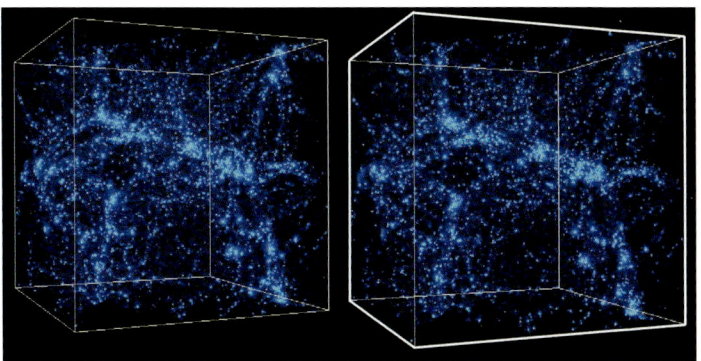

Mit einer Computersimulation konnte die Struktur des Universums nachgebildet werden. Galaxien sind in den blauen Gebieten entstanden.

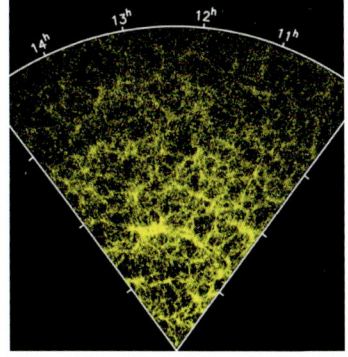

Der 2dF-Survey zeigt die tatsächliche Verteilung der Galaxien im Weltall.

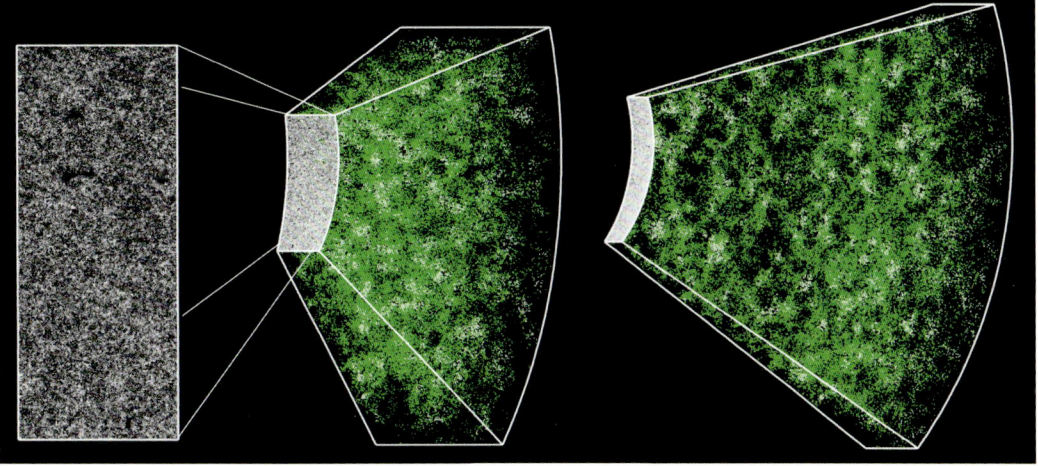

Im Rahmen der BOSS-Durchmusterung wurden über eine Million Galaxien vermessen. Wie in der Simulation bilden sie fein verzweigte Strukturen im Universum.

QUASARE
— *Energiemonster im All*

Sie leuchten am Himmel sehr schwach und sind doch die hellsten Objekte des Universums: Quasare senden unglaubliche Energiemengen aus. Ihre Strahlung entsteht in den Zentren von jungen, weit entfernten Galaxien, wo ein Schwarzes Loch sein Unwesen treibt.

Um Quasare im Detail zu erforschen, sind sie viel zu weit entfernt. Diese Zeichnung stellt dar, wie das Schwarze Loch im Zentrum einer Galaxie gigantische Jets verursacht.

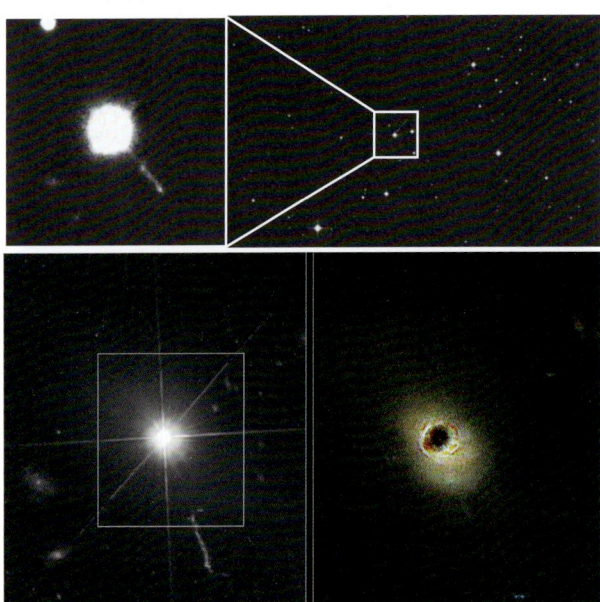

Die Radioquelle 3C 273 ist der am hellsten leuchtende Quasar am irdischen Himmel. Im Teleskop erscheint er als schwacher Stern (oben rechts), Detailaufnahmen zeigen einen Jet, den der Quasar ausstößt. Das Hubble-Teleskop hat seine Galaxie nachgewiesen (unten rechts).

Der Begriff „Quasar" ist die Abkürzung für „Quasistellare Radioquelle". Anfang der 1960er-Jahre wurden mit Radioteleskopen punktförmige Radioquellen entdeckt, die man später lichtschwachen Sternen auf fotografischen Aufnahmen zuordnen konnte. Einer der erstentdeckten Quasare war 3C 273 (das Objekt Nr. 273 im 3. Cambridger Katalog der Radioquellen), ein schwaches Sternchen im Sternbild Jungfrau. Die Spektren der Quasare gaben zuerst Rätsel auf, denn ihr Linienmuster ließ sich nicht mit den bis dahin bekannten Spektrallinien zur Deckung bringen.

Dem niederländischen Astronom Maarten Schmidt gelang es 1963, die Spektren richtig zu deuten: Man sieht dort Linien des ultravioletten Lichts, das Spektrum ist insgesamt stark in Richtung des roten Spektralbereichs verschoben. Je größer die Rotverschiebung eines Objekts, desto weiter ist es von uns entfernt. Für den Quasar 3C 273 ergab sich somit ein Wert von 2,5 Milliarden Lichtjahren – dieses Objekt war also weiter entfernt als die bisher bekannten Galaxien und musste in

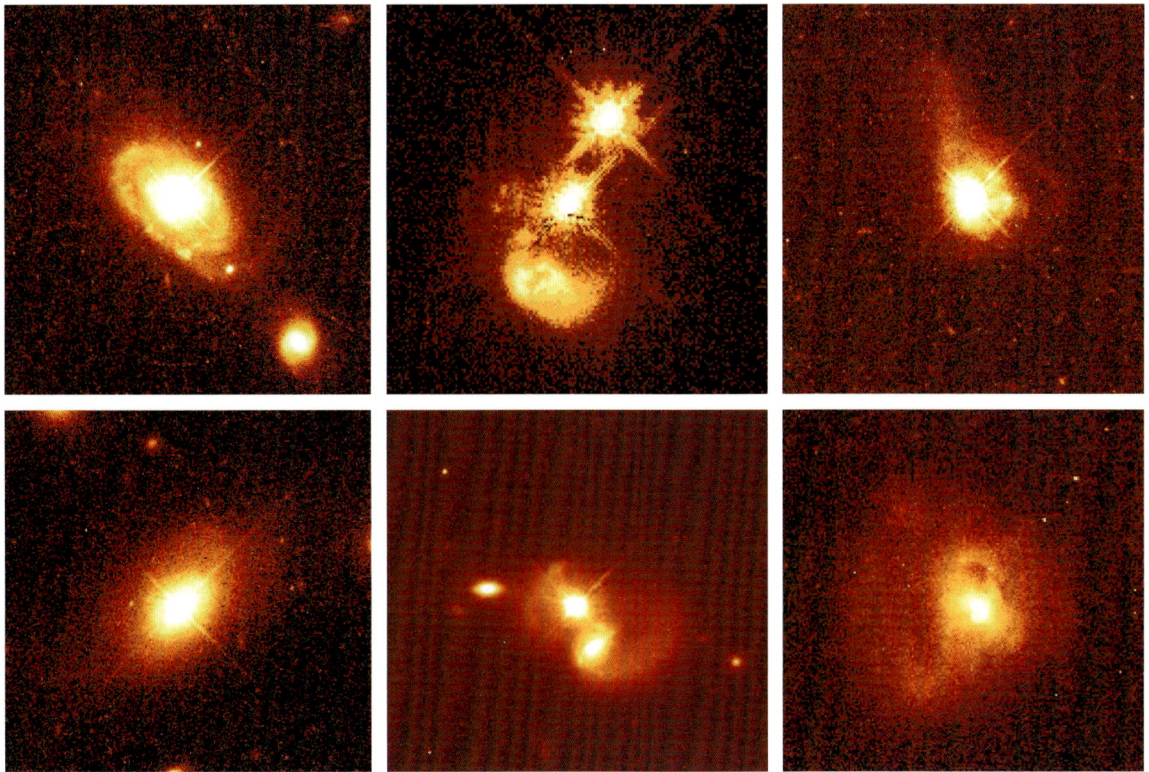

Das Hubble-Weltraumteleskop wies die schwachen „Host-Galaxien" um Quasare nach, in deren Zentren sich punktförmige Energiequellen befinden.

Wirklichkeit extrem hell leuchten, um bei uns am Himmel überhaupt noch sichtbar zu sein!

BLICK AN DEN RAND DES UNIVERSUMS

Mittlerweile wurden rund 2000 Quasare entdeckt. Die größten gemessenen Rotverschiebungen deuten auf Fluchtgeschwindigkeiten von 90 % der Lichtgeschwindigkeit hin. Ein Quasar leuchtet im Schnitt so hell wie 100 Galaxien zusammen, einige verändern ihre Helligkeit im Zeitraum von Wochen oder Monaten – woraus sich ableiten lässt, dass Quasare sehr kompakte Objekte sein müssen. Wäre ein Quasar nur einige Dutzend Lichtjahre von uns entfernt, so würde er am Himmel so hell wie unsere Sonne leuchten.

Die entferntesten Quasare bilden gleichzeitig den Rand des für uns sichtbaren Universums. Sie stehen 14 Milliarden Lichtjahre von uns entfernt, ihr Licht erreicht uns daher aus einer Zeit, als der Kosmos noch sehr jung war. Mit dem Hubble-Weltraumteleskop konnten erstmals schwache Galaxienstrukturen um einige Quasare nachgewiesen werden.

JUNGE GALAXIEN MIT SCHWARZEM LOCH

Im Zentrum eines Quasars muss sich ein supermassereiches Objekt befinden, das ständig Materie aus seiner Umgebung aufsaugt. Beim Sturz der Materie werden bis zu 10 % nach der Einsteinformel $E = mc^2$ direkt in Energie verwandelt. Theoretisch kann es sich bei der Zentralmasse auch um einen riesigen Stern handeln, aber Modellrechnungen legen nahe, dass nur ein Schwarzes Loch zur Erzeugung dieser riesigen Energiemengen in Frage kommt.

Um das Schwarze Loch rotiert eine flache, gigantisch große Akkretionsscheibe (bis zu 10.000 Lichtjahre im Durchmesser), die das Schwarze Loch füttert. Magnetfelder zwingen die beim Sturz auf das Schwarze Loch freigewordene Energie in zwei Bündel (sogenannte Jets), die senkrecht zur Scheibe ins Weltall schießen.

Wahrscheinlich hat jede Galaxie in ihrem Leben einmal das Quasarstadium durchgemacht. Wenn das zentrale Schwarze Loch die Materie in seiner Umgebung aufgesaugt hat, erlischt es. Es sind auch sogenannte aktive Galaxien bekannt, die vermutlich das Übergangsstadium vom Quasar zur normalen Galaxie darstellen.

Auch im Zentrum der Milchstraße wird ein Schwarzes Loch vermutet, dem schon vor langer Zeit der Materienachschub ausging und das seitdem schweigt. In seiner Nähe wurden Sterne beobachtet, die das Schwarze Loch umkreisen.

DIE RÄTSEL DES UNIVERSUMS
— *Vom Urknall bis zur Ewigkeit*

Das All ist im Griff der Gravitation. Sie hält die Sterne zusammen, bildet Galaxien, krümmt den Weltraum. Aber es muss viel mehr Materie geben, als wir sehen können. Dagegen treibt eine unbekannte Kraft das Weltall immer schneller auseinander.

Zu den merkwürdigsten Erscheinungen im Universum gehören die Schwarzen Löcher, doch ihre Existenz war lange Zeit graue Theorie. Ein Schwarzes Loch kann entstehen, wenn ein Stern mit viel Materie am Ende seines Daseins als Supernova explodiert. Sterne mit Resten leichter als drei Sonnenmassen hinterlassen einen Neutronenstern, der als blinkender Pulsar am Himmel beobachtet werden kann. Oberhalb von drei Sonnenmassen kann der kompakte Neutronenbrei den Sternrest nicht mehr stabil halten, er stürzt vollends in sich zusammen. Nicht einmal Licht kann diesem ultrakompakten Objekt entkommen, ein Schwarzes Loch ist daher unsichtbar.

Schwarze Löcher sieht man nicht, aber sie haben großen Einfluss auf ihre Umgebung. Ist das Schwarze Loch in einem Doppelsternsystem entstanden, so entreißt es seinem Partnerstern Materie, die auf spiralförmigen Bahnen in das Schwarze Loch stürzt. Dabei entsteht intensive Röntgenstrahlung, die von Weltraumteleskopen empfangen werden kann.

In den Zentren von Galaxien haben sich riesige, supermassereiche Schwarze Löcher gebildet, auch in unserer Milchstraße. Dessen enorme Schwerkraft lässt nahe Sterne gleichsam nach seiner Nase tanzen, sie bewegen sich auf wilden Bahnen um das dunkle Zentrum.

Tief im Inneren dieses Strudels befindet sich ein unsichtbares Schwarzes Loch, das die umgebende Materie aufsaugt.

Galaxien und der Urknall — Die Rätsel des Universums

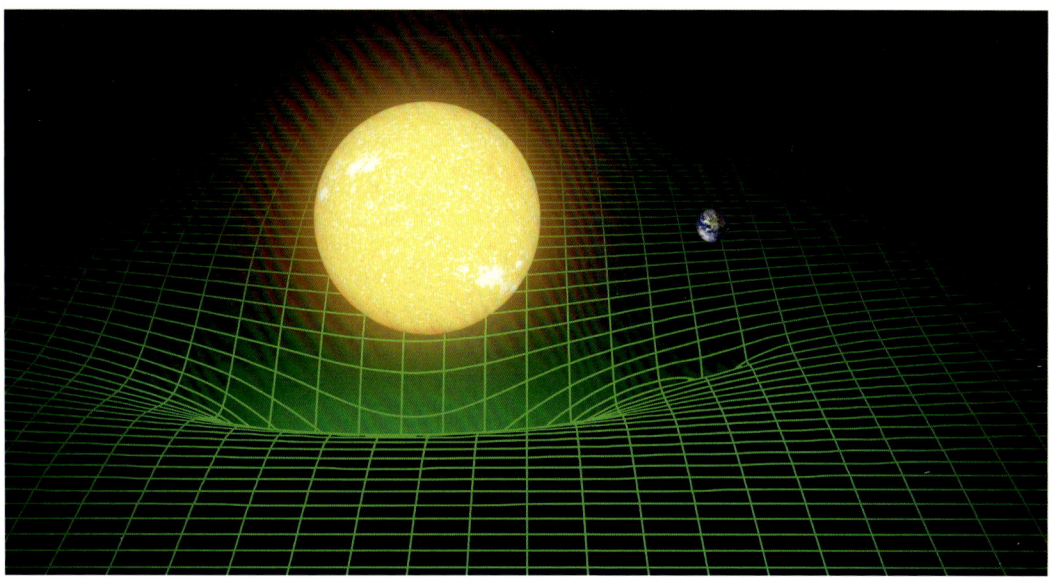

Massen krümmen den Raum, hier vereinfacht anhand von Sonne und Erde dargestellt.

Das „Einstein-Kreuz": Ein Quasar, dessen Licht von der Galaxie in der Mitte vervierfacht wird.

DER GEKRÜMMTE RAUM

Nach Albert Einstein beeinflussen sich der scheinbar unbeteiligte Raum und die in ihm vorhandene Materie gegenseitig. Die Materie krümmt den Raum, je mehr Masse zusammenkommt, desto stärker wird die Schwerkraft. Diese Theorie wurde im Jahr 1919 während einer totalen Sonnenfinsternis glänzend bestätigt: Sterne nahe der Sonne hatten leicht ihre Position verändert, da ihr Licht dem von der Sonne gekrümmten Raum folgt.

Den Einfluss der Materie auf den Raum kann man sich vereinfacht durch eine schwere Kugel auf einem Gummituch vorstellen: die Kugel erzeugt dort eine Delle. Ein Schwarzes Loch ist in diesem Bild die kleinste und schwerste Kugel, sie sinkt tief in das Gummituch ein. Ob Schwarze Löcher dabei eine „Singularität" erzeugen und damit ein Loch in den Raum reißen, ist aber mittlerweile umstritten.

Auch in größerem Maßstab kann die Raumkrümmung beobachtet werden. Rund um ferne Galaxien oder Galaxienhaufen zeigen sich Lichtbögen oder Mehrfachbilder von dahinter liegenden, weiter entfernten Galaxien. Hier spricht man von Gravitationslinsen, da das Licht wie von einer Glaslinse verzerrt und gebündelt wird. Die erste Gravitationslinse wurde 1979 entdeckt, indem sich ein scheinbar doppelter Quasar als zwei Bilder ein und desselben Quasars entpuppt hatte. Sein Licht wird von einer im Vordergrund stehenden Galaxie in zwei Teile aufgespalten.

Ein besonders schönes Beispiel für den Gravitationslinseneffekt ist ein Vierfach-Quasar im Sternbild Pegasus. Zu Ehren von Albert Einstein wird er „Einstein-Kreuz" genannt.

FEHLENDE MATERIE

Die faszinierenden Bilder des gekrümmten Lichts haben ein bereits bekanntes Problem verschärft: Im Weltall muss es weitaus mehr Materie geben, als wir beobachten können. Denn die Doppelbilder und Lichtbögen lassen auf die Masse des „linsenden" Objekts schließen, man kann so aus der Ferne ganze Galaxien wiegen. Einsteins Theorie gibt genau vor, wie viel Masse vorhanden sein muss, um die beobachtete Lichtkrümmung zu verursachen. Doch das Licht wird merklich stärker abgelenkt, als es die im Vordergrund stehenden Galaxien oder Galaxienhaufen bewirken sollten. Der Raum ist in dieser Region also stärker gekrümmt, als es die

Im Galaxienhaufen Abell 370 wurden zahlreiche bogenförmige Gravitationslinsen entdeckt. Die blaue Farbe stellt den Einfluss der indirekt bestimmten Dunkle Materie dar.

Ein kosmischer Smiley: die Masse der gelblichen Galaxien im Vordergrund krümmt den Raum und verzerrt so das Licht weiter entfernter Galaxien.

Masse der Galaxien erlaubt. Um dieses Phänomen zu erklären, gibt es zwei Möglichkeiten: entweder ist Einsteins Theorie doch nicht ganz richtig, oder es gibt dort große Mengen an unsichtbarer Materie. Da die Allgemeine Relativitätstheorie aber mit anderen Mitteln immer wieder überprüft und in jedem Fall bestätigt wurde, bleibt nur die zweite Möglichkeit: der größte Teil der Materie im Weltall ist unsichtbar, die uns bekannte Materie macht nur ein Sechstel von allem aus. Man gab ihr den etwas irreführenden Namen „Dunkle Materie", dabei ist sie gar nicht dunkel, denn Licht bleibt von ihr unbeeinflusst. Dunkle Materie ist in jeder Hinsicht unsichtbar, sie wirkt nur durch ihre Schwerkraft. Vielleicht haben wir zum Nachweis der Dunklen Materie einfach noch nicht die richtigen Messgeräte entwickelt.

SCHWINGUNGEN DER RAUMZEIT

Masse krümmt den Raum, was die oben beschriebenen Gravitationslinsen wunderbar zeigen. Beschleunigte Massen bringen den Raum sogar zum Schwingen, es entstehen Gravitationswellen. Auch sie wurden von Albert Einstein vorhergesagt, doch ihr Nachweis war und ist ungleich schwieriger als der der Gravitationslinsen.

Für Jahrzehnte war es nur möglich, die Existenz von Gravitationswellen auf indirektem Weg zu belegen. Ein berühmtes Beispiel dafür ist der Doppelpulsar PSR 1913+16 im Sternbild Adler. Pulsare sind rasch rotierende Neutronensterne. Ihre Strahlung wird durch Magnetfelder auf zwei Bündel fokussiert. Streicht eines der Bündel über die Erde, sehen wir den Pulsar wie einen kosmischen Leuchtturm aufblitzen (überwiegend im Bereich der Radiowellen).

Im Fall von PSR 1913+16 empfangen wir die Strahlung des einen Pulsars, der andere ist für uns unsichtbar. Die beiden umkreisen einander in rund acht Stunden. Und das immer schneller, wie Forscher nach jahrelanger Beobachtung herausgefunden haben. Bereits nach fünf Jahren hatte die Umlaufzeit um zwei Sekunden abgenommen. Die Neutronensterne kommen sich langsam näher, dabei geht Energie verloren, und dieser Energieverlust entspricht genau dem Betrag, der durch die Abstrahlung von Gravitationswellen zu erwarten war. Während die zwei Pulsare umeinander tanzen, bringen sie den Raum zum Swingen.

Doch dieses Schwingen durch Schwerkraft, also die Gravitationswellen, direkt zu messen, ließ weitere Jahrzehnte auf sich warten. Zuerst mussten Gravitationswellenteleskope entwickelt und gebaut werden. Man kann sie nicht mit „normalen" Teleskopen vergleichen. Um Gravitationswellen zu messen, muss man den nicht fassbaren Raum überwachen. Eigentlich braucht man dazu nur ein sehr genaues Metermaß, das ständig die Entfernung zwischen zwei Orten misst. Aber dieser Entfernungsmesser muss unglaublich kleine Abstände kontrollieren. Er wird durch minimale Erdbeben gestört, selbst entfernte Züge oder Autoverkehr würden das Gravitationswellensignal überlagern.

Ein Teleskop zur Beobachtung von Gravitationswellen hat zwei Arme, jeder von ihnen ist einige Kilometer lang. In den Armen befinden sich luft-

Galaxien und der Urknall — Die Rätsel des Universums

Der Gravitationswellendetektor LIGO in Hanford (USA) mit seinen zwei langen Mess-Armen.

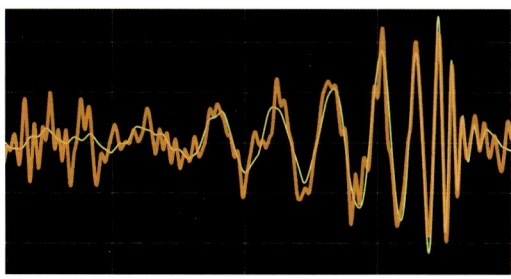

Das Jahrhundertsignal: Am 14. September 2015 wurden zum ersten Mal Gravitationswellen empfangen. Die dünne gelbe Linie ist das theoretische Modell der Kollision von zwei Schwarzen Löchern.

leere Röhren, durch die Laserstrahlen laufen. Ein Prototyp dazu ist GEO600 bei Hannover mit Armen von 600 Metern Länge. Dort wurden die Laser entwickelt, mit denen derzeit die zwei Gravitationswellendetektoren LIGO in den USA betrieben werden.

Am 14. September 2015, fast genau 100 Jahre nach der Veröffentlichung von Albert Einsteins Allgemeiner Relativitätstheorie, haben beide LIGO-Detektoren ein Signal empfangen. Dies war der erste direkte Nachweis von Gravitationswellen, zwei weitere folgten am 26. Dezember 2015 und am 4. Januar 2017. In allen drei Fällen passen die beobachteten Signale zur Kollision von Schwarzen Löchern. Diese Massemonster haben für den Bruchteil einer Sekunde das ganze Weltall wackeln lassen. Wo genau die Kollisionen stattgefunden haben, lässt sich mit nur zwei Detektoren nicht bestimmen. Doch bald werden, angespornt durch die Erfolge von LIGO, weitere Gravitationswellenempfänger ihre Arbeit aufnehmen, und dann beginnt für die Astronomie ein ganz neues Kapitel.

DIE URKNALLTHEORIE

Wie ist das Universum entstanden? Hatte es einen Anfang, oder währt es ewig? Anfang des 20. Jahrhunderts nahm Edwin Hubble mit dem neuen 2,5-m-Teleskop auf dem Mt. Wilson (USA) Spektren von Galaxien auf. Aus der Verschiebung der Spektrallinien schloss er, dass diese Rotverschiebung umso größer wird, je weiter die Galaxie von uns entfernt ist: Mit zunehmender Entfernung rasen die Galaxien immer schneller von uns weg. Diese Beobachtung hatte eine ernste Konsequenz: das Weltall dehnt sich aus.

Der Zusammenhang zwischen Rotverschiebung und Entfernung wird heute noch zur Distanzbestimmung entfernter Galaxien und Quasare benutzt: doppelte Fluchtgeschwindigkeit bedeutet doppelte Entfernung. Wenn sich das Weltall ausdehnt, dann muss es sich in ferner Vergangenheit in einem einzigen Punkt konzentriert haben. Diesen Umkehrschluss zog Hubble damals noch nicht, die „Urknalltheorie" wurde erst durch den belgischen Astronom Georges Lemaître eingeführt – und es dauerte bis zum Jahr 1965, ehe man Beweise dafür beobachten konnte.

DAS ECHO DES URKNALLS

Bereits in den 1940er-Jahren wies George Gamov auf die Existenz eines „Echos" des Urknalls hin, das man auch heute noch nachweisen könne. Doch es blieb der Zufallsentdeckung der Radiotechniker Arno Penzias und Robert Wilson vorbehalten, 1965 das zarte Flüstern des Urknalls tatsächlich aufzuspüren.

Zunächst vermuteten Penzias und Wilson eine Störung ihrer Antenne, da das Signal gleichmäßig aus allen Richtungen kam. Das Rauschen wurde bei einer Wellenlänge von einem Millimeter nachgewiesen, was einer Temperatur von knapp drei Grad über dem absoluten Nullpunkt entspricht. Man spricht daher von der „3K-Hintergrundstrahlung". Detaillierte Untersuchungen dieser Hintergrundstrahlung durch die Satelliten COBE („Cosmic Background Explorer"), WMAP („Wilkinson Microwave Anisotropy Probe") und *Planck* (benannt nach dem Physiker Max Planck) wiesen nach, dass das Echo des Urknalls nicht völlig gleichmäßig verteilt ist. Auf den durch die Satellitenmessungen erzeugten Karten des Universums zeigen sich kleine Schwankungen, die als lokale Dichtefluktuationen rund 400.000 Jahre nach dem Urknall interpretiert werden. Aus ihnen sind die großräumigen Strukturen des Weltalls und später die Galaxien entstanden. Im Jahr 1978 erhielten Penzias und Wilson für ihre Entdeckung den Nobelpreis.

Die beobachtete Hintergrundstrahlung (man hat den Wert inzwischen von drei auf 2,7 K korrigiert) stimmt sehr gut mit der Theorie überein, nach der das Universum vor ca. 14 Milliarden Jahren in einem allgemein als „Urknall" beschriebenen Szenario entstanden ist. Den oft gehörten Begriff „Big Bang" prägte übrigens 1950 der Astronom Fred Hoyle, um die Urknalltheorie zu verunglimpfen, was gründlich misslang.

GEBURT UND ZUKUNFT DES WELTALLS

Die Modellrechnungen der Astronomen reichen bis auf Sekundenbruchteile an das Urknallereignis heran. Man darf sich unter dem Urknall aber keine Explosion im bekannten Sinne vorstellen, vielmehr entstanden dadurch auch Raum und Zeit. Seitdem dehnt sich das Universum aus – aber nicht in einen bereits vorhandenen Raum, sondern der Raum selbst vergrößert sich. Was hinter diesem Vorgang verborgen ist, entzieht sich unserem Vorstellungsvermögen.

Auf die superkompakte Verdichtung reiner Energie folgte in Sekundenbruchteilen eine rasende Ausdehnung. Die heute herrschenden Naturkräfte (Gravitation, Kernkraft, elektromagnetische Kraft und schwache Wechselwirkung) entkoppelten sich. Aufgrund einer winzigen Asymmetrie zwischen Quarks und Antiquarks (die uns bekannten Elementarteilchen Proton und Neutron sind wiederum aus Quarks aufgebaut) blieb ein kleiner Rest „normaler" Quarks übrig, der in den folgenden drei Minuten zur Bildung der Elementarteilchen führte, aus denen schließlich Wasserstoffkerne (zu 77 %) und Heliumkerne (zu 23 %) entstanden. Andere Elemente waren nach dem Urknall noch nicht vorhanden, alle schwereren Stoffe sind erst Milliarden Jahre später in den Fusionsöfen der Sterne entstanden.

Mehrere hunderttausend Jahre später kühlte das Universum auf nur einige tausend Grad ab, die freien Elektronen verbanden sich mit den Atomkernen – und das Weltall wurde durchsichtig, die Photonen (Lichtteilchen) hatten jetzt freie Bahn. Aus dieser Zeit stammt das heute als kosmische Hintergrundstrahlung empfangene Echo des Urknalls. Bis zur Bildung der ersten Sterne und Galaxien verging rund eine Milliarde Jahre, seitdem sieht das Universum (immerhin schon gut 13 Milliarden Jahre lang) im Grunde so aus, wie wir es heute kennen. Wie sich das Weltall in Zukunft entwickeln wird, hängt stark von seiner Gesamtmasse ab, man spricht von der kritischen Dichte. Die derzeit stattfindende Expansion wird durch die darin vorhandenen Sterne und Galaxien abgebremst. Kommt die Ausdehnung irgendwann zum Stillstand? Wird sich das Universum sogar eines Tages wieder zusammenziehen und dann in einem umgekehrten Urknall, dem „Big Crunch" enden?

Neben der bekannten Materie wurden wie oben geschildert Anzeichen für die bislang nicht direkt nachweisbare Dunkle Materie gefunden, die die Gesamtmasse des Universums entscheidend mitbestimmt. Dazu kommt noch eine als „Dunkle Energie" bezeichnete Kraft, die das Weltall offenbar immer schneller auseinander treibt.

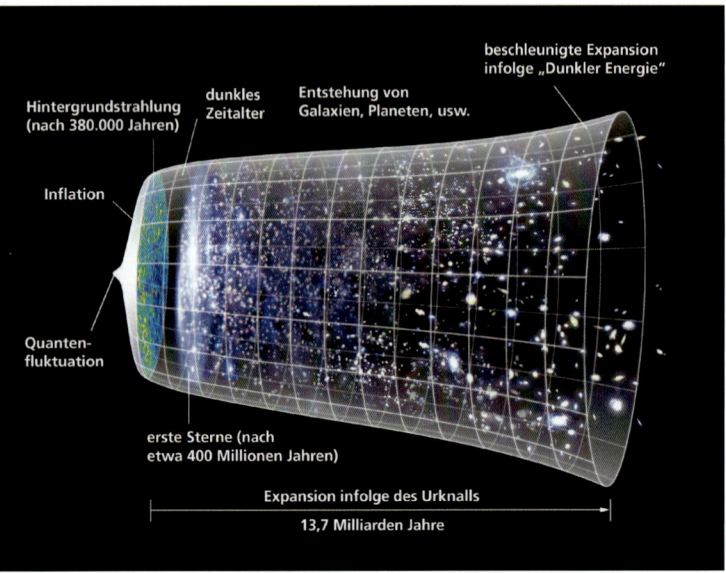

Vom Urknall bis heute: So hat sich unser Universum entwickelt.

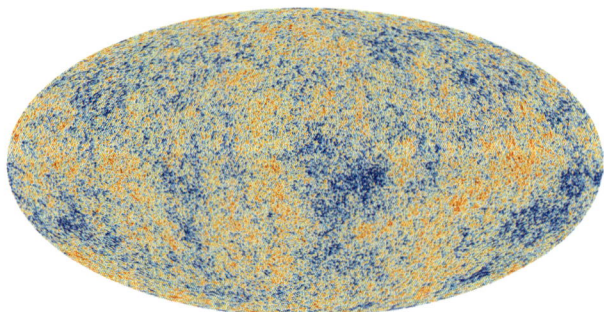

Der kosmische Mikrowellenhintergrund weist Temperaturfluktuationen auf, die rund 400.000 Jahre nach dem Urknall entstanden sind. Sie sind hier zur Verdeutlichung eingefärbt.

Galaxien und der Urknall — Die Rätsel des Universums

Galaxien, so weit das Auge reicht. Das „Hubble Ultra Deep Field" zeigt rund 10.000 Galaxien, die fernsten davon sind nur eine Milliarde Jahre nach dem Urknall entstanden.

Stürzt das Weltall irgendwann wieder in sich zusammen, dehnt es sich bis in alle Ewigkeit mit gleichbleibender Geschwindigkeit aus oder nimmt die Beschleunigung sogar stetig zu? Neuere Beobachtungen deuten auf den letzten Fall hin: Wir leben in einem beschleunigten Universum.

KOSMISCHE MEILENSTEINE

Auf die Spur des beschleunigten Universums kam man durch Beobachtung weit entfernter Sternexplosionen, den Supernovae vom Typ Ia. Sie dienen den Astronomen als „Standardkerzen", denn man geht davon aus, dass ihre wahre Helligkeit immer gleich ist. So kann durch Messung der scheinbaren Helligkeit die Entfernung der Supernova bestimmt werden, die man auch noch in sehr weit entfernten Galaxien beobachten kann.

Im Jahr 1998 veröffentlichten zwei unabhängig voneinander beobachtende Forscherteams umfangreiche Untersuchungen dieser Supernovae. Demnach ist das von Hubble gefundene Verhältnis zwischen Rotverschiebung und Fluchtgeschwindigkeit nicht für alle Zeiten konstant. Mit zunehmender Entfernung nimmt die Fluchtgeschwindigkeit überproportional zu, das Weltall dehnt sich in diesen Regionen immer schneller aus.

Schon Albert Einstein hatte in seine Gleichungen einen Term eingebaut, den er aber später als seine „größte Eselei" bezeichnete und wieder aus den Gleichungen strich. Doch wie es jetzt ausschaut, hatte Einstein doch recht, und heute wird der Wert dieses Lambda-Terms heiß diskutiert, entscheidet er doch darüber, was in ferner Zukunft mit unserem Universum geschehen wird.

HIMMELS-
BEOBACHTUNG
— *das Weltall erkunden*

Mit Feldstecher und Sternkarte an einem dunklen Ort: so kann man ganz einfach seine ersten Schritte in die praktische Astronomie unternehmen.

EIN BLICK
— *zum Nachthimmel*

Am Himmel gibt es viel zu entdecken – unseren Mond und die Sterne, helle Planeten und den bekannten Himmelswagen. Satelliten ziehen ihre Bahn, und wer Glück hat, sieht sogar eine Sternschnuppe. Nach Sonnenuntergang beginnt das beste Fern-Seh-Programm!

Wenn sich nach einem Tag mit strahlend blauem Himmel die Sonne abends dem Horizont zuneigt, können wir einen wunderschönen Sonnenuntergang bestaunen. Der Himmel über unseren Köpfen leuchtet immer noch blau, aber in Richtung Sonne sind nun viele Farbtöne über grün, gelb, orange und rot zu sehen. Die Sonne selbst leuchtet glutrot, denn ihr Licht wird von den dicken Luftschichten der Erde aufgespalten. Hat man freie Sicht auf den Horizont, dann kann man den Sonnenuntergang in voller Länge genießen. Dabei ist die Sonne einige Minuten vorher eigentlich schon untergegangen, ihr Licht aber wird von der Erdatmosphäre noch über den Horizont gehoben.

WENN ES NACHT WIRD

Auf den Sonnenuntergang folgt die Dämmerung, es wird zunehmend dunkler, bis schließlich die Nacht hereinbricht. Die Dämmerung wird in drei Phasen eingeteilt, je nachdem, wie weit die Sonne schon unter den Horizont gesunken ist.
Als erstes macht sich der Mond bemerkbar. Er sieht besonders nett aus, wenn seine Sichel noch schmal und die eigentlich dunkle Seite sogar leicht aufgehellt ist. Diese Erscheinung nennt man das „aschgraue Mondlicht" – denn für den Mond ist jetzt fast „Vollerde", wir sehen die vom Erdlicht angestrahlte Nachtseite des Mondes. Manchmal ist für einige Wochen der Abendstern zu sehen. Beim

Dieses lang belichtete Foto zeigt die Drehung des Sternenhimmels und Spuren von Satelliten.

Der Große Wagen ist die bekannteste Sternfigur und in jeder klaren Nacht am Himmel zu finden.

In der Abenddämmerung tauchen der Mond und helle Planeten auf. Hier gesellte sich die dünne Mondsichel zu Venus und Mars.

hellsten aller Planeten handelt es sich um Venus, die strahlender als alle Sterne leuchtet und daher bereits in der Abenddämmerung zu finden ist. Den Zeitraum, bis die ersten Sterne am Himmel aufleuchten, nennt man bürgerliche Dämmerung. Einige Zeit später, in der nautischen Dämmerungsphase, werden die Sterne deutlicher und die ersten Sternbilder sichtbar. Besonders in Sommernächten sieht man nun recht schnell vorüberziehende Lichtpunkte – es sind Satelliten, die in ihrer Umlaufbahn noch von der Sonne angestrahlt werden, während es auf der Erde bereits Nacht ist.

Bis es vollständig dunkel wird, muss die Sonne mindestens 18 Grad unter den Horizont gesunken sein; an die nautische schließt sich die astronomische Dämmerung an. Dann ist es Nacht, und der Himmel von funkelnden Sternen übersät. Sofern nicht Stadtlichter für störendes Licht sorgen.

STERNE UND STERNBILDER

Preisfrage im Kosmos-Quiz: Wie viele Sterne kann man nachts sehen: 3000, 30.000 oder 300.000? Wer schon einmal versucht hat, sich am Nachthimmel zu orientieren, wird schnell den größten Wert annehmen. Und doch sind es nur rund 3000 Sterne, die man mit bloßem Auge am Himmel zählen kann. Wer fix ist, schafft das in weniger als einer Stunde.

Sieben Sterne sind bestens bekannt, sie bilden den in jeder klaren Nacht sichtbaren Großer Wagen. Andere Sternbilder sind dagegen nur zu einer bestimmten Jahreszeit sichtbar, der Orion etwa ist ein typisches Wintersternbild, der Schwan ein Sommersternbild. Im Laufe der Nacht verändert sich der Anblick des Sternenhimmels mit der Zeit. Abends sind andere Sternbilder zu sehen als um Mitternacht oder morgens vor Sonnenaufgang. Zur gleichen Uhrzeit beobachtet, rückt der Sternenhimmel jeden Monat um zwei Stunden vor, bis er nach einem Jahr wieder genau gleich aussieht. Um hier nicht den Überblick zu verlieren, braucht man eine für den jeweiligen Monat und die aktuelle Uhrzeit eine passende Sternkarte.

STERNKARTEN
ZUR HIMMELSBEOBACHTUNG

Auf den Seiten 128 – 151 sind zwölf Sternkarten für jeden Monat des Jahres abgebildet. Sie gelten für den Abendhimmel um 23 Uhr (bei Sommerzeit um 24 Uhr) und zeigen die Sternbilder in Südrichtung. Wer früher oder später beobachten möchte, kann einfach die Sternkarte eines anderen Monats benutzen – zur schnellen Übersicht ist die richtige Kombination aus Datum und Uhrzeit (bei Sommerzeit immer eine Stunde zur Kartenzeit addieren!) neben jeder Sternkarte angegeben.

Eine kleine Karte zeigt zusätzlich den aktuellen Himmelsanblick nach Norden. Dort ist der Große Wagen zu sehen, mit dessen Hilfe man den Polarstern findet und damit die Nordrichtung erkennt. Eine halbe Umdrehung um die eigene Achse, schon blickt man nach Süden und kann die auf der Karte dargestellten Sternbilder beobachten.

ALLES DREHT SICH
— am Sternenhimmel

Die Himmelsbeobachtung ist sehr abwechslungsreich, jeden Abend sieht der Nachthimmel etwas anders aus. Wer nur gelegentlich die Sterne beobachtet, hat immer viel Neues zu entdecken – andere Sternbilder sind aufgetaucht, vielleicht auch ein Planet.

Links: Im Laufe einer Nacht drehen sich die Sterne um den Himmelspol. Rechts: In der Nähe des Himmelsäquators (Sternbild Orion) beschreiben die Sterne fast gerade Linien.

Wir haben den gleichen Eindruck von Erde und Firmament wie unsere Vorfahren. Die Erde um uns herum sieht wie eine flache Scheibe aus, über der sich das Himmelsgewölbe befindet. Von einer runden Erdkugel oder den Tiefen des Weltraums ist nichts zu erkennen. Es ist nicht weiter verblüffend, dass sich dieses Modell der Welt so lange gehalten hat, denn der Lauf von Sonne, Mond, Planeten und Sternen ist mehreren Einflüssen unterworfen, die zusammen ein etwas verwickeltes Bild der himmlischen Drehungen ergeben.

DIE DREHUNG DES HIMMELS
Wer sich zum Beispiel abends die Position des Sternbildes Orion relativ zu einem Haus anschaut, wird eine Stunde später feststellen, dass der Orion ein gutes Stück nach rechts gewandert ist. Was man hier beobachtet, ist die Rotation der Erde, die sich in knapp 24 Stunden einmal um ihre Achse dreht. Deutlich sichtbar wird die Erddrehung auf lange belichteten Fotoaufnahmen des Himmelspols. Alle Sterne ziehen in Kreisen um einen Punkt, in dessen Nähe sich der Polarstern befindet (auch er macht einen kleinen Kreis). Je weiter die Sterne vom Pol entfernt sind, desto länger werden ihre Strichspuren.

Wiederholt man das gleiche Experiment mit Blick zum Südhorizont, so sind dort zwar Sternstriche, aber keine Kreise mehr zu erkennen: Die Sterne ziehen hier in langen Bögen über den Himmel, sie gehen im Osten auf, erreichen im Südpunkt, dem Meridian, ihren höchsten Stand und gehen im Westen wieder unter.

WINKELMESSUNG AM HIMMEL

Die Strecke von einem Stern zum anderen, seine Höhe über dem Horizont oder der Abstand eines Planeten vom Mond – die (scheinbaren) Entfernungen am Himmel werden in Winkelgrad angegeben. So liest man in astronomischen Jahrbüchern, in Zeitschriften oder im Internet oft Angaben wie „Der Komet steht 10° westlich des Sterns Rigel im Orion", oder „Mond und Venus begegnen sich um 18 Uhr in nur 2° Abstand". Um diese Abstände am Himmel erkennen zu können, braucht man kein kompliziertes Messinstrument – die eigene Hand genügt.

Peilt man mit ausgestrecktem Arm über seine Hand, dann deckt schon ein Finger rund zwei Grad am Himmel ab. Versuchen Sie es beim Mond, er ist nur ein halbes Grad groß, man kann ihn bequem mit einem Finger abdecken! Die zusammengeballte Faust misst am Himmel bereits gut acht Grad, so ausgedehnt ist zum Beispiel der Kasten des Großen Wagens. Mit gespreizten Fingern erreicht man 20 Grad am Himmel, so viel wie das Sternbild Orion hoch ist.

Eine ganze Himmelsumdrehung, ein Vollkreis, misst 360°, für Abstände kleiner als ein Grad, z. B. für Doppelsterne, Galaxien oder kleine Nebel, verwendet man Bogenminuten und Bogensekunden: Einem Grad entsprechen 60 Bogenminuten (60′), einer Bogenminute 60 Bogensekunden (60″). Das Auflösungsvermögen des Auges beträgt etwas mehr als eine Bogenminute, kleinere Objekte nimmt man nurmehr als Punkt am Himmel wahr. Teleskope können noch Objekte trennen, die nur wenige Bogensekunden voneinander entfernt sind. Eine sehr exakte Entfernungsangabe würde man als 3°15′24″ schreiben.

POSITIONEN UND KOORDINATENSYSTEME

Wenn man am Nachthimmel ein unbekanntes Objekt gesehen hat (besonders der helle Planet Venus wird gerne für ein Ufo gehalten) und jemandem davon berichten möchte, dann muss man die Position dieses Objekts beschreiben.

Angaben wie „über dem Nachbarhaus" sind wenig hilfreich, wenn der andere dieses Haus gerade nicht zur Hand hat. Besser wäre zu sagen: „Der helle Stern stand drei Handbreit über dem Horizont ungefähr in Richtung des Sonnenuntergangs." Etwas wissenschaftlicher ausgedrückt, würde diese Angabe „25 Grad hoch in Richtung Südsüdwest" lauten. Die Kombination von Höhe und Himmelsrichtung wird „azimutales Koordinatensystem" genannt (besser wäre „altazimutales", denn das Azimut bezeichnet nur die Himmelsrichtung).

Koordinaten im Azimutsystem setzen sich aus zwei Werten zusammen, der Höhe des Objekts über dem Horizont und seiner Himmelsrichtung. Beide Werte werden in Winkelgrad angegeben, wobei man die Himmelsrichtung, das Azimut, von Norden (0°) über Osten (90°), Süden (180°) und Westen (270°) zählt. Nach einer ganzen Umdrehung

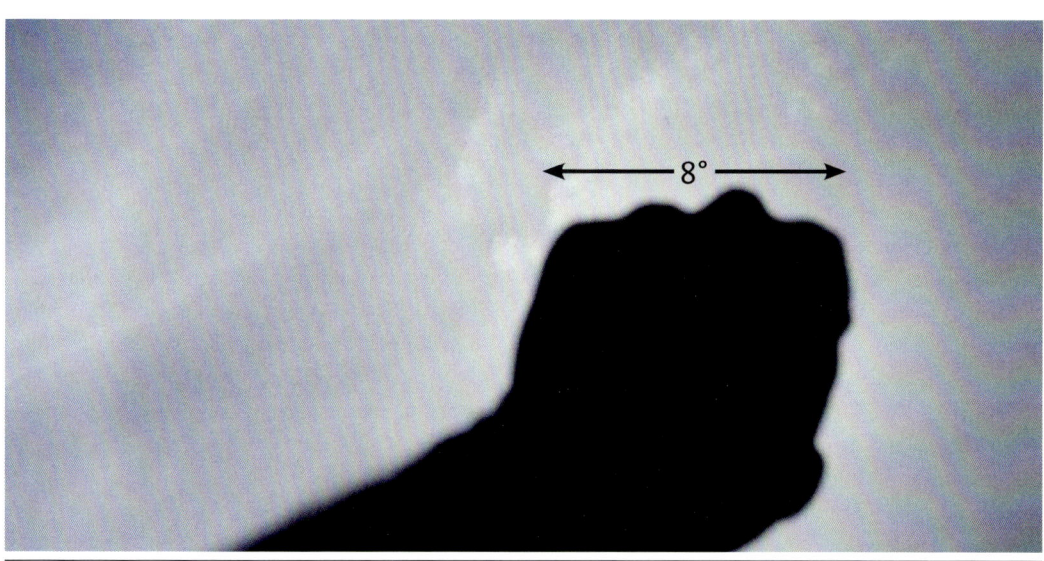

Mit der ausgestreckten Hand (oder einzelnen Fingern) kann man Winkelabstände am Himmel messen.

> ### ☞ SONNENZEIT UND STERNZEIT
>
> Für eine Drehung um ihre eigene Achse benötigt die Erde 23ʰ56ᵐ – für uns dauert ein Tag aber 24ʰ. Diese Differenz von vier Minuten entsteht durch die Reise der Erde um die Sonne. Nach einem Tag steht ein Fixstern vier Minuten früher an der gleichen Position des Himmels als am Vortag. In der Astronomie wird daher die sogenannte Sternzeit verwendet, die sich einzig auf die Rotation der Erde bezieht und die Stellung der Sternbilder relativ zum Beobachter angibt. Die Sternzeit ist der Rektaszensionswert der Sterne in Südrichtung: Um 0 Uhr Sternzeit stehen dort die Herbststernbilder mit Pegasus, um 6 Uhr Sternzeit die Wintersternbilder mit Orion, um 12 Uhr Sternzeit die Frühlingssternbilder mit dem Löwe und um 18 Uhr Sternzeit die Sommersternbilder mit der Leier.

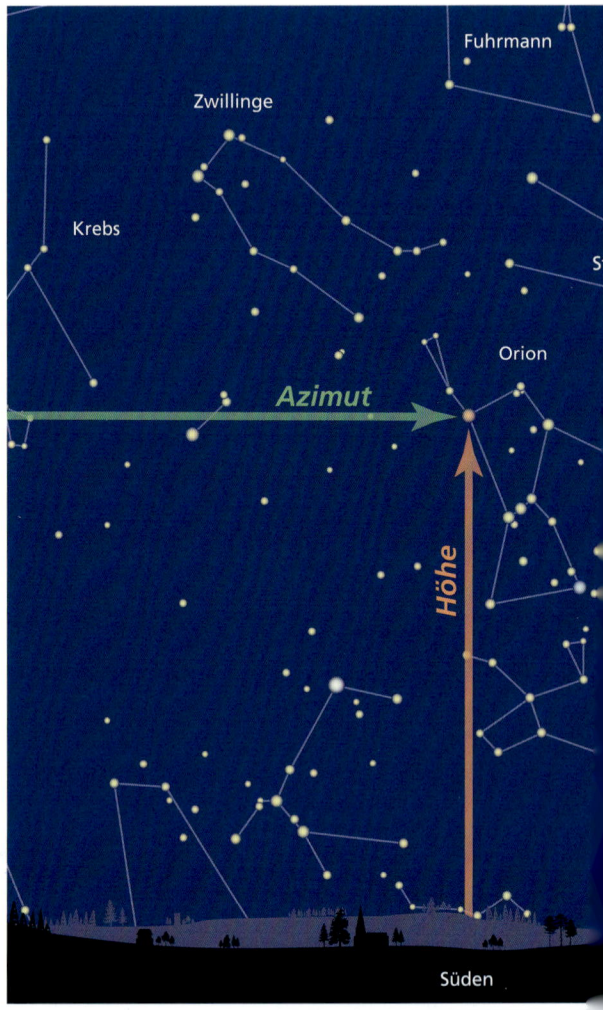

Positionsangaben im Azimutsystem werden durch die Koordinaten Azimut (Himmelsrichtung) und Höhe (über dem Horizont) ausgedrückt.

von 360° ist man wieder im Norden angekommen. Da sich der Sternenhimmel aber dreht, muss man seine Beobachtung um die Angabe der Uhrzeit ergänzen, ebenso um die Angabe des Beobachtungsortes, denn um 22 Uhr stehen über Frankfurt andere Sterne am Himmel als über Johannesburg oder der Kanareninsel Teneriffa.

Um Himmelspositionen unabhängig von Ort und Zeit des Beobachters angeben zu können, benutzt man in der Astronomie das äquatoriale System. Man kann sich darunter die an den Himmel projizierten Erdkoordinaten Länge und Breite vorstellen, die in der Astronomie Rektaszension und Deklination genannt werden.

Mit der Deklination gibt man die Entfernung des Objekts vom Himmelsäquator (0° Deklination) an, nach Norden positiv, nach Süden negativ gezählt. Der Große Wagen steht ungefähr bei +55°, der Stern Rigel im Orion bei –10° Deklination.

Für die Rektaszension hat man als Nullpunkt den sogenannten Frühlingspunkt gewählt. An dieser Stelle des Himmels kreuzen sich die Bahnen von Sonne und Himmelsäquator im Frühjahr; steht die Sonne im Frühlingspunkt, dann beginnt offiziell der Frühling. Die Rektaszension wird in Stunden, Minuten und Sekunden angegeben und vom Frühlingspunkt aus nach Osten von 0ʰ bis 24ʰ gezählt. Der oben genannte Stern Rigel im Orion hat die Rektaszension 5ʰ15ᵐ, der Große Wagen tummelt sich zwischen 10ʰ30ᵐ und 14ʰ Rektaszension.

Eine vollständige Positionsangabe im äquatorialen Koordinatensystem, z. B. für den Planetarischen Nebel M 97 im Großen Wagen, lautet Rektaszension: 11ʰ14ᵐ45ˢ und Deklination: +55°02′10″. Aufgrund einer langsamen, aber messbaren Taumelbewegung der Erdachse verschiebt sich der Frühlingspunkt und damit der Nullpunkt der äquatorialen Koordinaten. Astronomische Koordinaten werden daher streng genommen für ein bestimmtes Jahr angegeben, die sogenannte Epoche. Himmelsbeobachter und Hobbyastronomen merken dies nur daran, dass alle 50 Jahre die Sternkarten aktualisiert werden und können diesen als „Präzession" bezeichneten Effekt ansonsten vernachlässigen.

DIE WANDERUNG DER SONNE

Die Erde umrundet in einem Jahr die Sonne, das Zentralgestirn des Planetensystems. Genau genom-

Im äquatorialen Koordinatensystem ist der Himmel mit einem Koordinatengitter überzogen. Die Deklination gibt den „Breitengrad" eines Himmelsobjekts an, die Rektaszension dessen „Längengrad".

Die scheinbare Sonnenbahn durch die Tierkreissternbilder wird „Ekliptik" genannt."

men dauert ein Umlauf 365,25 Tage, daher muss im Schnitt alle vier Jahre ein Schalttag in unseren Kalender eingefügt werden.

Von der Erde aus betrachtet zieht die Sonne ihre Bahn vor den Sternen, die dann unsichtbar neben ihr am Taghimmel stehen. Die scheinbare Sonnenbahn wird „Ekliptik" genannt, in ihrer Nähe halten sich auch Mond und Planeten auf. Der Mond oder die Planeten können daher niemals weitab der Ekliptik, etwa im Sternbild Großer Bär, gesehen werden. An der Ekliptik reihen sich die zwölf Tierkreissternbilder Widder, Stier, Zwillinge, Krebs, Löwe, Jungfrau, Waage, Skorpion, Schütze, Steinbock und Wassermann. Um Mitternacht ist immer das der Sonne genau gegenüber stehende Tierkreissternbild zu sehen, im Februar etwa (die Sonne steht im Steinbock) der Löwe, im Mai (die Sonne befindet sich im Stier) zwischen Schütze und Skorpion. Mit der Stellung der Sonne ändert sich auch der Anblick des Nachthimmels, je nach Jahreszeit sind andere Sterne und Sternbilder zu sehen.

Tierkreissternbilder und Tierkreiszeichen sind namens-, aber am Himmel nicht deckungsgleich. Steht die Sonne zum Beispiel im Tierkreissternbild Schütze, dann befindet sie sich gleichzeitig im Tierkreiszeichen Steinbock. Der Grund hierfür ist die oben beschriebene Taumelbewegung der Erdachse, die Präzession. Als vor einigen tausend Jahren die Tierkreiszeichen festgelegt wurden, waren sie noch identisch mit den am Himmel sichtbaren Sternbildern, heute sind sie gut ein Sternbild gegeneinander verschoben.

MOND UND PLANETEN
— *die Wandelsterne*

Vor den Fixsternen bewegen sich der Mond und die Planeten. Den Mond sieht man am besten, wenn Vollmond ist. Auch für die Sichtbarkeiten der Planeten gibt es gute und schlechte Zeiten. Und die inneren Planeten verstecken sich oft in der Umgebung der Sonne.

DER LAUF DES MONDES

Etwa einmal im Monat ist Vollmond. Dann geht der Mond bei Sonnenuntergang auf, ist die ganze Nacht über am Himmel zu sehen und geht bei Sonnenaufgang wieder unter. Er zeigt uns dabei immer das gleiche Gesicht, in dem man einen Hasen oder den „Mann im Mond" sehen kann. Die exakte Zeitspanne von Vollmond zu Vollmond beträgt 29,5 Tage, sein Termin verschiebt sich daher von Monat zu Monat um ein bis zwei Tage.

In den Tagen nach Vollmond geht der Mond abends immer später auf, er nimmt ab, bis er nach ca. zwei Wochen als Neumond unsichtbar am Taghimmel steht. Einige Tage später taucht der Mond wieder in der Abenddämmerung auf, zuerst als schmale Sichel, die in den nächsten sieben Tagen den halben Mond umfasst, und nach einer weiteren Woche ist wieder Vollmond. Der zunehmende Mond ist immer von rechts beleuchtet, der abnehmende immer von links.

Für einen Umlauf um die Erde benötigt der Mond dagegen nur 27,3 Tage. Steht er heute im Sternbild Löwe, dann wird er dies nach 27,3 Tagen wieder tun. Die Zeitdifferenz zwischen Mondphase und Mondumlauf entsteht durch den gleichzeitigen Umlauf der Erde um die Sonne; sie rückt in den vier Wochen auch ein Stück weiter, so dass es etwas länger dauert, bis wieder die gleichen Beleuchtungsverhältnisse herrschen. Die Mondphasen entstehen übrigens nicht etwa dadurch, dass ein Teil des Mondes vom Schatten der Erde abgedunkelt wird. Wie die Erde wird auch der Mond immer auf einer Seite von der Sonne angestrahlt, auf der anderen Mondhälfte ist Nacht. Je nach Blickwinkel kann man nur einen mehr oder weniger großen Teil der Mondtagseite sehen, so dass er uns als Sichel erscheint. Nur bei Vollmond, wenn Sonne, Erde und Mond hintereinander aufgereiht sind, schauen wir auf die ganze, von der Sonne beleuchtete Tagseite des Mondes.

Für eine Drehung um seine eigene Achse benötigt der Mond exakt die gleiche Zeit wie für einen Umlauf um die Erde – er zeigt uns daher immer die gleiche Seite, man spricht von der „gebundenen Rotation", die durch die wechselseitigen Gezeitenkräfte von Erde und Mond entstanden ist.

Am Himmel folgt auch der Mond der scheinbaren Sonnenbahn, der Ekliptik, er durchwandert daher die Sternbilder des Tierkreises. Da die Mondbahn aber um ca. 5° gegen die Erdbahn geneigt ist, kann der Mond mal ober- und mal unterhalb der Ekliptik stehen. Aus diesem Grund kommt es auch nicht bei jedem Vollmond zu einer Mond- oder bei jedem Neumond zu einer Sonnenfinsternis.

Alle 29,5 Tage ist Vollmond. Der Mond steht dann genau gegenüber der Sonne (1). Eine Woche später findet man den Halbmond am Morgenhimmel (2). Steht der Mond zwischen Sonne und Erde, ist Neumond (3). Danach taucht er wieder am Abendhimmel auf, eine knappe Woche danach ist erstes Viertel (4).

👉 PLANETENBEOBACHTUNG MERKUR UND VENUS

MERKUR MORGENS	MERKUR ABENDS	VENUS MORGENS	VENUS ABENDS
15. März 2018	6. November 2018	August 2018	–
27. Februar 2019	28. November 2019	–	Januar 2019
10. Februar 2020	10. November 2020	März 2020	August 2020
17. Mai 2021	25. Oktober 2021	Oktober 2021	–
29. April 2022	8. Oktober 2022	–	März 2022
11. April 2023	22. September 2023	Juni 2023	Oktober 2023
24. März 2024	5. September 2024	Januar 2025	Juni 2025
8. März 2025	7. Dezember 2025	August 2026	–

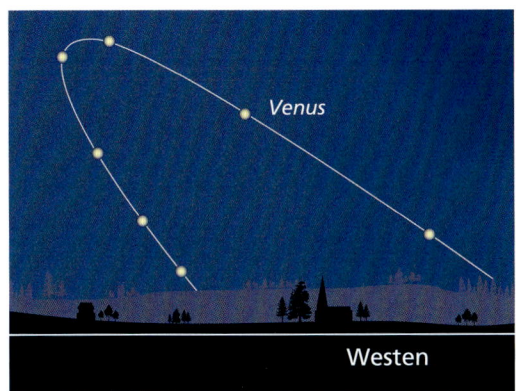

Eine Abendsichtbarkeit von Venus. Im Laufe von Wochen nimmt ihr Abstand zur Sonne zu, Venus erreicht die größte Elongation und läuft wieder auf die Sonne zu.

DIE INNEREN PLANETEN

Die beiden sonnennahen Planeten Merkur und Venus sind immer nur in der Abend- oder Morgendämmerung zu sehen. Venus leuchtet dann als heller Abend- oder Morgenstern oft wochenlang am Himmel, Merkur hingegen ist eine echte Herausforderung.

Der kleine **Merkur** wird nicht umsonst der „flinke Planet" genannt, man muss ihm am Himmel gewissermaßen hinterherjagen. Da er der Sonne recht nahe steht, kann sich Merkur am irdischen Himmel nur bis zu 28° (etwas mehr als eine ausgestreckte Hand mit gespreizten Fingern) von der Sonne entfernen. Theoretisch wäre es dann bereits stockfinstere Nacht, da aber die Bahnen von Sonne und Merkur schräg zum Horizont verlaufen, ist der Himmel noch von der Dämmerung aufgehellt. Man muss also genau wissen, wann und wo man mit Aussicht auf Erfolg auf Merkurjagd gehen kann. Ein zweiter Aspekt kommt hinzu: Die Merkurbahn weicht deutlich von der Kreisform ab, oft beträgt sein maximaler Winkelabstand von der Sonne nur knapp 20°. Für Mitteleuropa sind besonders die Abendsichtbarkeiten im Frühjahr und die Morgensichtbarkeiten im Herbst dazu geeignet, Merkur zu sehen. Beobachter weiter südlich oder in den Tropen haben es da besser, hier steht Merkur höher am Himmel, da seine Bahn steiler zum Horizont verläuft. Den maximalen Winkelabstand zur Sonne bezeichnet man als größte östliche oder westliche Elongation, je nachdem, ob Merkur links oder rechts von der Sonne steht und damit am Abend- oder Morgenhimmel zu sehen ist.

Meist sind es nur einige Tage, an denen man Merkur gut sehen kann. Wenn dann das Wetter mitspielt, taucht in der Dämmerung ein heller Lichtpunkt auf, den man mit dem Fernglas besser findet, so lange der Himmel noch aufgehellt ist. Um Merkur zu beobachten, schlägt man am besten in einem astronomischen Jahrbuch wie dem Kosmos Himmelsjahr nach. Die besten Sichtbarkeiten der kommenden Jahre sind in der Tabelle angegeben. Unser innerer Nachbarplanet **Venus** ist dagegen sehr einfach zu sehen. Venus ist der klassische Morgen- oder Abendstern, sie leuchtet dann heller als alle Sterne und ist nach Sonne und Mond das dritthellste Objekt am Himmel.

Venus ist weiter als Merkur von der Sonne entfernt, ihre Bahn um das Zentralgestirn entsprechend größer und damit auch ihr Abstand zur Sonne (ihre Elongation) am irdischen Himmel. Mit knapp 50° kann sie sich doppelt so weit von der Sonne entfernen wie Merkur und ist im Idealfall sogar stundenlang am Abend- oder Morgenhimmel zu sehen. Der helle Planet zeigt im Teleskop deutliche Phasen wie der Mond, um den Zeitpunkt der maximalen Elongation tritt die Phase „Halbvenus" ein, danach eilt der innere Planet wieder der Sonne entgegen. Bei einer östlichen Elongation (Venus am Abendhimmel) steuert Venus anschließend ihren Bahnpunkt zwischen Erde und Sonne an, die Phasen nehmen ab, die Venussichel wird dünner und wegen der zunehmenden Nähe des Planeten immer größer, bis nach einigen Wochen „Neuvenus" eintritt, was man als „untere Konjunktion" bezeichnet.

Nach einer Morgensichtbarkeit (die Venus steht westlich der Sonne am Osthorizont) wird die Venuskugel dagegen immer voller und kleiner, da sich der Planet von der Erde entfernt und auf seine Phase „Vollvenus" zusteuert, was unbeobachtbar am Taghimmel stattfindet. Venus ist bei maximaler Helligkeit so strahlend, dass man sie sogar mit bloßem Auge am Taghimmel sehen kann – vorausgesetzt, man hat einen blauen, wolkenfreien Himmel und weiß, wo man zu suchen hat.

DIE ÄUSSEREN PLANETEN

Ab dem **Mars** sind alle Planeten weiter von der Sonne entfernt als die Erde. Wie der Vollmond können sie daher der Sonne am Himmel genau gegenüber stehen, diese Stellung nennt man „Opposition". Der Planet geht dann bei Sonnenuntergang im Osten auf, ist die ganze Nacht über zu sehen und geht bei Sonnenaufgang im Westen wieder unter. Um Mitternacht erreicht er seine Höchststellung am Himmel, ist zur Oppositionszeit am hellsten und der Erde besonders nah, also im Teleskop am größten.

Der rote Planet Mars ist der äußere Nachbarplanet der Erde und tanzt etwas aus der Reihe. Alle Planeten jenseits von Mars erreichen jedes Jahr ihre Oppositionsstellung, Mars hingegen nur alle zwei Jahre. Grund für diese Verzögerung ist die Kombination der Umlaufzeiten von Mars und Erde: Während die Erde in einem Jahr die Sonne umrundet, braucht Mars knapp doppelt so lange. Steht Mars heute in Opposition, so hat die Erde nach einem Jahr wieder den gleichen Platz auf ihrer Bahn um die Sonne erreicht, Mars aber erst eine halbe Runde absolviert – der rote Planet steht mit der Sonne unsichtbar am Taghimmel. Nach einem weiteren Jahr hat auch Mars seine Runde beendet und ist wieder am Nachthimmel zu sehen.

Leider ist nicht jede Marsopposition gleich gut zur Beobachtung des Planeten geeignet. Die Marsbahn weicht deutlich von der Kreisform ab, sein Abstand zur Erde während der Oppositionszeit (Sonne,

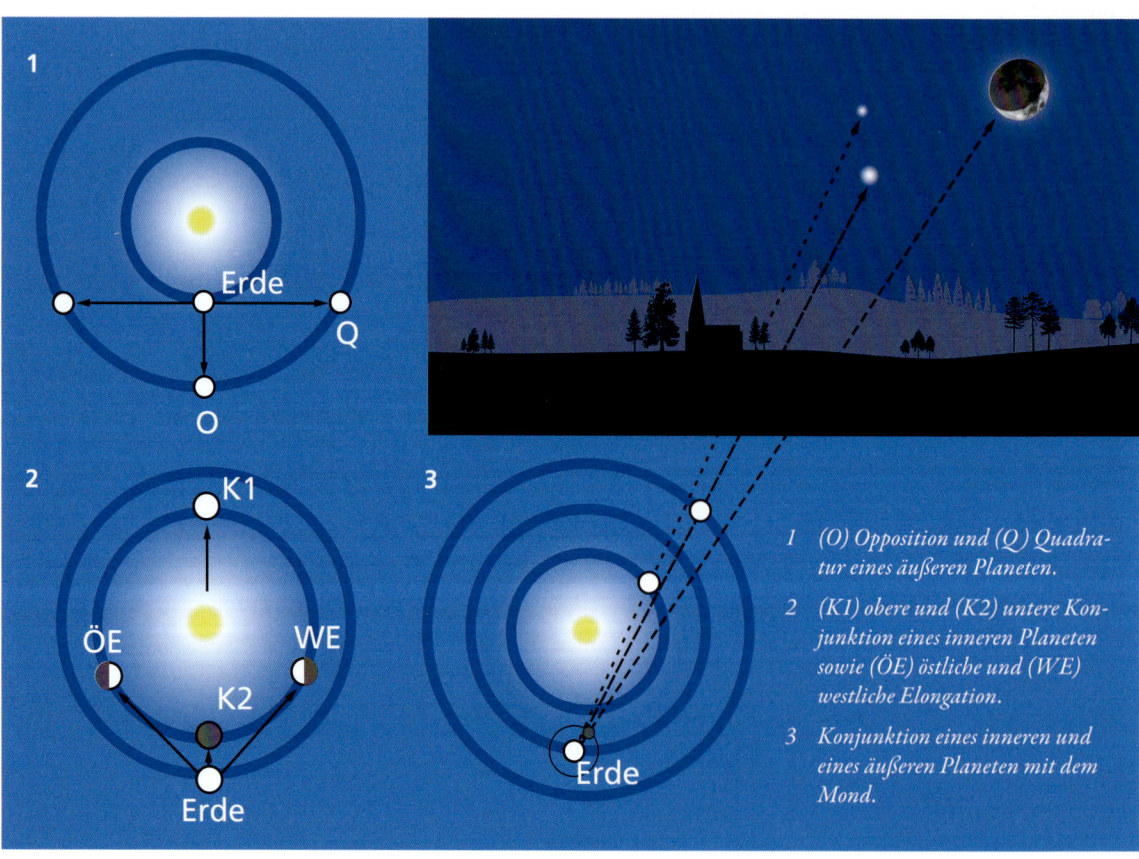

1 (O) Opposition und (Q) Quadratur eines äußeren Planeten.

2 (K1) obere und (K2) untere Konjunktion eines inneren Planeten sowie (ÖE) östliche und (WE) westliche Elongation.

3 Konjunktion eines inneren und eines äußeren Planeten mit dem Mond.

122

Erde und Mars stehen in einer Linie) schwankt erheblich. Im Idealfall kann Mars der Erde bis auf 56 Mio. Kilometer nahe kommen, wenn Opposition und Sonnennähe des Planeten zusammenfallen. 2018 steht uns Mars wieder besonders nahe. Je nach Entfernung erreicht Mars Helligkeiten von -1^m bis knapp -3^m, er ist daher immer sehr hell und leicht am Himmel als rötlicher, ruhig leuchtender Lichtpunkt zu sehen. Mars ist der einzige Planet, auf dem man im Fernrohr Oberflächendetails erkennen kann.

Alle anderen Planeten, also Jupiter, Saturn, Uranus und Neptun, bewegen sich so langsam um die Sonne, dass sie jedes Jahr von der Erde eingeholt werden und ihre Oppositionsstellung erreichen.

Der Riesenplanet **Jupiter** schreitet von Jahr zu Jahr ein Tierkreissternbild nach dem anderen ab. Steht er in einem Jahr im Skorpion, so wird man ihn im nächsten Jahr im Schützen und dann im Steinbock finden. Somit verschiebt sich auch die Oppositionszeit jedes Jahr um ca. einen Monat nach hinten. Jupiter leuchtet immer sehr hell, nach Venus ist er der hellste Planet am Himmel (ausgenommen, Mars befindet sich in Erdnähe, dann ist der rote Planet etwas heller). Mit einem Fernglas kann man um Jupiter die hellsten vier Monde sehen, ein Teleskop zeigt die Wolkenstreifen des Gasplaneten.

Der Ringplanet **Saturn** umläuft die Sonne noch langsamer als Jupiter, er legt daher von Jahr zu Jahr ein kleineres Stück am Himmel zurück. Wer ihn einmal gefunden hat, wird Saturn auch im nächsten Jahr wieder in der gleichen Himmelsgegend aufspüren können. Saturn ist lichtschwächer als Jupiter (aber immer noch so hell wie helle Sterne) und leuchtet mit goldenem Licht. Um seinen berühmten Ring zu sehen, braucht man zumindest ein kleines Teleskop mit 50-facher Vergrößerung.

Uranus und **Neptun** kriechen förmlich durch die Sternbilder, ihre Positionen ändern sich von Jahr zu Jahr nur wenig. Da sie aber deutlich lichtschwächer sind – ohne Fernglas kann man sie nicht sehen –, empfiehlt sich für diese Planeten eine Aufsuchkarte, wie man sie in einem Jahrbuch findet.

DIE PLANETENSCHLEIFEN

Wer den Lauf eines äußeren Planeten wie Mars, Jupiter oder Saturn relativ zu den Sternen über einige Wochen verfolgt, wird eine merkwürdige Beobachtung machen. Normalerweise bewegen sich die Planeten relativ zu den Sternen nach links, also in Richtung Osten. Einige Zeit vor der Opposition

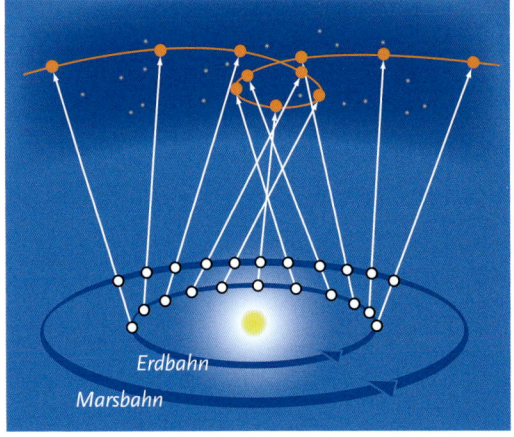

Die äußeren Planeten ziehen am irdischen Himmel während ihrer Opposition eine Schleife, da sie von der Erde auf der Innenbahn überholt werden.

☞ PLANETENBEOBACHTUNG MARS, JUPITER, SATURN

JAHR	MARS	JUPITER	SATURN
2018	Juli (Steinbock)	Mai (Waage)	Juni (Schütze)
2019	–	Juni (Schlangenträger)	Juli (Schütze)
2020	Oktober (Fische)	Juli (Schütze)	Juli (Schütze)
2021	–	August (Wassermann)	August (Steinbock)
2022	Dezember (Stier)	September (Fische)	August (Steinbock)
2023	–	November (Widder)	August (Wassermann)
2024	–	Dezember (Stier)	September (Wassermann)
2025	Januar (Zwillinge)	Dezember (Zwillinge)	September (Fische)

bremst der Planet aber seinen Lauf ab, tritt für mehrere Tage fast auf der Stelle und kehrt seine Richtung dann sogar um.

Dieses Schauspiel wiederholt sich nach der Opposition, der Planet wird wieder langsamer, bleibt stehen und legt dann gleichsam wieder den Vorwärtsgang ein, um seinen normalen Lauf unter den Sternen fortzusetzen.

Am Himmel zeichnet der Planet dabei eine Schleife, die man „Oppositionsschleife" nennt. In Wirklichkeit hat der Planet seinen Lauf um die Sonne natürlich nicht geändert. Was man hier beobachtet, ist ein kosmisches Überholmanöver. Die schnellere Erde zieht dabei auf der Innenbahn am (langsameren) äußeren Planeten vorbei und überholt ihn. In der Projektion malt der äußere Planet daher eine Schleife an den Nachthimmel.

FINSTERNISSE
— mit Sonne und Mond

Sonnen- und Mondfinsternisse zählen zu den beeindruckendsten Schauspielen der Natur. Totale Sonnenfinsternisse haben früher Angst und Schrecken verbreitet. Heute nehmen Enthusiasten weite Reisen auf sich, um dieses seltene Ereignis zu erleben.

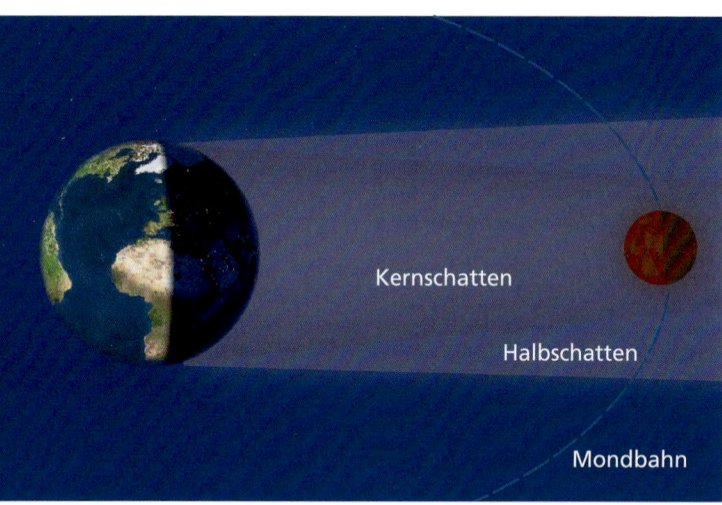

Mondfinsternis: Der Mond tritt in den Schatten der Erde ein.

Eigentlich sind Sonnenfinsternisse recht häufige Ereignisse, denn in jedem Jahr sind meist mehrere zu beobachten. Leider wirft der Mond aber nur einen schmalen Schatten auf die Erde, so dass für einen speziellen Ort die begehrten totalen Sonnenfinsternisse wahre Jahrhundertereignisse sind. Kein Wunder, dass sich am 11. August 1999 die Menschenmassen im süddeutschen Raum versammelten, denn hier war die erste totale Sonnenfinsternis seit dem 19. August 1887 zu bestaunen. Am 21. August 2017 zog sich der Pfad einer totalen Sonnenfinsternis quer über die USA. Die nächste Gelegenheit für Europa bietet sich am 12. August 2026, dann zieht der Schattenpfad einer totalen Sonnenfinsternis über Nordspanien und Mallorca. Mondfinsternisse sind streng genommen seltener. Da sie aber immer von der ganzen dem Mond zugewandten Erdkugel aus zu sehen sind, treten sie in der Praxis viel häufiger auf, manchmal sind sogar zwei in einem Jahr zu beobachten.

WIE EINE MONDFINSTERNIS ENTSTEHT

Alle 29,5 Tage ist Vollmond, so berichtet es jeder gute Kalender. Bei Vollmond steht der Mond der Sonne genau gegenüber und ist die ganze Nacht über am Himmel zu sehen. Ganz exakt in einer Linie befinden sich Sonne, Erde und Mond aber nicht, denn sonst könnten wir bei jedem Vollmond eine Mondfinsternis beobachten. Da die Mondbahn um gut fünf Grad gegen die Erdbahn geneigt ist, zieht der Mond in den meisten Fällen ober- oder unterhalb des Erdschattens vorbei.

Die Schnittpunkte zwischen den Bahnen von Sonne und Mond am Himmel bezeichnet man als Knoten; im aufsteigenden Knoten überquert der Mond die Ekliptik nach Norden, im absteigenden Knoten tritt er unter sie. Nur dann, wenn der Mond in der Nähe eines Knotens steht und gleichzeitig Vollmond ist, tritt eine Mondfinsternis ein. Je nach Abstand des Mondes zum Knoten ist die Finsternis total (die ganze Mondscheibe wandert durch den Kernschatten der Erde) oder partiell (der Mond tritt nur zum Teil in den Schatten der Erde ein).

Außerdem gibt es noch sogenannte Halbschattenfinsternisse, wenn der Mond knapp am Kernschatten der Erde vorbeischrammt und nur in den noch vom Sonnenlicht aufgehellten Teil des Erdschattens eindringt. Diese Finsternisse sind aber so unauffällig, dass man sie eigentlich nur fotografisch wahrnehmen kann.

MONDFINSTERNISSE BEOBACHTEN

Wann eine Mondfinsternis stattfindet, kann man in den schon mehrfach erwähnten astronomischen Jahrbüchern oder Zeitschriften nachschlagen. Eine Übersicht der nächsten Jahre fasst die Tabelle zusammen.

Bei einer totalen Mondfinsternis verfärbt sich der Mond rot.

Im Gegensatz zu der nur einige Minuten dauernden totalen Sonnenfinsternis ist eine totale Mondfinsternis ein eher entspanntes Ereignis. Im Idealfall, wenn der Mond exakt durch die Mitte des Erdschattens läuft, kann die Totalität fast zwei Stunden dauern. Vom Eintritt des Mondes in den Erdschatten bis zu seinem Austritt vergehen über drei Stunden. Der Idealfall tritt selten ein, doch mit einer guten Stunde Totalität kann man bei fast jeder totalen Mondfinsternis rechnen.

Die Finsternis beginnt mit dem Eintritt des Mondes in den Kernschatten, dem „1. Kontakt". Wenn sich die Mondscheibe völlig in den Kernschatten geschoben hat, spricht man vom 2. Kontakt, beim Berühren des äußeren Schattenrandes vom 3. Kontakt und beim vollständigen Verlassen des Kernschattens vom 4. Kontakt.

Während der Totalität ist der Mond nicht unsichtbar, sonst wäre eine Mondfinsternis auch recht langweilig. Vielmehr leuchtet er jetzt glutrot und

☞ MONDFINSTERNISSE

DATUM	ART DER FINSTERNIS	BEGINN (MEZ)	MITTE (MEZ)	ENDE (MEZ)	GRÖSSE DER FINSTERNIS
27. JUL 2018	total	19:24	21:22	23:19	1,61
21. JAN 2019	total	04:33	06:12	07:51	1,20
16. JUL 2019	partiell	21:01	22:31	24:00	0,66
16. MAI 2022	total	03:28	05:11	06:55	1,41
28. OKT 2023	partiell	20:35	21:14	21:53	0,12
18. SEP 2024	partiell	01:41	03:44	04:16	0,09
14. MÄRZ 2025	partiell	04:47	nach Monduntergang		
7. SEP 2025	total	–	19:12	19:53	1,36

hängt wie ein dunkelroter Lampion am Himmel. Das rote Licht stammt von der Sonne und wird von der Erdatmosphäre in den Kernschatten der Erde gelenkt. Aus dem gleichen Grund versinkt die Sonne bei Sonnenuntergang als roter Feuerball unter dem Horizont. Zum Rand des Kernschattens hin erscheint der Mond heller, was besonders bei der Beobachtung mit einem Fernglas oder Teleskop auffällt – ein unvergesslicher Anblick, wenn der Mond vor den Sternen schwebt.

WIE EINE SONNENFINSTERNIS ENTSTEHT

Bei einer Sonnenfinsternis wird die leuchtende Sonnenscheibe vom Mond bedeckt. Dies kann nur bei Neumond geschehen, wenn sich der Mond außerdem am Ort einer seiner Knoten (den Schnittpunkten zwischen Ekliptik und Mondbahn) befindet.

Rein zufällig haben Mond und Sonne am irdischen Himmel fast exakt den gleichen Durchmesser (ein halbes Winkelgrad oder 30 Bogenminuten). Zieht der Mond genau zwischen Sonne und Erde vorbei, so wirft er einen kleinen Schatten auf die Erdkugel, der selbst im besten Fall nur 270 km breit ist. Da sich die Erde dreht und der Mond sich bewegt, wandert dieser Schatten in einem langen Streifen über die Erdkugel, der sogenannten Finsternislinie. Außerhalb der Finsternislinie kann der Mond die Sonne nicht mehr vollständig abdecken, Beobachter sehen eine partielle Sonnenfinsternis.

Eine totale Sonnenfinsternis kann im besten Fall 7,5 Minuten dauern, aber dieser Maximalwert wird selten erreicht. Vor allem die elliptische Mondbahn verursacht, dass der Mond mal etwas größer und mal etwas kleiner am Himmel erscheint. Im ungünstigsten Fall kommt es sogar nur zu einer ringförmigen Sonnenfinsternis, wenn der Mond zwar exakt über die Sonnenscheibe hinwegzieht, aber zu weit von der Erde entfernt ist, um die Sonne vollständig abdecken zu können.

SONNENFINSTERNISSE BEOBACHTEN

Wer eine totale Sonnenfinsternis beobachten möchte, muss eine Reise auf sich nehmen. Es gibt mittlerweile zahlreiche Reiseveranstalter, die sich auf Sonnenfinsternis-Expeditionen spezialisiert haben. Wer sich dafür interessiert, dem sei der Blick auf Seite 178 empfohlen.

Für uns Beobachter in Deutschland, Österreich und der Schweiz sind alle Finsternisse der kommenden Jahre nur partiell zu sehen. Erst am 3. Sep-

Bei einer partiellen Sonnenfinsternis bedeckt der Mond die Sonne nur teilweise.

Bei einer totalen Sonnenfinsternis deckt der Mond die Sonne vollständig ab, die Korona der Sonne wird sichtbar.

tember 2081 findet wieder eine totale Sonnenfinsternis statt, die man vom deutschen Sprachraum aus sehen kann. Am 12. August 2026 führt der Schattenpfad einer totalen Sonnenfinsternis über Nordspanien und streift am Ende Mallorca – diese Gelegenheit sollte man sich nicht entgehen lassen! Eine totale Sonnenfinsternis ist ein dramatisches Ereignis. Während der partiellen Phase nimmt man die Finsternis kaum wahr, allenfalls mit einer Sonnenfinsternisbrille kann man sehen, dass sich der Mond Stück für Stück vor die Sonnenscheibe schiebt. Wer sich auf freiem Feld befindet, wird

☞ SONNENFINSTERNISSE

DATUM	ART DER FINSTERNIS	BEGINN (MEZ)	MITTE (MEZ)	ENDE (MEZ)	BEDECKUNGS-GRAD
10. JUN 2021	partiell	10:26	11:25	12:27	79 %
25. OKT 2022	partiell	10:11	11:09	12:10	34 %
29. MRZ 2025	partiell	11:22	12:11	13:00	28 %
12. AUG 2026	partiell	18:20	19:13	19:44	90%
2. AUG 2027	partiell	09:08	10:09	11:12	55 %
26. JAN 2028	partiell	16:40	17:04	17:04	31 %
12. JUN 2029	partiell	–	04:14	04:27	10 %

kurz vor der Totalität den Mondschatten auf sich zurasen sehen. Und dann ist es so weit: Die Sonne ist vollständig vom Mond bedeckt, auf der Erde herrscht ein fahles Dämmerlicht. Um den Mondrand züngeln kleine Sonnenflammen, die Protuberanzen, und weit um den schwarzen Mond erstreckt sich die Sonnenkorona, das schwache Leuchten der äußeren Sonnenhülle. Helle Sterne und Planeten werden sichtbar, die Welt ist für einige Minuten in Schweigen gehüllt.

Genauso schlagartig, wie die Finsternis beginnt, endet sie nach wenigen Minuten wieder. Kaum hat der Mond einen klitzekleinen Teil der Sonne wieder verlassen, strahlt auch schon das gleißende Licht unseres Sterns auf uns herab, der Spuk ist vorüber. Wer einmal eine totale Sonnenfinsternis miterlebt hat, gerät in ihren Bann, und manche Hobbyastronomen opfern ihre letzten Ersparnisse, um die nächste Totalität an einem fernen Ort miterleben zu können.

Am 29. März 2006 sahen die Astronauten auf der Internationalen Raumstation ISS den Mondschatten aus der Erdumlaufbahn, wie er sich über die südliche Türkei, den Norden von Zypern und das Mittelmeer bewegte und dort eine Sonnenfinsternis erzeugte.

Der Kernschatten einer Sonnenfinsternis überstreicht nur einen schmalen Pfad, hier am 21. August. 2017.

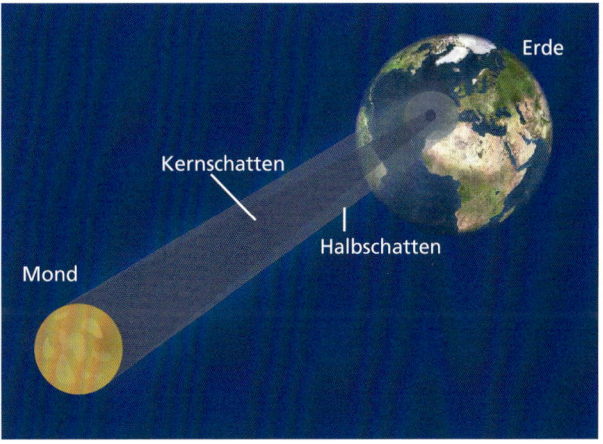

Nur im Gebiet des Kernschattens ist eine totale Sonnenfinsternis zu sehen, außerhalb davon erscheint sie partiell.

Januar

Im Januar entfaltet der Wintersternhimmel seine ganze Pracht. Dann sind besonders viele sehr helle Sterne zu sehen. Besonders das Sternbild Orion glänzt im Süden. Auch der Vollmond und zu dieser Jahreszeit sichtbare Planeten stehen dann hoch am Himmel.

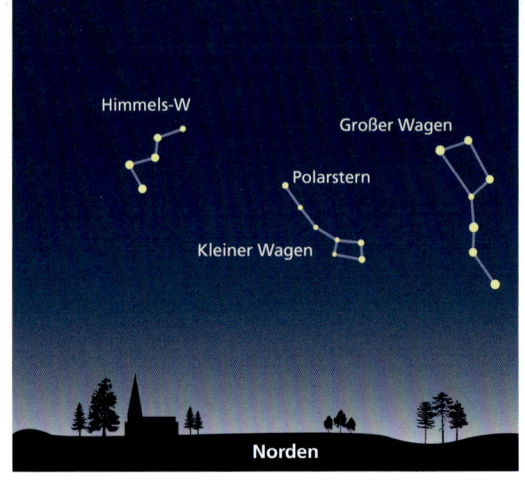

OKTOBER	NOVEMBER	DEZEMBER	JANUAR	FEBRUAR	MÄRZ	APRIL
05:00	03:00	01:00	23:00	21:00	19:00	17:00

Der Wintersternhimmel gilt als der prachtvollste des ganzen Jahres. Jetzt funkeln die wirklich hellen Sterne am Himmel. Besonders auffällig ist das Sternbild Orion, der Himmelsjäger. Hier sieht man auch einen farbigen Stern: Beteigeuze, der linke „Schulterstern", leuchtet auffallend rötlich. Schräg unterhalb des Orion funkelt Sirius, der hellste Stern des gesamten Himmels. Sirius ist der Hauptstern des Sternbildes Großer Hund, der den Jäger Orion begleitet. Etwas unscheinbar, unterhalb von Orion und neben dem Großen Hund, kauert das Sternbild Hase.

Die hellsten Sterne in Südrichtung bilden eine große Figur, die als Wintersechseck bekannt ist. Das Wintersechseck setzt sich zusammen aus (im Uhrzeigersinn) der gelblichen Kapella im Fuhrmann, dem rötlichen Aldebaran im Stier, dem blau leuchtenden Rigel im Orion, Sirius im Großen Hund, Prokyon im Kleinen Hund und Pollux in den Zwillingen. Oberhalb von Pollux findet man Kastor, den zweiten Hauptstern der Zwillinge. Durch Stier, Zwillinge und anschließend den Krebs zieht sich die scheinbare Bahn von Sonne, Mond und Planeten. Der Vollmond steht daher im Winter immer besonders hoch am Himmel.

Um den hellgelben Stern Kapella und das ganze Sternbild Fuhrmann zu sehen, muss man jetzt steil nach oben schauen. Der Fuhrmann steht fast im Zenit und sieht auf den ersten Blick wie ein Sechseck aus, aber sein unterer Stern gehört bereits zum Sternbild Stier und bildet dort das obere der beiden Stierhörner.

DAS STERNBILD DES MONATS: DER ORION

Der Orion ist das auffälligste Wintersternbild. Es besteht aus sieben Hauptsternen, vier davon bilden die Schultern und Füße, drei davon den Gürtel des Himmelsjägers. Durch den rechten Gürtelstern verläuft der Himmelsäquator, die virtuelle Trennlinie zwischen dem Nord- und Südsternhimmel. Der Name Orion stammt aus der griechischen Sagenwelt. Hier trat der Jäger prahlerisch auf, was die Götter erzürnte. Sie entsandten einen Skorpion, der Orion mit einem Stich tötete. Beide wurden der Sage nach anschließend an den Himmel versetzt, so dass sie sich nie wieder begegnen können: Orion ist nur im Winter sichtbar, der Skorpion im Sommer. Für Astronomen ist der Himmel rund um den Orion eine Fundgrube. Lang belichtete Aufnahmen zeigen überall rot leuchtendes Wasserstoffgas, das stellenweise von Dunkelwolken verdeckt wird. Der hellste Teil der interstellaren Wolken leuchtet im „Schwertgehänge" des Himmelsjägers, unterhalb der drei Gürtelsterne. Hier kann man in einer dunklen klaren Nacht bereits mit einem Fernglas den berühmten Orion-Nebel sehen, allerdings farblos (siehe Kasten links).

 DER ORION-NEBEL

Unterhalb der drei Gürtelsterne des Sternbilds Orion fällt bereits mit bloßem Auge ein nebliger Fleck auf. Ein Fernglas zeigt ihn besser, und im Fernrohr kann man einzelne Nebelteile erkennen, wenn auch nicht so farbig wie auf dem Bild links. Der Orion-Nebel ist eine riesige Wolke aus interstellarem Wasserstoff, die durch junge, heiße Sterne zum Leuchten angeregt wird. Hier bilden sich neue Sterne – und um sie wahrscheinlich auch Planetensysteme.

Februar

Der Februar bildet den Übergang zwischen dem Winter- und Frühlingssternhimmel. Die hellen Wintersternbilder stehen abends bereits im Westen, im Osten tauchen die Frühlingssternbilder auf. Der Blick nach Süden geht knapp am Band der Milchstraße vorbei.

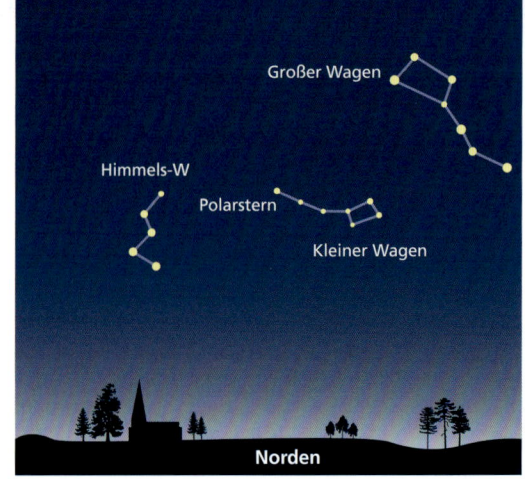

NOVEMBER	DEZEMBER	JANUAR	FEBRUAR	MÄRZ	APRIL	MAI
05:00	03:00	01:00	23:00	21:00	19:00	17:00

Auf der Sternkarte rechts ist das Wintersechseck nicht mehr vollständig zu sehen; wer zu früherer Stunde als 23 Uhr beobachtet, sollte daher die Januar-Sternkarte benutzen (siehe Tabelle oben). Etwas rechts (westlich) der Südrichtung sind aber noch die hellen Sterne Sirius im Großen Hund (der hellste Stern des ganzen Himmels), Prokyon im Kleinen Hund, Pollux und Kastor in den Zwillingen sowie Kapella im Fuhrmann zu sehen. Die rötliche Beteigeuze im Orion ist ebenfalls ein sehr heller Stern, aber nicht Teil des Wintersechsecks.

Im Bereich dieser hellen Sterne kann man die Wintermilchstraße sehen, hier blickt man direkt in die Scheibe unserer Galaxis. Etwas links (östlich) der Milchstraße beginnt ein Himmelsabschnitt, der kaum helle Sterne aufweisen kann. Hier geht der Blick „über den Tellerrand" der galaktischen Scheibe in den fernen Weltraum hinaus.

Im Süden findet man jetzt das Tierkreissternbild Krebs, meistens sieht man aber zuerst den Sternhaufen Krippe anstelle des Sternbilds (siehe Kasten unten). An den Krebs schließt sich der Löwe an, dessen hellster Stern Regulus bald im Süden stehen wird. Unterhalb von Krebs und Löwe schlängelt sich die Wasserschlange. Ihr hellster Stern, Alphard, heißt auf deutsch „der Alleinstehende" – eine zutreffende Beschreibung.

Blickt man nach Norden (kleine Karte oben), findet man hoch am Himmel den Großen Wagen. Er wird im Frühjahr seine Höchststellung im Zenit erreichen, das Himmels-W dagegen zum Nordhorizont hin absinken.

DAS STERNBILD DES MONATS: DIE ZWILLINGE

Die Zwillinge sind ein großes und auffälliges Tierkreissternbild. Die Form des Sternbildes erinnert an einen langen Kasten, an dessen linkem Ende die beiden Hauptsterne Kastor und Pollux auffallen. Kastor ist der obere der beiden, Pollux der untere. Nach der griechischen Mythologie sind die Zwillingsbrüder Söhne von Zeus und Leda, aber nur Pollux konnte die Unsterblichkeit für sich in Anspruch nehmen. Als sein geliebter Bruder Kastor im Kampf fiel, bat Pollux seinen Göttervater darum, Kastor ebenfalls in den Olymp aufzunehmen. Zeus aber lehnte ab, und so verbringt Pollux seine Zeit je zur Hälfte im Olymp und in der Welt der Toten bei seinem Bruder Kastor. Der Stern Pollux ist etwas heller als Kastor und steht uns mit 34 LJ auch etwas näher (Kastor: 52 LJ). Dafür ist Kastor ein interessanter Mehrfachstern, zwei Komponenten kann man schon mit einem kleinen Fernrohr trennen, in Wirklichkeit besteht Kastor sogar aus drei Doppelsternpaaren.

Von Ende Juni bis Ende Juli wandert die Sonne durch die Zwillinge und erreicht kurz zuvor an der Grenze der Sternbilder Stier/Zwillinge ihren alljährlichen Höchststand.

DIE KRIPPE – EIN STERNHAUFEN

Mitten im unscheinbaren Sternbild Krebs befindet sich der Offene Sternhaufen Krippe, auch Praesepe genannt. Oft sieht man die Krippe besser als das sie umgebende Sternbild. Was mit bloßem Auge wie ein Nebelfleck aussieht, stellt sich beim Blick durch Fernglas oder Fernrohr als eine Ansammlung vieler Sterne dar: ein Sternhaufen. Das Objekt mit der Katalogbezeichnung M 44 steht uns mit 580 Lichtjahren recht nahe, daher ist die Krippe so hell.

März

Im März haben sich die Wintersternbilder endgültig verabschiedet, der Sternenhimmel wird nun von den Frühlingssternbildern dominiert. Die Tage werden wieder deutlich länger, es wird abends später dunkel und morgens früher hell. Das Sternbild Löwe lenkt die Blicke auf sich.

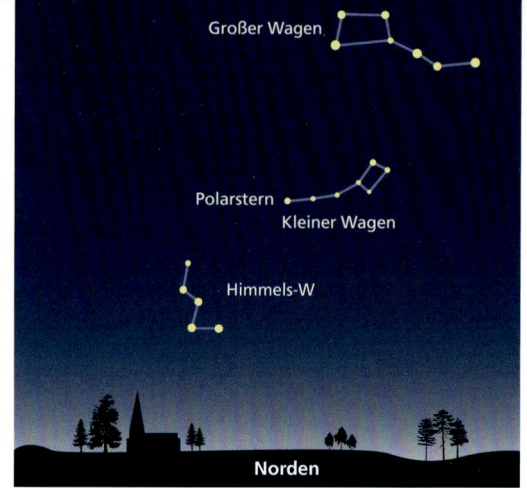

DEZEMBER	JANUAR	FEBRUAR	MÄRZ	APRIL	MAI	JUNI
05:00	03:00	01:00	23:00	21:00	19:00	17:00

Im Frühling ist von der Milchstraße nicht mehr viel zu sehen. Allenfalls am Westhorizont kann man bei sehr klarem Himmel noch einen Teil von ihr erhaschen. In Südrichtung geht der Blick jetzt aus der galaktischen Ebene heraus, die Zeit der Galaxien beginnt.

Im Südwesten erkennt man noch den Krebs mit dem Offenen Sternhaufen Krippe (lat.: Praesepe). Hoch über unseren Köpfen prangt nun der Große Wagen bzw. das viel größere Sternbild Großer Bär. Das Herbststernbild Kassiopeia („Himmels-W") sinkt dagegen immer tiefer zum Nordhorizont hinab. Die Kassiopeia befindet sich wie der Kleine Wagen das ganze Jahr über dem Horizont, man sagt daher, sie sei „zirkumpolar".

Ganz anders dagegen die Sternbilder in Südrichtung: Sie sind nur für einige Wochen gut zu beobachten, stehen dann deutlich über dem Horizont. Im März ist dies besonders der Löwe, das typische Frühlingssternbild. Etwas darüber befindet sich das unauffällige Sternbild Kleiner Löwe. Unterhalb des Löwen kann man jetzt gut das größte Sternbild des Himmels sehen, die Wasserschlange. Alphard („der Alleinstehende") erscheint deutlich rötlich, es handelt sich bei ihm um einen kühlen Stern. Links der Wasserschlange schließen sich die Sternbilder Becher und Rabe an. Der Rabe ist zwar kein besonders helles Sternbild, aber aufgrund seiner prägnanten Form gut zu erkennen. Oberhalb des Raben ragt bereits ein Teil der Jungfrau in die Sternkarte hinein. Sie wird in einem Monat gut zu sehen sein.

DAS STERNBILD DES MONATS: DER LÖWE

Leo, der Löwe, ist ein klassisches Frühlingssternbild. Sein hellster Stern ist Regulus, der „kleine König". Am linken Ende befindet sich Denebola, der Schwanzstern des Löwen. Der Löwe ist eines der wenigen Sternbilder, in dessen Form man auch die Figur des Sternbildes gut erkennen kann. Ausgestreckt liegt der Löwe am Himmel, seinen Kopf bilden die vier Sterne rechts oben.

Der Sage nach wurde der Löwe einst von Herkules bezwungen. Nachdem Speer und Keule versagt hatten, lockte Herkules den nemeischen Löwen in eine Höhle und erwürgte ihn dort mit bloßen Händen. Fast genau durch Regulus verläuft die Ekliptik, die scheinbare Sonnenbahn, in deren Nähe sich auch der Mond und die Planeten aufhalten. Daher kommt es immer wieder zu Begegnungen zwischen Regulus und einem Planeten, hin und wieder wird Regulus auch vom Mond bedeckt.

Neben der Galaxie NGC 2903 gibt es im Sternbild Löwe eine Vielzahl weiterer Galaxien. Hier wird der Blick in den tiefen Weltraum nicht von Sternen und Staub unserer eigenen Galaxis, der Milchstraße, behindert. Zur Beobachtung braucht man aber ein gutes Fernrohr.

☞ DIE SPIRALGALAXIE NGC 2903

Etwas unterhalb des Löwenkopfs befindet sich die Spiralgalaxie „NGC 2903", also das 2903. Objekt im „New General Catalogue". Um sie zu sehen, benötigt man schon ein kleines Fernrohr ab 80 mm Objektivdurchmesser. Ein Stück unterhalb des helleren Sterns auf der Sternkarte rechts fällt ein Dreieck aus Sternen auf (Bild links), das durch die Galaxie links unten zu einem Trapez ergänzt wird. NGC 2903 ist 25 Mio. Lichtjahre von unserer Galaxis entfernt.

April

Am Himmel ist es wie im wirklichen Leben: Im April hat der Frühling Einzug gehalten. Löwe, Jungfrau und Rinderhirte – nun sind alle Frühlingssternbilder zur Parade aufgelaufen. Ihre drei Hauptsterne bilden zusammen das große „Frühlingsdreieck".

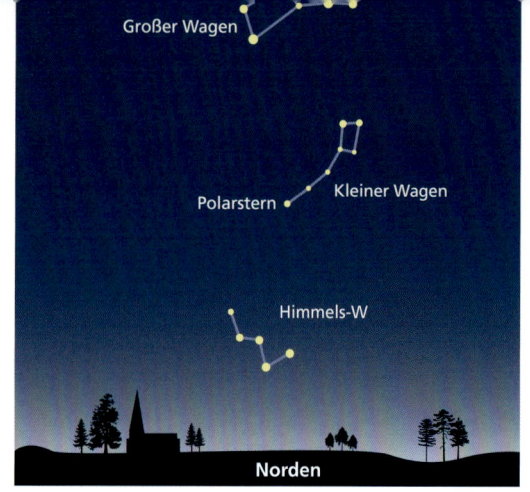

JANUAR	FEBRUAR	MÄRZ	APRIL	MAI	JUNI	JULI
05:00	03:00	01:00	23:00	21:00	19:00	17:00

Der Große Wagen hat nun seine Höchststellung am Himmel erreicht. Er steht senkrecht über uns im Zenit, und es ist jetzt die beste Zeit, um auch einmal die schwächeren Sterne des eigentlichen Sternbildes Großer Bär aufzusuchen.

Weiter unten, in Richtung des Südhorizonts, entfaltet sich die ganze Schönheit des Frühlingssternhimmels. Der Löwe ist schon etwas nach Westen vorgerückt, weiter in Richtung Osten sind die Sternbilder Jungfrau und Rinderhirte zu sehen. Die drei Hauptsterne dieser Sternbilder – Regulus im Löwen, Spika in der Jungfrau und Arktur im Rinderhirten – bilden zusammen das Frühlingsdreieck. Dabei handelt es sich hier um drei sehr unterschiedliche Sterne. Der kühle und auffallend rötliche Arktur („der Bärenhüter") steht uns mit 37 Lichtjahren am nächsten. Regulus befindet sich mit 77 LJ an zweiter Stelle, Spika in der Jungfrau ist dagegen 260 LJ von uns entfernt. Sie ist auch der tatsächlich hellste und gleichzeitig heißeste Stern des stellaren Trios. Zwischen Rinderhirte und Großem Bär befindet sich das aus nur zwei Sternen bestehende Sternbild Jagdhunde. Der hellere der beiden heißt Cor Caroli, das Herz Charles', im 17. Jahrhundert von Johannes Hevelius benannt zu Ehren des englischen Königs Karl II. Mitten Im Frühlingsdreieck, zwischen Löwe und Jungfrau, befindet sich der Virgo-Galaxienhaufen (Virgo: lat., Jungfrau). Hier sind zahlreiche Galaxien in ca. 60 Mio. Lichtjahren Entfernung versammelt, zu deren Beobachtung man aber ein gutes Hobbyteleskop benötigt.

DAS STERNBILD DES MONATS: DIE JUNGFRAU

Die Jungfrau ist eines der zwölf Tierkreissternbilder. Durch sie wandert die Sonne zwischen dem 16. 9. und dem 31. 10. Hier befindet sich auch der Schnittpunkt von Ekliptik (der scheinbaren Bahn der Sonne am Himmel) und des Himmelsäquators. Alljährlich um den 22. September überquert die Sonne diese Trennlinie, dann ist Herbstanfang und Tagundnachtgleiche.

In der Mythologie steht die Jungfrau für viele Gestalten; eine davon beschreibt sie als Persephone, die Tochter der Fruchtbarkeitsgöttin Demeter. Persephone wurde von Hades geraubt und lebt seitdem in der Unterwelt. Ihre Mutter Demeter war so verzweifelt, dass sie ihrer Tochter folgte und darüber ihre göttlichen Pflichten vernachlässigte. Daher ist es im Winter kalt und es gibt keine Ernte. Wenn Persephone, die Jungfrau, aber wieder am Himmel auftaucht, erblüht auch das Leben.

Spika ist der hellste Stern in der Jungfrau, ihr Name bedeutet übersetzt „die Kornähre". Auch in Wirklichkeit ist sie ein sehr heller, heißer Überriesenstern. Was mit bloßem Auge nicht zu sehen ist: Spika wird von einem anderen Stern umkreist, der sie alle vier Tage bedeckt.

☞ DIE WHIRLPOOL-GALAXIE

Eigentlich gehört sie zum Sternbild Jagdhunde, aber vom vorderen Deichselstern des Großen Wagens aus kann man M 51 besser aufsuchen. Die berühmte Whirlpool-Galaxie (der „Strudelnebel") ist bereits in einem guten Fernglas zu sehen. Um die Spiralstruktur des 30 Mio. LJ entfernten Sternsystems erkennen zu können, braucht man aber ein großes Fernrohr. M 51 besteht genau genommen aus zwei Galaxien, die sich gegenseitig verzerren.

Mai

Im Mai wandelt sich der Sternenhimmel. Die Frühlingssternbilder sind abends noch zu sehen, aber da es bereits deutlich später dunkel wird, rücken bald die Sommersternbilder nach. Als ersten Stern in der Dämmerung sieht man Arktur, den Hauptstern des Rinderhirten.

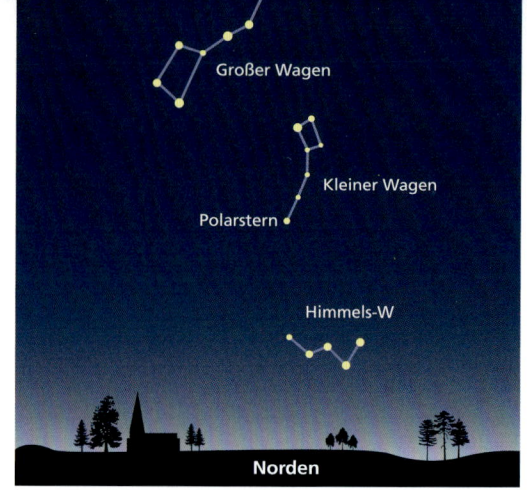

FEBRUAR	MÄRZ	APRIL	MAI	JUNI	JULI	AUGUST
05:00	03:00	01:00	23:00	21:00	19:00	17:00

Der frühsommerliche Abendhimmel wird vom hellen Stern Arktur dominiert, einem der hellsten Sterne des Himmels. Arktur ist der Hauptstern des Sternbildes Rinderhirte und leuchtet auffallend rötlich. Sein Name bedeutet „Bärenhüter".
Südwestlich von Arktur (also unten rechts) findet man das Sternbild Jungfrau. Ihr hellster Stern heißt Spika, und zusammen mit Arktur und Regulus (der bereits nach rechts aus der Karte herausgewandert ist) bildet Spika das Frühlingsdreieck.
Links oberhalb (nordöstlich) von Arktur erkennt man ein kleines, aber prägnantes Sternbild, das einen Halbkreis bildet. Es ist die Nördliche Krone, deren Hauptstern Gemma auch „der Edelstein" genannt wird.
Noch weiter nordöstlich schließt sich Herkules an, ein großes, aber nur aus lichtschwachen Sternen bestehendes Sternbild. Herkules kann man am besten im Juli und August beobachten.
Tief am Südosthimmel kündigt sich bereits der Sommer an. Tiefrot funkelt hier Antares, der Hauptstern des Sternbildes Skorpion. Antares bedeutet „Gegenmars", denn er sieht dem roten Planeten zum Verwechseln ähnlich. Steht Mars in der Nähe von Antares (das kann er, denn oberhalb von Antares verläuft die Ekliptik, die Bahn von Sonne, Mond und Planeten), dann unterscheidet sich der Planet durch sein ruhiges Licht vom funkelnden Stern.
Der Große Wagen (Karte oben) hat seine Höchststellung durchschritten und beginnt bereits wieder, am Nordwesthimmel herabzusinken. Ganz tief sieht man dort noch die Kassiopeia, ein Herbststernbild.

DAS STERNBILD DES MONATS: DER RINDERHIRTE

Das Sternbild Rinderhirte beherbergt mit Arktur den hellsten Stern des Nordhimmels (und den vierthellsten Stern des gesamten Himmels überhaupt). Sein Name bedeutet übersetzt „Bärenhüter", der manchmal auch für das gesamte Sternbild verwendet wird. Der Rinderhirte treibt die sieben Sterne des Großen Wagens an, die in der römischen Interpretation sieben Ochsen darstellen, die beständig um den Klöppel (den Polarstern) zu laufen haben. Arktur ist ein orangefarbener Stern, der das Schicksal unserer Sonne beschreibt: Auch sie wird sich in einigen Milliarden Jahren stark aufblähen, dabei abkühlen und rötlich leuchten.
Nach der griechischen Legende handelt es sich beim Rinderhirten um Ikarios, der vom Gott Dionysos in die Kunst des Weinbaus eingeweiht wurde – was Ikarios nicht bekam, denn er wurde von Bauern im Weinrausch erschlagen und anschließend von Zeus am Sternenhimmel verewigt.
Der Stern links oberhalb von Arktur wird Izar genannt und ist ein schöner Doppelstern, den man mit einem Teleskop beobachten kann. Nett anzusehen ist auch der Sternhaufen M 3 (Kasten links).

 DER KUGELSTERNHAUFEN M 3

Auf halbem Weg zwischen Arktur und dem vorderen Deichselstern des Großen Wagens findet man M 3, einen Kugelsternhaufen. Mit bloßem Auge nur etwas für Spezialisten, ist das Objekt mit dem Feldstecher leicht zu sehen. Um den Sternhaufen in einzelne Sterne auflösen zu können, benötigt man aber ein Teleskop mit mindestens 15 cm Öffnung. M 3 ist 30.000 Lichtjahre von uns entfernt, liegt also weit außerhalb der galaktischen Scheibe.

Juni

Mitte Juni beginnen die hellen Sommernächte. Dann wird es in Mitteleuropa nicht mehr richtig dunkel. Schade eigentlich, denn nun ist es nachts nicht mehr so kalt, und die Sommermilchstraße macht sich bemerkbar. In südlichen Ländern wird es dagegen vollständig dunkel.

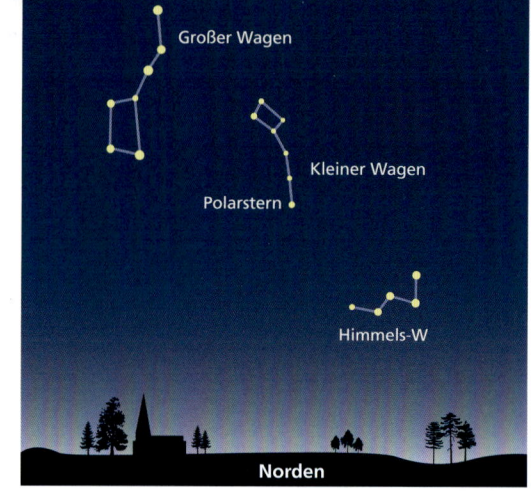

MÄRZ	APRIL	MAI	JUNI	JULI	AUGUST	SEPTEMBER
05:00	03:00	01:00	23:00	21:00	19:00	17:00

Um den 21. Juni überschreitet jedes Jahr die Sonne ihren höchsten Punkt am Himmel (an der Grenze der Sternbilder Stier und Zwillinge), dann beginnt der astronomische Sommer. Es wird nun später dunkel und ab Mitte Juni herrschen die „weißen Nächte" für Orte nördlich von ca. 50° Breite. Oft kann man dann besonders gut Satelliten sehen, die in der langen Dämmerungsphase als schnell wandernde Sternchen auffallen.

Die Frühlingssternbilder sind fast alle verschwunden. Auffällig ist noch der helle Arktur im Rinderhirten, er tritt als einer der ersten Sterne aus dem Dämmerungshimmel hervor – und liefert sich dabei einen Wettstreit mit der bläulichen Wega, dem Hauptstern der Leier.

Zwischen Rinderhirte und Leier befindet sich das große, aber unscheinbare Sternbild Herkules. Die Hauptattraktion dort ist der Kugelsternhaufen M 13, der hellste seiner Art am Nordsternhimmel (siehe Kasten unten). Auch nicht auffälliger, dafür aber noch größer, ist der Schlangenträger, zusammen mit dem Sternbild Schlange. Die Schlange ist das einzige Sternbild, das zweigeteilt sein Dasein fristet. Der rechte (westliche) Teil ist der Kopf der Schlange, der linke der Schwanz. Übrigens ist der Schlangenträger das 13. Tierkreissternbild, denn durch ihn wandert die Sonne alljährlich von Ende November bis Mitte Dezember. Tief im Süden leuchtet jetzt Antares, der hellste Stern im Skorpion. Zwischen Skorpion und Schütze sind auch besonders helle Gebiete der Milchstraße zu sehen.

DAS STERNBILD DES MONATS: DER HERKULES

Der Herkules ist ein großes, aber aus schwachen Sternen bestehendes Sternbild, das sich auf halber Strecke zwischen den hellen Sternen Arktur (im Rinderhirten) und Wega (in der Leier) befindet. Das Sternbild Herkules ist seit dem 4. Jahrtausend vor unserer Zeitrechnung bekannt. Seitdem wird er als kniender Held gesehen, der kopfüber am Himmel steht und seinen Fuß auf den Kopf des Drachen stellt. Die Babylonier sahen hier Gilgamesch, die Hauptfigur der babylonischen Schöpfungsgeschichte. Die griechische Mythologie berichtet vom Held Herakles, der zwölf scheinbar unlösbare Aufgaben zu erfüllen hatte, diese jedoch löste, dann aber durch einen Gifttrank zu Tode kam und von Zeus einen Platz am Sternenhimmel erhielt.

Der erste Stern des Sternbildes, in der Nähe zum Schlangenträger, heißt Ras Algethi. Dieser Name stammt aus dem Arabischen und bedeutet „Kopf des Knieenden". Der hellste Stern im Herkules aber ist Kornephoros, der sich rechts oberhalb von Ras Algethi befindet. Im Herkules finden Hobbyastronomen mit einem Fernglas den berühmten Kugelsternhaufen M 13, den hellsten am nördlichen Sternenhimmel (siehe links).

 DER KUGELSTERNHAUFEN M 13

Der schönste und hellste Kugelsternhaufen des Nordhimmels ist M 13 im Herkules. Mit bloßem Auge kann man ihn trotzdem nur bei sehr dunklem Himmel sehen, aber leicht mit einem Fernglas. Der Sternhaufen besteht aus hunderttausenden Sternen, einige von ihnen kann man im Teleskop einzeln sehen, am besten mit dem großen Spiegelteleskop einer Volkssternwarte. M 13 ist am Himmel halb so groß wie der Vollmond und 25.000 Lichtjahre entfernt.

Juli

Der Juli ist der heißeste Monat des Jahres, jetzt herrschen die „Hundstage". Diese Bezeichnung stammt von Sirius, dem Hauptstern des Großen Hundes, mit dem die Sonne jetzt am Himmel steht. Am Nachthimmel ist die prachtvolle Milchstraße nun gut zu sehen.

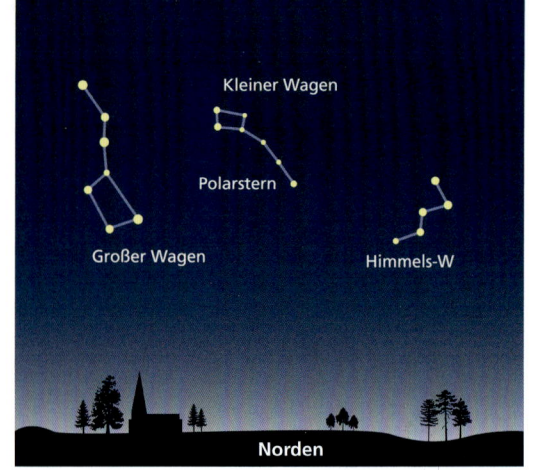

APRIL	MAI	JUNI	JULI	AUGUST	SEPTEMBER	OKTOBER
05:00	03:00	01:00	23:00	21:00	19:00	17:00

Der Juli könnte der schönste Monat für Sternbeobachter sein. Laue Nächte, ein prachtvoller Sternenhimmel voller heller Sterne und mit der weit ausgedehnten Milchstraße. Wenn die Nächte im Juli nur nicht so hell und kurz wären …

So muss man etwas länger warten, wird aber für seine Geduld auch belohnt. Tief im Süden finden sich nun die Sternbilder Schütze und Skorpion, dessen hellster Stern Antares („Gegenspieler des Mars") auffallend rötlich leuchtet. Hier blicken wir in die Richtung des Milchstraßenzentrums, die Milchstraße ist daher besonders hell – was in unseren Breiten aufgrund der Horizontnähe nicht so sehr auffällt, aber von südlichen Ländern aus umso beeindruckender ist. Das Zentrum unserer Galaxis, der Milchstraße, ist etwa 25.000 Lichtjahre von uns entfernt und wird in diesem Bereich von vielen dunklen Gas- und Staubwolken abgeschwächt, sonst wäre die Milchstraße hier noch viel heller.

Ein Stück davon entfernt, nach Nordosten (links oben), fällt die Milchstraße daher umso mehr auf.

👉 DIE LAGUNENNEBEL M 8

Entlang der Milchstraße finden sich viele schöne Gasnebel, die von heißen Sternen zum Leuchten angeregt werden. Einer der hellsten ist M 8, der Lagunennebel. Im Idealfall (besonders vom Mittelmeerraum aus) kann man ihn schon mit bloßem Auge sehen, ansonsten mit dem Fernglas. Viele, relativ neu „geborene" Sterne werden hier von Gas- und Staubmassen umgeben, die 6000 Lichtjahre (ein Viertel zum Zentrum der Galaxis) entfernt sind.

Sie wird hier von drei hellen Sternen umsäumt, die zusammen das Sommerdreieck bilden: Deneb im Schwan, Wega in der Leier und Atair im Sternbild Adler.

Etwas rechts der Südrichtung, nach Westen versetzt, findet sich halbhoch noch das Sternbild Herkules: groß, aber leider nur aus lichtschwachen Sternen bestehend. Darunter füllt der Schlangenträger ein großes Gebiet, der ob seiner Unauffälligkeit scherzhaft auch als „große Sternenleere" bezeichnet wird.

DAS STERNBILD DES MONATS: DER SCHÜTZE

Der Schütze ist ein recht südlich stehendes Sternbild, das man von mittleren nördlichen Breiten aus nur tief am Horizont sehen kann. Es besteht aber aus relativ hellen Sternen und bildet eine prägnante Figur, so dass man es dennoch leicht findet. Im englischen Sprachraum wird der Schütze umgangssprachlich „Teapot", der Teekessel, genannt, was die Sternfigur auch gut darstellt.

Im Schützen ist die Milchstraße besonders auffällig, was man besser von südlichen Ländern aus sehen kann, wenn der Schütze dort hoch am Himmel steht. In dieser Richtung blicken wir zum Zentrum unserer Galaxis hin, wobei der direkte Blick darauf durch viele Gas- und Staubwolken verdeckt wird. In der Mythologie wird der Schütze meist als Zentaur dargestellt (nicht zu verwechseln mit dem Sternbild Zentaurus am südlichen Sternenhimmel), ein Wesen halb Mensch, halb Tier. Das auf der Sternkarte gezeichnete Sternbild stellt davon Oberkörper und den nach rechts gerichteten Bogen des Schützen dar.

Im Schützen befindet sich der niedrigste Punkt der scheinbaren Sonnenbahn. Hier erreicht die Sonne im Dezember ihren Tiefststand.

August

Für die Beobachtung des Sommersternhimmels ist der August der beste Monat. Es wird wieder etwas früher dunkel und ist nachts noch angenehm mild. Hoch über unseren Köpfen prangt das Sommerdreieck – und um die Monatsmitte sind viele Sternschnuppen zu sehen.

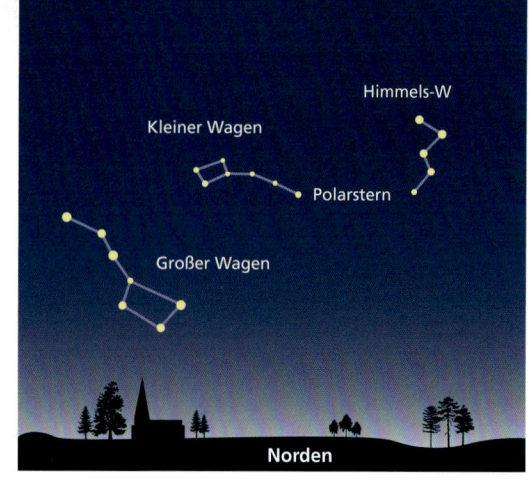

MAI	JUNI	JULI	AUGUST	SEPTEMBER	OKTOBER	NOVEMBER
05:00	03:00	01:00	23:00	21:00	19:00	17:00

Die besonders heißen „Hundstage" sind vergangen, die Tage noch warm, und in der Nacht kühlt es wieder merklich ab, ohne wirklich kalt zu werden – ideale Bedingungen für Sternbeobachter!

Den Sternenhimmel dominiert nun das Sommerdreieck. Es setzt sich zusammen aus den drei Hauptsternen Wega in der Leier, Atair im Adler und Deneb im Schwan. Deneb ist zwar der lichtschwächste des Trios, aber das sei ihm verziehen, denn mit 2000 Lichtjahren ist er sehr viel weiter entfernt als Wega (25 LJ) und Atair (17 LJ). Deneb ist in Wirklichkeit sehr viel heller als seine Begleiter und ein wahrer „Überriese".

Entlang des Sommerdreiecks windet sich die Milchstraße. Vom Schützen aus zieht sich das milchige Band aus unzähligen Sternen durch Adler, Leier und Schwan in Richtung Norden. Zwischen diesen hellen Sternbildern fallen noch zwei kleinere auf: der Delfin und der Pfeil; beide nicht mit hellen Sternen gesegnet, aber dank ihrer kompakten Figuren recht auffällig.

DIE RINGNEBEL M 57

Ein Objekt für Fernrohrbeobachter: der Ringnebel in der Leier. Man findet ihn auf halber Strecke zwischen den unteren beiden Leiersternen. M 57 ist ein sogenannter „Planetarischer Nebel", aber diese Objekte haben mit Planeten nichts zu tun, sie sind im Fernrohr nur ähnlich groß. Tatsächlich handelt es sich bei ihnen um Gashüllen, die ein alternder Stern abgestoßen hat und die nun ins Weltall driften. M 57 ist knapp 2000 LJ von uns entfernt.

Um den 12. August sind jedes Jahr besonders viele Sternschnuppen zu sehen: die Perseiden. Ihren Namen erhielten sie vom Sternbild Perseus, dem sie zu entspringen scheinen (siehe Seite 149). Bis zu 100 Sternschnuppen sind dann pro Stunde zu sehen, die meisten allerdings nach Mitternacht. In diesen Tagen kreuzt die Erde die Bahn des Kometen Swift-Tuttle, dessen zurückgebliebene Staubteilchen als Sternschnuppen in der Erdatmosphäre verglühen.

DAS STERNBILD DES MONATS: DER SCHWAN

Der Schwan ist ein großes und auffälliges Sommersternbild, das mitten in der Milchstraße liegt. Sein hellster Stern heißt Deneb und stellt den Schwanz des Tieres dar. Obwohl sehr hell, ist Deneb weit von der Erde entfernt; man spricht von einem „Überriesen", der 1700-mal heller leuchtet als unsere Sonne. Den Kopf des Schwans bildet rechts unten der Stern Albireo. Albireo ist ein wunderschöner Doppelstern, der bereits im Fernglas getrennt werden kann und im Fernrohr zwei Sterne mit deutlichem Farbkontrast zeigt: Ein Stern ist orange, der andere blau.

Mit weit ausgestreckten Schwingen fliegt der Schwan in Richtung Horizont; sein mittlerer Stern heißt Sadr, was übersetzt „Brust" bedeutet. Aufgrund der charakteristischen Form wird der Schwan manchmal auch „Kreuz des Nordens" genannt.

Die griechische Sage berichtet wieder über eine Eskapade von Zeus, dem Chef der Götter. Er soll sich in einen schönen Schwan verwandelt und so der Leda genähert haben. Als Ergebnis des Seitensprungs (Zeus' Gattin Hera war davon gar nicht angetan) folgten die Söhne Kastor und Pollux, die heute als Hauptsterne des Wintersternbildes Zwillinge bekannt sind.

September

Auf die Pracht des Sommersternhimmels folgt im September eine gewissen Sternenarmut. Die Herbststernbilder beginnen den Himmel zu erobern und der Blick geht wieder weg von der Milchstraße in den tiefen Weltraum hinein. Der Große Wagen sinkt zum Nordhorizont.

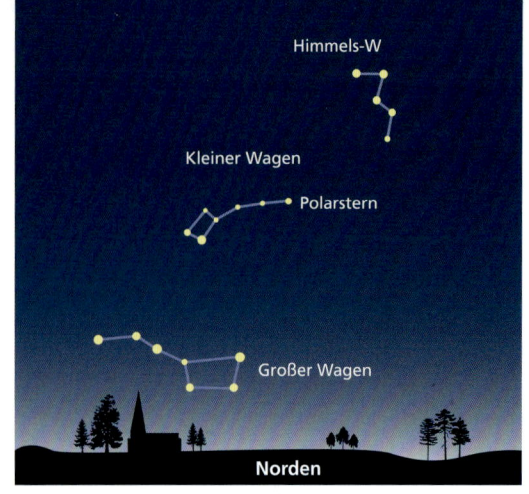

JUNI	JULI	AUGUST	SEPTEMBER	OKTOBER	NOVEMBER	DEZEMBER
05:00	03:00	01:00	23:00	21:00	19:00	17:00

Im September wird es wieder deutlich früher dunkel, so dass man zu Dämmerungsbeginn noch die Sternkarte August verwenden kann. Später rücken die Herbststernbilder immer weiter vor. Der frühherbstliche Himmel wird geprägt durch die Abwesenheit auffallend heller Sterne. Zwar kann man im Westen noch die Glanzlichter des Sommerhimmels erspähen, aber im Süden und zum Osthimmel hin sieht der Himmel jetzt etwas unspektakulär aus.

Nur knapp über dem Südhorizont funkelt ein heller Stern: Fomalhaut, der Hauptstern des Sternbildes Südlicher Fisch. Sein Name stammt aus dem Arabischen und bedeutet übersetzt „Maul des Fisches". Oberhalb findet man die Tierkreissternbilder Steinbock und Wassermann.

Im Steinbock fand vor rund 6000 Jahren die Sonne ihren jährlichen Tiefstand, daher benutzt man noch heute den Begriff „Wendekreis des Steinbocks", obwohl dieser Punkt längst in das Sternbild Schütze gewandert ist. Das zweite Tierkreissternbild, der Wassermann, ist ebenfalls recht unscheinbar. Gut erkennt man noch eine Figur aus Sternen, die an einen Mercedesstern erinnert.

Höher am Himmel fällt nun das Herbstviereck auf. Es erinnert zusammen mit den Sternen des Sternbilds Pegasus an den Großen Wagen, ist aber viel ausgedehnter. Der linke obere Eckstern des Herbstvierecks gehört eigentlich zum Sternbild Andromeda, in dem man in besonders dunklen Nächten bereits mit bloßem Auge die berühmte Andromeda-Galaxie sehen kann.

DAS STERNBILD DES MONATS: DER PEGASUS

Pegasus, des geflügelte Pferd, steht kopfüber am Himmel. Kopf, Hals und Mähne werden von den vier Sternen ab Enif („Nase") dargestellt, der Körper von der als Herbstviereck bekannten Figur, die Beine und Hufe von den Sternketten rechts oberhalb des Herbstvierecks. Der linke obere Kastenstern wird mittlerweile dem Sternbild Andromeda zugerechnet, die Übersetzung seines Namens Sirrah – der Nabel – deutet aber noch auf die Zugehörigkeit zum Pegasus hin. Die drei anderen Sterne des Herbstvierecks sind Scheat („Schienbein", rechts oben), Markab („Sattel", rechts unten) und Algenib („Seite", links unten).

In der griechischen Mythologie taucht Pegasus als verwandelter Meeresgott Neptun auf, der sich der Gorgone Medusa näherte. Der Medusa wurde aber kurz darauf vom Held Perseus das Haupt abgeschlagen, was den Pegasus aus ihr hervorsteigen ließ. Perseus schnappte sich kurzerhand das geflügelte Pferd und eilte zu seiner nächsten Heldentat, bei der er die schöne Andromeda rettete (siehe Seite 148).

Im Pegasus findet man rechts von Enif einen schönen Kugelsternhaufen (mehr dazu im Kasten links).

☞ DER KUGELHAUFEN M 15

Etwas rechts der Ausläufer des Sternbildes Pegasus befindet sich der Kugelsternhaufen M 15, das Vorzeigeobjekt am Herbststernhimmel. M 15 ist deutlich kompakter als seine Artgenossen M 13 und M 3, im Fernglas erscheint er als nebliges Sternchen. Wie bei allen Kugelsternhaufen benötigt man schon ein größeres Teleskop, um die Fülle wie auf der Fotografie links zu sehen. Mit einer Entfernung von 35.000 LJ ist M 15 weiter weg als z. B. M 13 (25.000 LJ).

Oktober

Im Oktober erreicht der Große Wagen seine niedrigste Stellung über dem Horizont, dafür ist das Sternbild Kassiopeia („Himmels-W") in den Zenit gerückt. Damit ist klar: Der Herbststernhimmel hat das Kommando übernommen – und die Wintersternbilder kündigen sich an.

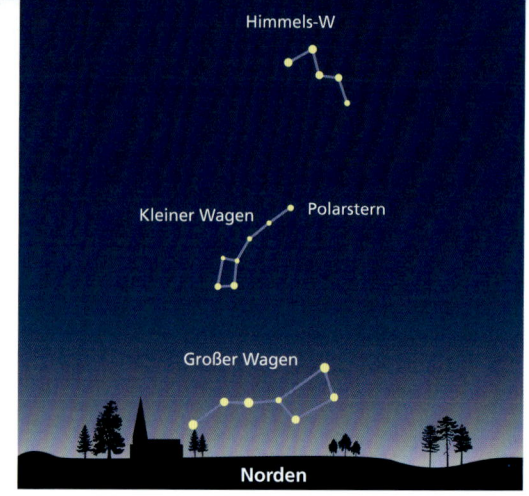

JULI	AUGUST	SEPTEMBER	OKTOBER	NOVEMBER	DEZEMBER	JANUAR
05:00	03:00	01:00	23:00	21:00	19:00	17:00

Die Sommersternbilder sind verschwunden, tief im Süden funkelt noch der helle Stern Fomalhaut im Südlichen Fisch. Ansonsten wird der Sternenhimmel von mittelhellen Sternen geprägt, das nun auffälligste Muster bildet das Herbstviereck, das jetzt genau in Südrichtung zu finden ist. Drei seiner Sterne gehören zum Pegasus, der vierte (links oben) zur Andromeda.

Unterhalb des Pegasus dehnen sich die Fische aus, ein großes Sternbild, das leider aus vielen nicht besonders hellen Sternen besteht. Ihr linker Teil kann aber als Wegweiser zum Stern Mira dienen, einem Stern, den man nicht immer mit bloßem Auge sehen kann, da er über einen langen Zeitraum seine Helligkeit verändert. Mira gehört zum Sternbild Walfisch, dessen Name auf einen biologischen Widerspruch hinweist, denn Wale sind keine Fische, sondern Säugetiere. Zutreffender wäre die Bezeichnung „Meeresungeheuer". Nicht besonders groß, dafür recht einprägsam sind die Sternbilder Widder und Dreieck. Sie findet man zwischen den Fischen und der Andromeda. In der Andromeda befindet sich unsere nächste Nachbargalaxie, die knapp 3 Mio. Lichtjahre entfernte Andromeda-Galaxie (siehe Kasten unten).

Hoch über dem Kopf spannt sich die Milchstraße; nicht so besonders auffällig wie im Sommer, aber doch noch deutlich sichtbar. In die Milchstraße „eingebettet" sind die Sternbilder Kassiopeia und Perseus. Daher findet man dort auch viele rot leuchtende Gasnebel und Sternhaufen, ein besonders auffälliger ist M 34.

DAS STERNBILD DES MONATS: DIE FISCHE

Die Fische sind ein recht großes, aber überwiegend aus schwächeren Sternen bestehendes Sternbild. Am besten erkennt man noch den „liegenden" Fisch mit dem runden Kopf am rechten Ende. An der Spitze links sind die beiden Fische mit einem Band verknüpft, die zwei Sterne oberhalb davon deuten das Band zum zweiten Fisch an (der aus einigen schwachen Sternen besteht, die auf der Sternkarte nicht dargestellt sind).

In den Fischen liegt heutzutage der Schnittpunkt zwischen Ekliptik (der scheinbaren Sonnenbahn) und Himmelsäquator (der Trennlinie zwischen Nord- und Südhimmel). Wenn die Sonne um den 21. März diesen Punkt überquert, ist Frühlingsanfang. Vor etwas über 2000 Jahren wanderte dieser Punkt vom Sternbild Widder in die Fische, weswegen die Fische in der christlichen Kultur mit dem Beginn eines neuen Zeitalters und der Geburt von Jesus in Verbindung gebracht werden. In diesem Sternbild trafen sich zu jener Zeit für mehrere Wochen auch die beiden hellen Planeten Jupiter und Saturn und wiesen gemeinsam als „Stern von Bethlehem" den Weg zum Stall, in dem das Jesuskind geboren worden sein soll.

DIE ANDROMEDA-GALAXIE M 31

Über der Sternkette der Andromeda sieht man bereits mit bloßem Auge einen Nebelfleck, die Andromeda-Galaxie, auch Andromeda-Nebel genannt. Ein Fernglas zeigt die schwachen Ausläufer dieser 3 Mio. Lichtjahre entfernten Milchstraße, aber erst Fotografien können die Natur des Objekts enthüllen. Daher war M 31 auch das erste Objekt, bei dem Edwin Hubble Anfang des 20. Jahrhunderts feststellte, dass es nicht Teil unserer eigenen Milchstraße ist.

November

Ein prägnanter Wechsel des Sternenhimmels kündigt sich im November an. Die Herbststernbilder sind nach Westen gewandert, im Osten tauchen schon die Wintersternbilder auf. Die Tierkreissternbilder stehen höher am Himmel, und die Milchstraße durchquert nun den Zenit.

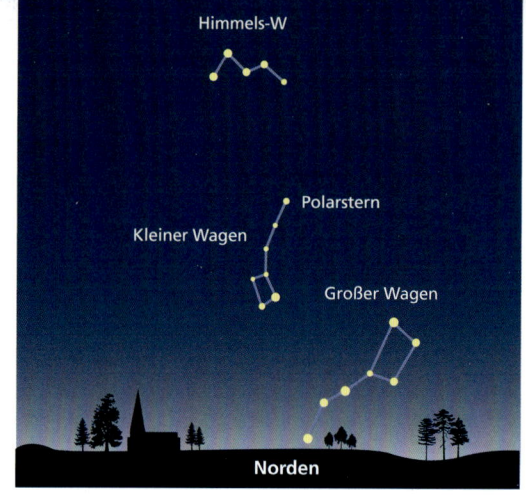

AUGUST	SEPTEMBER	OKTOBER	NOVEMBER	DEZEMBER	JANUAR	FEBRUAR
05:00	03:00	01:00	23:00	21:00	19:00	17:00

Der November ist der Monat der Tierkreissternbilder Fische, Widder und Stier. Im Widder lag einst – vor mehreren Tausend Jahren – der Frühlingspunkt (der Schnittpunkt von Sonnenbahn und Himmelsäquator), weswegen man ihn heute noch „Widderpunkt" nennt, obwohl er sich mittlerweile im Sternbild Fische befindet.

Das Sternbild Kassiopeia, das „Himmels-W", hat seine Höchststellung erreicht, man findet es nun im Zenit direkt über sich. Hier verläuft auch das schimmernde Band der Milchstraße, wo viele Gasnebel und Sternhaufen zu finden sind. Zwischen Kassiopeia und Perseus ist ein Sternhaufen besonders auffällig, tatsächlich handelt es sich sogar um zwei benachbarte Sternhaufen, den Doppelsternhaufen h und chi Persei (siehen Kasten unten). Der Perseus sieht fast aus wie eine große Wünschelrute. Einer seiner Sterne wird Algol, der „Teufelsstern" genannt. Algol verändert seine Helligkeit in regelmäßigen Abständen im Verlauf einer Nacht, was unseren Vorfahren nicht ganz geheuer war.

Den überwiegenden Teil des Südhimmels nehmen die Sternbilder Fische, Walfisch und Eridanus ein – allesamt bestehen sie nur aus schwächeren Sternen. Etwas weiter östlich und auf halber Höhe ist bereits ein Teil des Stiers zu sehen. Sein Hauptstern Aldebaran steht für das blutunterlaufene Auge des Tiers. Ein Stück rechts oben (nordwestlich) sind auch die Plejaden aufgetaucht, das Siebengestirn, ein besonders heller Sternhaufen (siehe Seite 150).
Noch etwas höher ist die gelblich leuchtende Kapella zu sehen, der prominenteste Stern im Fuhrmann und Teil des Wintersechsecks.

DAS STERNBILD DES MONATS: DIE ANDROMEDA

Um das Sternbild Andromeda rankt sich eine Geschichte, in der mehrere Sternbilder vorkommen. Nach ihr war die Königin Kassiopeia so von ihrer Schönheit überzeugt, dass sie die Nereiden, die Töchter des Meeresgottes Poseidon, beleidigte. Poseidon entsandte zur Strafe ein fürchterliches Ungeheuer (das Sternbild Walfisch), das an der Küste tobte und das Land verwüstete. In seiner Verzweiflung befragte König Kepheus das Orakel und erhielt den Auftrag, seine Tochter Andromeda dem Ungeheuer zu opfern. Andromeda wurde an einen Felsen gekettet, und schon erschien das Monster. In letzter Sekunde tauchte der Held Perseus auf seinem geflügelten Pferd Pegasus auf und hielt dem Ketos genannten Tier den zuvor im Kampf abgeschlagenen Kopf der Medusa hin, bei dessen Anblick sich der Ketos augenblicklich zu Stein verwandelte. Die Gefahr war vorüber, Perseus befreite Andromeda vom Felsen und nahm sie anschließend zur Frau.

Oberhalb der Sternkette von Andromeda sieht man (mit bloßem Auge oder Fernglas) ein nebliges Objekt: die Andromeda-Galaxie (siehe Kasten auf Seite 146).

☞ DIE DOPPELSTERNHAUFEN h/chi

Zwischen den Sternbildern Perseus und Kassiopeia fällt in dunklen Nächten schon mit bloßem Auge ein nebliger Fleck auf. Es handelt sich dabei um die „Sterne" h und chi im Perseus, die in Wirklichkeit zwei Offene Sternhaufen sind, was man gut im Fernglas sehen kann. Die Sternhaufen sind rund 8000 Lichtjahre in Richtung Außenrand der Milchstraße von uns entfernt. Im Teleskop erscheinen sie bei niedriger Vergrößerung wie funkelnde Diamanten auf schwarzem Samt!

Dezember

In kalten Dezembernächten funkeln besonders viele helle Sterne am Himmel. Von Südosten zieht sich die Milchstraße quer über das Firmament nach Nordwesten, und im Süden ist mit dem Orion das wohl schönste Sternbild des gesamten Himmels zu finden.

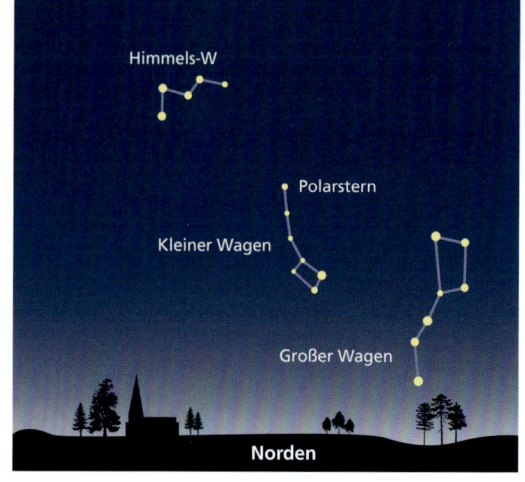

SEPTEMBER	OKTOBER	NOVEMBER	DEZEMBER	JANUAR	FEBRUAR	MÄRZ
05:00	03:00	01:00	23:00	21:00	19:00	17:00

Genau in Südrichtung hat das Tierkreissternbild Stier nun seine Höchststellung erreicht. Aldebaran, der hellste Stern des Stiers, leuchtet hell und auffallend rötlich. Um ihn herum sind viele Sterne gruppiert, die den v-förmigen Stierkopf bilden: der Sternhaufen Hyaden, das Regengestirn. Aldebaran selbst gehört aber nicht dazu, er ist mit 66 LJ nur etwa halb so weit entfernt wie die Hyaden (150 LJ). Nordwestlich (rechts oberhalb) des Stierkopfs sieht man einen weiteren Sternhaufen, die Plejaden (siehe Kasten unten).

Im rechten Teil der Sternkarte sind noch die kleinen Sternbilder Widder und Dreieck zu sehen. Oberhalb davon erstreckt sich Perseus entlang der Milchstraße. Sein Stern Algol wurde früher „Teufelsstern" genannt, da er in regelmäßigen Abständen seine Helligkeit merkbar verändert. Östlich (links) des Perseus flackert einer der hellsten Wintersterne, die Kapella im Sternbild Fuhrmann. Sie bildet den oberen Punkt des Wintersechsecks (siehe Sternkarte Januar auf Seite 128).

Näher zum Horizont hin strahlt ein Sternbild, das mit sieben hellen Sternen den Körper des Himmelsjägers Orion bildet: Die rötliche Beteigeuze ist ein Schulterstern, der bläulich leuchtende Rigel markiert einen der Füße. Die drei wie auf einer Perlschnur aufgereihten Sterne in der Mitte stellen den Gürtel des Orion dar. Unterhalb das Gürtels trägt der Jäger sein Schwert, hier findet man ein nebliges Objekt, den Orion-Nebel. Links unterhalb des Orion funkelt Sirius, der hellste Stern des Himmels.

DAS STERNBILD DES MONATS: DER STIER

Der Stier ist eines der ältesten Sternbilder, die wir kennen. Bereits 2000 v. Chr. sahen die Babylonier hier einen Stierkopf mit weit ausladenden Hörnern. In der griechischen Mythologie stand das Sternbild für einen weißen Stier, mit dem Zeus seine Geliebte Europa fliegend nach Kreta entführte. Die Römer sahen im Stier Bacchus, den Gott des Weins, der von zwei Mädchen (den Plejaden und Hyaden) umtanzt wird.

Der hellste Stern im Stier heißt Aldebaran, er stellt das blutunterlaufene Auge des Tiers dar. Die v-förmige Gruppe der Sterne bei Aldebaran bildet den Kopf des Stiers, der seine zwei langen Hörner nach links ausstreckt. Dort bilden zwei Sterne die Hörnerspitzen, wobei der obere früher zum Sternbild Fuhrmann gezählt wurde.

Der Stier hat drei Objekte für Fernglas- und Fernrohrbeobachter zu bieten: die Offenen Sternhaufen Hyaden und Plejaden sowie den Supernova-Überrest M 1 zwischen den Stierhörnern. An dieser Stelle beobachteten chinesische Astronomen im Jahr 1054 einen sehr hellen Stern. Heute wissen wir, dass es sich dabei um eine Supernova-Explosion handelte, die selbst am Taghimmel sichtbar war.

☞ DIE PLEJADEN, DAS SIEBENGESTIRN

Hoch im Süden steht jetzt eine kleine Figur, die manchmal für den Kleinen Wagen gehalten wird. Dabei handelt es sich aber um den Offenen Sternhaufen der Plejaden, auch „Siebengestirn" genannt. Mit dem Fernrohr kann man bis zu 200 Sterne zählen, die alle rund 400 LJ von uns entfernt sind. Auf Fotografien zeigen sich blau schimmernde Nebel: interstellarer Staub, der von den jungen, heißen Sternen angeleuchtet wird.

ASTRONOMIE ALS HOBBY
— *Technik, Tipps und Tricks*

Auf Ausstellungen, Messen und Tagungen findet der Hobbyastronom alles, was das Herz begehrt: Teleskope, Okulare, Kameras, Literatur und – vor allem – den Austausch mit Gleichgesinnten.

DIE WELT DER
— *Hobbyastronomen*

Sternfreunde trifft man nicht an jeder Ecke, aber dank Internet, Vereinen und Sternwarten fällt der Einstieg leicht. Gerade von erfahrenen Amateurastronomen kann man viel lernen, und zusammen mit Gleichgesinnten macht das Hobby doppelt Spaß.

ASTRONOMIE IM INTERNET

Für den Erstkontakt sind die Seiten *www.astronomie.de*, *www.astrotreff.de*, *www.sternfreunde.de* und *www.sterne-und-weltraum.de* sehr zu empfehlen. Hier findet man aktuelle Nachrichten aus Astronomie und Raumfahrt, Produkttipps sowie Diskussionsforen zu allen Themen der praktischen Astronomie. Gerade Einsteiger können sich dort wertvolle Informationen rund um Teleskope, Beobachtungstipps, Astrofotografie oder Treffen mit anderen Hobbyastronomen besorgen.

In der Astronomie bietet das Internet aber noch viel mehr, zum Beispiel professionelle Datenbanken, Software für allgemeine und spezielle Fälle sowie Foren und Mailinglisten der Vereinigung der Sternfreunde. Die wichtigsten Adressen sind im Anhang aufgelistet. Nicht zu vernachlässigen sind aktuelle Wettervorhersagen, wenn man wissen möchte, ob die kommende Nacht klaren Himmel zur Beobachtung zu bieten hat. Wer mit den üblichen Suchmaschinen nicht weiterkommt, dem seien die oben erwähnten Diskussionsforum empfohlen – es gibt immer irgendwen, der die akute Frage schon einmal gestellt hat und dann schnell helfen kann.

STERNWARTEN UND PLANETARIEN

Im deutschsprachigen Raum gibt es rund 150 Volkssternwarten und Astronomievereine, meist findet sich ein lokaler Club in der Nähe. Neben einem regelmäßigen Vortragsprogramm, Sternführungen mit den Teleskopen der Sternwarte und Mitgliederabenden haben Volkssternwarten einen sehr großen Vorteil: Dort findet der Hobbyastronom Teleskope einer Größenordnung, die er sich selbst nur selten leisten wird. Sie sind außerdem oft fest installiert in einer Rolldachhütte oder Kuppel untergebracht, so dass man sich voll auf die Beobachtung konzentrieren kann und sich nicht mitten in der Nacht mit den leider oft sehr vielfältigen technischen Problemen des Teleskopbetriebs aufhalten muss.

Im Gegensatz zu den von Vereinen betriebenen Volkssternwarten sind Planetarien professionelle Sternentheater. Hier kann man sich zu jeder Tageszeit und auch bei bewölktem Himmel wie im Kino den Sternenhimmel anschauen. Moderne Technik und Multimediaeffekte zaubern atemberaubende Shows an die Kuppel des Planetariums. Angehende Hobbyastronomen sollten sich nach Vorführungen zum Sternenhimmel erkundigen, worin das aktuelle Himmelsgeschehen vorgestellt wird.

> ### ☞ DIE VEREINIGUNG DER STERNFREUNDE E.V.
>
> Die Vereinigung der Sternfreunde e.V. (VdS) ist mit über 4000 Mitgliedern der größte Verband von Amateurastronomen im deutschsprachigen Raum. Viermal im Jahr erscheint das „Journal für Astronomie", dort schildern Hobbyastronomen ihre Beobachtungen und Erfahrungen. Für Spezialthemen stehen 15 Fachgruppen zur Verfügung. Einmal im Jahr lädt die VdS zum deutschlandweiten „Astronomietag" ein, an diesem Samstag bieten die meisten Sternwarten Sonderführungen. Mehr über die VdS unter *www.sternfreunde.de* und *facebook.com/sternfreunde*.

Astronomie als Hobby — Die Welt der Hobbyastronomen

MESSEN UND TREFFEN

Jährlich im Mai findet die Astronomie-Messe ATT in Essen statt. Im September bietet die Astromesse AME in Villingen-Schwenningen ein ähnliches Angebot. Dort sind Ferngläser, Teleskope und Zubehör erhältlich, es werden Vorträge rund um die Astronomie angeboten und man trifft andere Hobbyastronomen.

Einmal im Jahr lädt die Vereinigung der Sternfreunde zum „Astronomietag" ein. An diesem Samstag öffnen Vereine, Sternwarten und Institute ihre Türen, bieten Führungen und Vorträge für jedermann an. Termine und Veranstaltungsorte findet man unter *www.astronomietag.de*.

Besonders im Frühsommer und Herbst finden zahlreiche Teleskoptreffen statt. Dann treffen sich Hobbyastronomen mit ihren Teleskopen an Orten abseits der lichtverschmutzten Städte, um gemeinsam einen Blick ins All zu werfen. Orte und Termine findet man unter *www.sternfreunde.de*.

ZEITSCHRIFTEN UND BÜCHER

Der Klassiker ist die Zeitschrift *Sterne und Weltraum*, die monatlich erscheint und sowohl über astronomische Forschung, den aktuellen Sternenhimmel, Teleskoptests oder Beobachtungen von Amateurastronomen berichtet.

Das *VdS-Journal für Astronomie* ist nicht im freien Verkauf erhältlich, alle Mitglieder der Vereinigung der Sternfreunde erhalten es viermal jährlich. Die meist 128 Seiten starken Journale sind professionell gestaltet und eine Fundgrube für Amateurastronomen. Hier berichten Beobachter über ihre Erfahrungen, stellen Projekte vor oder schildern ihre Reiseerlebnisse. Was man als Hobbyastronom unbedingt haben sollte, ist das *Kosmos Himmelsjahr* und eine drehbare Sternkarte. Das *Himmelsjahr* erscheint jährlich und enthält alle Angaben zum Sternenhimmel wie Mondphasen, Planetenpositionen oder Finsternissen. Eine drehbare Sternkarte ist praktisch für die Sternbildersuche, besonders die Modelle aus wetterfestem Kunststoff mit Planetenzeiger begleiten Hobbyastronomen ein Leben lang.

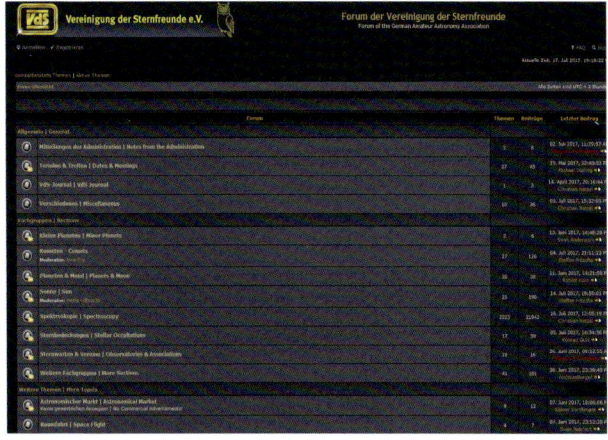

Im Internet gibt es einige Diskussionsforen rund um das Hobby Astronomie.

Zahlreiche Sternwarten bieten Himmelsbeobachtungen für jedermann an, hier die Sternwarte Welzheim bei Stuttgart.

Im Planetarium kann man sich den Sternenhimmel bei jedem Wetter anschauen.

FERNGLÄSER UND TELESKOPE
— *Die Optik für den Durchblick*

Hat jeder Hobbyastronom ein Teleskop? Braucht man eine hohe Vergrößerung, um die Sterne zu beobachten? Was kostet ein gutes Fernrohr? Einsteiger haben's nicht leicht, sich im Dschungel der Refraktoren und Reflektoren zurechtzufinden.

DAS FERNGLAS

Mit einem Fernglas kann man am Himmel bereits eine Menge sehen – Sternhaufen, Gasnebel und helle Kometen, sogar die fernen Planeten Uranus und Neptun sowie manchen Kleinplaneten. So gut wie jeder Hobbyastronom hat neben einem Fernrohr auch ein Fernglas.

Ferngläser tragen Bezeichnungen wie „7 × 40" oder „8 × 50". Der erste Wert gibt die Vergrößerung an, der zweite den Durchmesser der Linsen. Für den Hausgebrauch ist meistens ein Glas der Größe „8 × 50" vorhanden, und wer ein solches besitzt, kann es auch hervorragend für die Sternbeobachtung einsetzen.

Will man sich ein neues Fernglas kaufen, dann sollte der Objektivdurchmesser groß und die Vergrößerung nicht höher als zehnfach sein. In der Praxis ist man mit einem „8 × 50" oder „10 × 50" sehr gut bedient, diese Geräte erzeugen ein helles Bild und man kann sie ohne allzu sehr zu wackeln in der Hand halten.

Zu groß darf das Verhältnis von Objektivdurchmesser und Vergrößerung aber auch nicht sein. Im Fall des Gerätes „10 × 50" ist es 50/10 = 5. Teilt man den Objektivdurchmesser durch die Vergrößerung, erhält man den Durchmesser der Austrittspupille. Darunter versteht man das Lichtbündel, das vom Fernglas erzeugt und vom Auge aufgenommen wird. Junge Augen haben nach der Dunkelanpassung Pupillendurchmesser von 7 mm, ältere von 5 mm oder weniger. Mit einer zu großen Austrittspupille des Fernglases verschenkt man möglicherweise Licht. Praktisch ist es, wenn das Fernglas ein Gewinde zum Anschluss eines Stativadapters hat, dann kann man das Fernglas mit dem Adapter an einem Fotostativ befestigen, so dass das Bild nicht mehr wackelt. Wer weder Fotostativ noch Adapter hat, legt sich am besten in einen Liegestuhl, damit man beim ständigen Blick nach oben nicht immer den Kopf in den Nacken legen muss.

Links: das Linsenfernrohr auf azimutaler Montierung ist das typische Einsteigergerät, mit dem man zum Beispiel die Saturnringe sehen kann. Rechts: der Refraktor auf einer parallaktischen Montierung gilt als ernsthaftes Hobby-Teleskop.

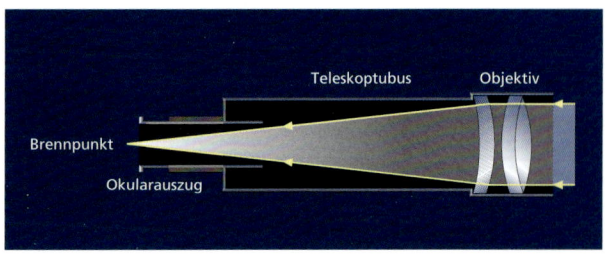

Ein Linsenteleskop sieht wie eine lange Röhre aus. Zwei oder mehr Linsen bündeln das Licht, das am Ende des Fernrohrs mit dem Okular vergrößert beobachtet wird.

DAS LINSENTELESKOP

Der wichtigste Bestandteil eines Fernrohrs ist das Objektiv, beim Linsenfernrohr ist das die Linse am vorderen Ende. Die Linsen brechen das Licht, dieses Teleskop wird daher auch Refraktor genannt. Je größer der Durchmesser des Objektivs ist, desto mehr Licht kann das Teleskop sammeln und desto mehr Sterne, Nebel und Galaxien kann man am

Das Dobson-Teleskop ist einfach konstruiert, aber man bekommt einen großen Spiegel für recht wenig Geld.

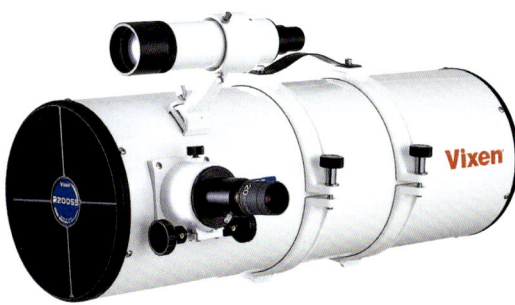

Ein Newton-Teleskop mit 20 cm Spiegeldurchmesser und 800 mm Brennweite.

Himmel sehen. Gleichzeitig steigt mit dem Objektivdurchmesser die Trennschärfe des Teleskops, auch Auflösungsvermögen genannt.

Licht besteht aus verschiedenen Farben, die von den Linsen unterschiedlich stark gebrochen werden. Ein Refraktor ist damit nicht „farbrein". Stattdessen sieht man um die Sterne mehr oder weniger stark ausgeprägte Farbsäume. Zur Vermeidung der Farbsäume besteht ein Refraktorobjektiv daher mindestens aus zwei Teilen, deren Glassorten die Farbfehler weitgehend eliminieren. Diese Bauweise als „Achromat" ist weit verbreitet und in der Regel selbst in den günstigen Astroteleskopen verwirklicht.

Noch besser, fast farbrein, aber entsprechend teurer sind die sogenannten „Apochromate". Ihr Objektiv besteht meist aus drei Linsen, von denen eine aus einem Glas mit hohem Brechungsindex geschliffen ist, das sind die „ED-Elemente".

Linsenteleskope besitzen eine im Verhältnis zum Objektivdurchmesser eher lange Brennweite, damit die Farbfehler kleiner werden. Refraktoren sind in der Handhabung robust, leicht zu bedienen und

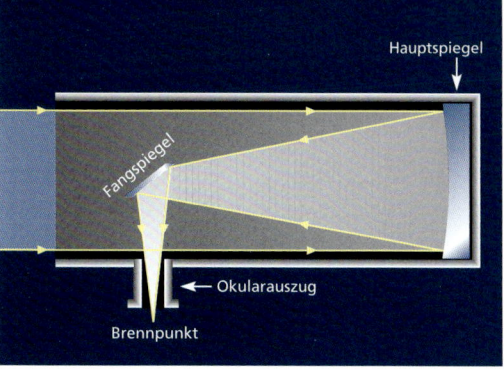

Beim Newton-Reflektor wird das Licht von einem Hohlspiegel reflektiert, dabei gebündelt und mit dem kleineren Fangspiegel aus dem Teleskoptubus gelenkt.

daher besonders für Einsteiger geeignet. Ihr Nachteil ist der im Vergleich zum Objektivdurchmesser, dem entscheidenden Kriterium für ein Teleskop, höhere Preis.

DAS SPIEGELTELESKOP

Reflektoren – so werden die Spiegelteleskope im Fachjargon genannt – benutzen zur Lichtbündelung einen Hohlspiegel. Am bekanntesten ist die Bauart des Newton-Reflektors, kurz „Newton" genannt. Hier wird das vom Hauptspiegel (dem Objektiv) gesammelte Licht durch einen kleinen, plan geschliffenen Fangspiegel seitlich aus dem Fernrohrtubus herausgelenkt.

Spiegelteleskope haben einen großen Vorteil: Das Licht wird nicht gebrochen, sondern reflektiert, das Bild ist daher vollkommen farbrein. Sie sind zudem kostengünstiger herzustellen, man bekommt fürs gleiche Geld ein größeres Teleskop.

Die Nachteile: Fang- und Hauptspiegel müssen exakt aufeinander justiert sein, sonst leidet die Abbildungsleistung. Außerdem deckt der kleine Fangspiegel etwas des einfallenden Sternlichts ab – was weiter nicht auffallen würde, wären da nicht die Haltestreben des Fangspiegels, die das Licht beugen und so das Bild etwas verschlechtern. Dadurch entstehen auch die auf Bildern typischen Strahlen um helle Sterne.

Die Brennweite eines Spiegelteleskops ist im Vergleich zur Öffnung geringer als beim Refraktor. Reflektoren erzeugen dadurch (bei gleicher Okularbrennweite) ein helleres Bild, sie werden bevorzugt zur Beobachtung lichtschwacher Objekte wie Sternhaufen und Galaxien eingesetzt.

Neben dem Newton-Reflektor gibt es andere Bauarten, vor allem das Cassegrain-Teleskop. Hier ist der Hauptspiegel in der Mitte durchbohrt und der Fangspiegel nach außen gewölbt. Das Licht wird vom Fangspiegel durch das Loch im Hauptspiegel ans Ende des Rohres geworfen, der Einblick liegt am Tubusende wie beim Linsenfernrohr.

Links: ein Schmidt-Cassegrain-Teleskop auf parallaktischer Montierung mit Computersteuerung. Rechts: dieses Schmidt-Cassegrain-Teleskop wird von einer azimutalen Gabelmontierung getragen.

Beim Schmidt-Cassegrain-Teleskop reflektiert der Fangspiegel das Licht durch ein Loch im Hauptspiegel. Diese Geräte sind daher recht kompakt.

Cassegrain-Teleskope für Hobbyastronomen sind zur Verbesserung der Bildqualität vorne mit einer speziell geschliffenen Glasplatte verschlossen. Je nach Ausführung dieser Platte heißen sie dann Schmidt-Cassegrain-Teleskop oder Maksutov-Cassegrain-Teleskop. Sie sind aufgrund ihrer kompakten Bauart beliebt, so kann man selbst ein 20-cm-Teleskop noch leicht transportieren.

DIE SACHE MIT DER VERGRÖSSERUNG

Ein Teleskop besteht eigentlich aus zwei Teilen: Dem Objektiv (also dem eigentlichen Fernrohr) und dem Okular. In Ferngläsern sind die Okulare fest eingebaut, bei Teleskopen kann man sie austauschen. Auch Okulare besitzen eine Brennweite, und je nach Kombination von Teleskop und Okular kann man verschiedene Vergrößerungen einstellen. Die Vergrößerung lässt sich ausrechnen: Sie ist das Ergebnis von Teleskopbrennweite geteilt durch Okularbrennweite. Ein Teleskop mit 1000 mm Brennweite erreicht zusammen mit einem Okular von 20 mm Brennweite 50-fache Vergrößerung. Mit einem 10-mm-Okular verdoppelt sich die Vergrößerung auf 100-fach (1000/10 = 100). Je kürzer die Brennweite des Okulars ist, desto höher wird die Vergrößerung. In der Praxis jedoch ist der Vergrößerung durch zwei Faktoren eine Grenze gesetzt: dem Objektivdurchmesser und der Luftunruhe. Mit dem Objektivdurchmesser ist die Trennschärfe (die „Auflösung") eines Teleskops verknüpft. Je größer das Objektiv, desto feinere Details kann es auflösen. Ein 60-mm-Refraktor kann noch Sterne im Abstand von ca. 3″ trennen, ein 120-mm-Teleskop schon 1″,5. Gleichzeitig lässt aber das Zappeln der Sterne aufgrund unruhiger Luft – das sogenannte „Seeing" – nur sehr selten Details unterhalb von 2″ zu. Für die Vergrößerung bedeutet dies, dass man nicht höher zu vergrößern braucht als den doppelten Objektivdurchmesser in Millimetern. Für das 60-mm-Teleskop beträgt die sinnvolle Maximalvergrößerung 120-fach, für ein 100-mm-Teleskop ist es 200-fach. Erhöht man die Vergrößerung trotzdem, wird das Bild nur zunehmend dunkler und kontrastärmer, man spricht von der „leeren" Vergrößerung.

DIE AZIMUTALE MONTIERUNG

Einfache Teleskope sind so auf einem Stativ befestigt, dass man sie nach oben/unten und links/rechts schwenken kann. Die Schwenkvorrichtung zwischen Teleskop und Stativ bezeichnet man als Montierung.
Aufgrund der Erdrotation ziehen die Himmelsobjekte stetig und in Bögen über das Firmament. Ein einmal im Teleskop eingestelltes Objekt wird sich daher, je nach Vergrößerung, relativ rasch wieder aus dem Gesichtsfeld bewegen, man muss das Teleskop dem Lauf des Objekts nachführen, um es längere Zeit im Okular betrachten zu können.
Bei einer azimutalen Montierung ist man gezwungen, ständig in beiden Richtungen nachzustellen. Außerdem sind die azimutalen Montierungen der günstigen Teleskope recht wacklig gebaut, man ist schon froh, den Mond oder einen Planeten endlich eingestellt zu haben, doch dann beginnt er auch gleich schon wieder herauszuwandern …
Eine interessante und sehr beliebte Variante der azimutalen Montierung ist bei den sogenannten Dobson-Teleskopen verwirklicht. Dabei handelt es sich um Newton-Teleskope, deren Tubus auf Gleitlagern in einer stabilen Holzkiste sitzt. Durch diese einfache Konstruktion bekommt man für vergleichsweise wenig Geld ein großes Teleskop, das sich auch feinfühlig über den Himmel navigieren lässt.

DIE ÄQUATORIALE MONTIERUNG

Um den Himmel über längere Zeit bequem beobachten zu können oder sogar Fotos aufzunehmen, benötigt man eine äquatoriale Montierung, meist parallaktische Montierung genannt.

Bei der parallaktischen Montierung ist eine Achse schräg gestellt, so dass sie genau parallel zur Erdachse ausgerichtet ist. Man muss das Teleskop dann nur noch langsam um diese Achse drehen, um dem Lauf der Himmelsobjekte zu folgen. An dieser Stundenachse ist entweder eine biegsame Welle zur feinfühligen Korrektur befestigt oder ein Motor, der dem Beobachter das Nachführen abnimmt.

Die äquatoriale Montierung ist nach dem gleichen Prinzip wie die äquatorialen Himmelskoordinaten konstruiert. So kann man mit ihr auch Objekte nach Koordinaten einstellen, wenn die Montierung mit entsprechenden Teilkreisen oder einer Computersteuerung ausgestattet ist.

Die Koordinate Deklination kann direkt am Teleskop eingestellt werden, die Koordinate Rektaszension muss erst in die aktuelle Position relativ zur Erddrehung umgerechnet werden, den Stundenwinkel. Der Stundenwinkel ist die Differenz zwischen aktueller Sternzeit und der Rektaszension des Objekts. Die Sternzeit kann man sich aus Tabellen heraussuchen und für seinen Beobachtungsort umrechnen oder man benutzt ein Planetariumsprogramm im Computer, das den Stundenwinkel des Objekts direkt angibt.

TELESKOPE FÜR HOBBYASTRONOMEN

Ob großes oder kleines Fernrohr, Linsen- oder Spiegelteleskop, hängt vom gewünschten Einsatzgebiet und nicht zuletzt vom persönlichen Geldbeutel ab. Grob unterteilt man Teleskope, die sich mehr zur Beobachtung von Sonne, Mond und Planeten oder zur Beobachtung lichtschwacher Objekte wie Sternhaufen, Nebel und Galaxien eignen. Wo es auf die Detailschärfe ankommt und genügend Licht zur Verfügung steht, also bei der Beobachtung von Sonne, Mond und Planeten, greift man besser zum Linsenfernrohr. Hier muss man sich nicht mit der Justage der Spiegeloptik auseinandersetzen und der Refraktor ist weniger anfällig für unruhige Luft.

Bei Spiegelteleskopen bekommt man fürs gleiche Geld ein Fernrohr mit größerem Objektiv, der Reflektor sammelt dadurch mehr Licht und ist zur Beobachtung von Sternhaufen, Nebeln und Galaxien geeignet. Besonders die Dobson-Teleskope sind hier zu empfehlen.

Die Schmidt-Cassegrain-Teleskope sind Allrounder, mit ihnen kann man eigentlich alle Objekte gleich gut beobachten, seien es Planeten oder lichtschwache Sternhaufen, Nebel oder Galaxien.

Wichtig ist bei jedem Fernrohr seine Montierung: Sie muss so stabil wie möglich sein, denn wenn das Teleskop bei jeder Berührung wackelt, hat man an der Beobachtung nicht viel Freude.

Im Alltag ist das beste Teleskop immer jenes, mit dem man auch wirklich beobachtet. Es darf daher nicht zu groß und zu schwer sein, sonst wird man es nach der ersten Begeisterung nur selten benutzen.

OKULARE UND ZUBEHÖR

Die Vergrößerung und das eigentliche Bild wird vom Okular erzeugt, das man in den Okularauszug des Teleskops steckt. Okulare mit einem Steckdurchmesser von 31,8 mm sind Standard bei Hobbyteleskopen. Auch Okulare gibt es in vielen Qualitätsstufen, abzuraten ist vom Typ der Huygens-Okulare, die Farbsäume produzieren (sie liegen leider den meisten „Kaufhausteleskopen" bei). Für Refraktoren und Schmidt-Cassegrain-Teleskope benutzt man ein Zenitprisma (oder Zenitspiegel), das das Licht um 90 Grad umlenkt, so dass man bei der Beobachtung hoch stehender Objekte einen bequemeren Einblick hat und nicht hinter dem Teleskop auf dem Boden herumkriechen muss. Eine Barlowlinse verdoppelt oder verdreifacht die Brennweite des Teleskops, man kann mit seinem Okularsatz so unterschiedliche Vergrößerungen erreichen. Besser sind allerdings mehrere Okulare. Ein kleines Sucherfernrohr oder eine Visiereinrichtung (beliebt: der „Telrad") braucht man, um das Objekt überhaupt im Teleskop einstellen zu können, da das Teleskop selbst mit der kleinsten Vergrößerung zu wenig Übersicht bietet. Sucher und Teleskop müssen aufeinander justiert sein, was bei den Exemplaren mit wackeliger Halterung und kleinen Schrauben zum Geduldspiel werden kann. Wer unter aufgehelltem Himmel schwache Nebel beobachten möchte, verwendet einen Nebelfilter. Sie blocken das störende Streulicht ab und lassen nur das Licht des Nebels passieren; das Bild wird dadurch zwar dunkler, aber der Kontrast steigt erheblich, viele Nebel sind überhaupt erst unter Einsatz eines Nebelfilters zu sehen.

Ein sehr praktisches Zubehör für die parallaktische Montierung ist der Polsucher, ein kleines Fernrohr, das in der Polachse der Montierung eingebaut ist. Mit dem Polsucher kann man seine Montierung in wenigen Minuten exakt ausrichten.

SONNE, MOND UND PLANETEN
— *Nachbarwelten im Visier*

Die Objekte des Sonnensystems sind vor allem bei Einsteigern beliebt, denn hier kann man schon mit einem kleinen Fernrohr viele Einzelheiten sehen. Besonders der Mond lädt durch seine wechselnden Phasen zu ausgedehnten Spaziergängen ein.

Wer sich gerade ein kleines (oder auch ein großes) Fernrohr gekauft oder geschenkt bekommen hat, der sollte sich zuerst zwei Objekte anschauen: den Mond und, wenn er sichtbar ist, den Ringplaneten Saturn. Hier sieht man schon mit einem kleinen Teleskop überraschende Einzelheiten. Die helle Mondscheibe sieht wie auf den Fotos der Astronauten aus, und bei Saturn kann man tatsächlich den Ring sehen, der scheinbar um die kleine Planetenkugel schwebt.

KRATER UND MEERE AUF DEM MOND

Mit bloßem Auge oder einem Fernglas kann man auf dem Mond dunkle Gebiete erkennen. Unsere Vorfahren vermuteten dort große Wasserflächen, so dass viele Strukturen auf dem Mond mit Namen wie „Ozean", „Meer", „Bucht" oder „Sumpf" bezeichnet werden, obwohl die Oberfläche unseres Nachbarn im All knochentrocken ist. Die auffälligsten Mondformationen sind auf der Mondkarte bezeichnet.

Zur Mondbeobachtung eignet sich jedes Fernrohr. Man kann dann einmal ausprobieren, wie hoch es denn wirklich vergrößert und wird dabei schnell feststellen, dass eine hohe Vergrößerung oft zu viel des Guten ist. Mit niedriger Vergrößerung (ca. 50-fach) sieht man den Mond mit seiner von Kratern gezeichneten Landschaft noch vollständig im Okular, was einen besonders reizvollen Anblick ergibt. Zur Mondbeobachtung ist die Vollmondphase übrigens nicht gut geeignet. Dann nämlich treffen die Sonnenstrahlen auf den Mond nahezu senkrecht auf, Krater und Berge werfen keine Schatten. Gut zu sehen sind dagegen die Strahlenkrater, von denen sich radiale Strahlen weit über den Mondglobus erstrecken, besonders die großen Krater Tycho und Kopernikus. Ideal zur Mondbeobachtung sind die Tage um Halbmond. Dann steht der Mond zur abendlichen Beobachtungszeit am Himmel. Entlang der Licht-Schatten-Grenze, dem Terminator, sind die Krater am besten zu sehen. Hier trifft das Sonnenlicht flach auf, wirft lange Schatten und bietet so große Kontraste. Besonders der Südteil des Mondes (am Himmel unten, aber im astronomisch umkehrenden Fernrohr oben!) weist eine hohe Kraterdichte auf, an der man sich kaum satt sehen kann.

Mit fortschreitender Zeit kann man an einem Abend auf der dunklen Seite des Terminators die

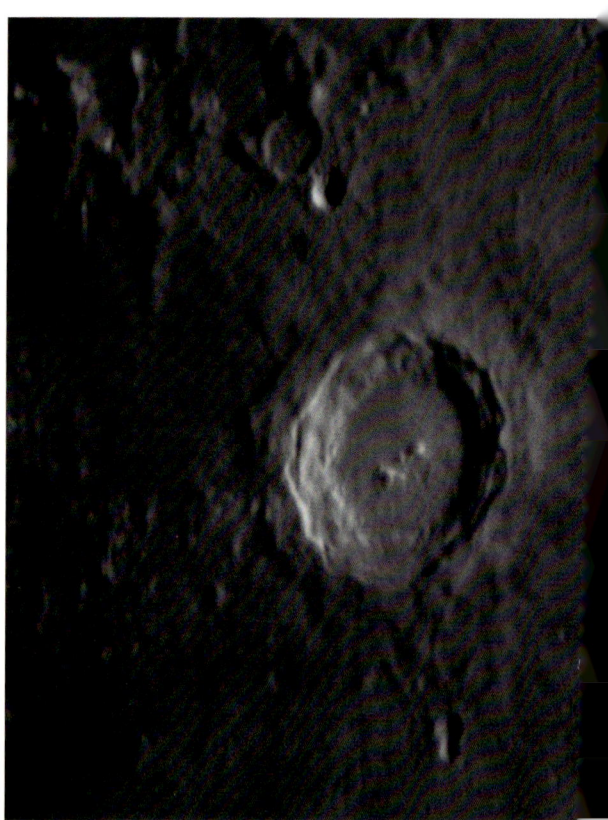

Mondkrater Kopernikus, mit einem Teleskop bei 3600 mm Brennweite aufgenommen.

Der Vollmond mit seinen wichtigsten Kratern und Meeren.

Der zunehmende Halbmond. An der Grenze zur dunklen Mondseite treten die Krater besonders plastisch hervor.

höheren Berggipfel langsam in der Sonne aufgehen sehen, während die sie umgebende Mondlandschaft noch im Schatten liegt.

Ein spektakuläres Ereignis ist das Auftauchen der halbkreisförmigen Regenbogenbucht einige Tage vor Vollmond. Die prägnante Struktur des Sinus Iridum sticht dann als „goldener Henkel" aus dem Mondschatten hervor.

SICHERE SONNENBEOBACHTUNG

Die Sonne erscheint am Himmel ebenso groß wie der Mond, aber zu ihrer Beobachtung muss man besondere Sicherheitsvorkehrungen treffen. Schauen Sie niemals mit bloßem Auge, und schon gar nicht mit einem Fernglas oder Teleskop ohne professionellen Schutz in die Sonne! Auch nicht durch ein geschwärztes Filmstück, eine CD oder was sonst das Sonnenlicht scheinbar genügend dämpft. Neben dem grellen Sonnenlicht, das ihr Auge sofort erblinden lassen würde, erreichen uns von dort auch gefährliche Infrarotstrahlen, die das Auge schädigen. Ohne spezielle Filter kann man die Sonne nur zweimal anschauen: genau einmal mit jedem Auge ...

Mit der richtigen Technik ist die Sonnenbeobachtung aber vollkommen ungefährlich und äußerst

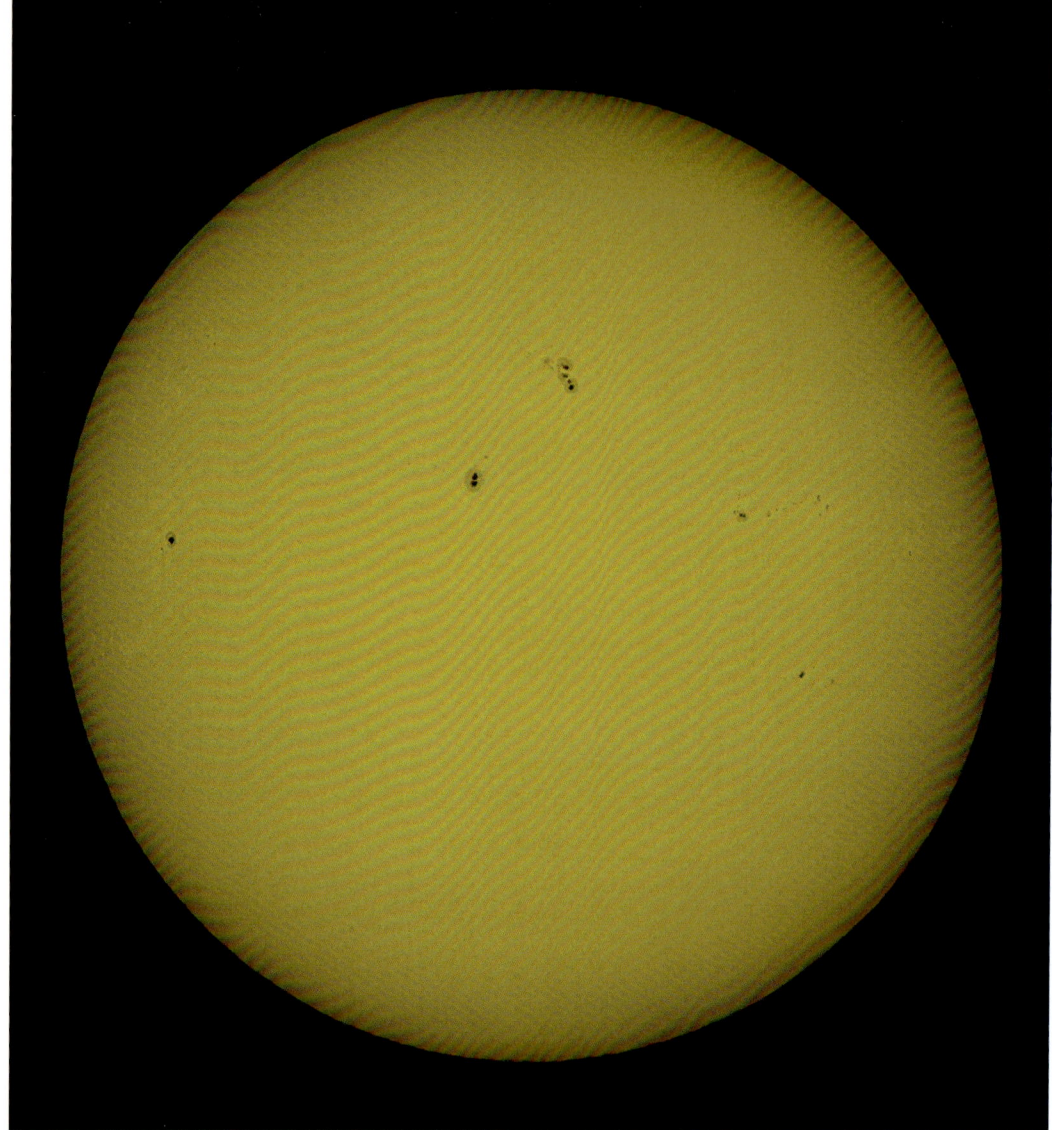

Um die Sonne zu beobachten, benutzt man einen Objektivsonnenfilter. Dann sind auf ihr die dunklen Sonnenflecken zu sehen. Sie bestehen aus einem dunkleren Kernbereich – der Umbra, und einem sie umgebenden helleren Gebiet – der Penumbra.

abwechslungsreich. Es gibt zwei klassische Methoden zur Sonnenbeobachtung: Bei der Projektionsmethode schaut man nicht direkt durchs Teleskop, sondern wirft das helle Sonnenlicht auf einen hinter dem Teleskop befestigten Schirm. Einen Sonnenprojektionsschirm kann man als Zubehör kaufen oder mit etwas Geschick selbst basteln. Da das Licht der Sonne aber ungedämpft durch das Teleskop dringt, sollte man ein einfaches Okular verwenden, dessen Linsen nicht verkittet sind, sonst wird das Okular beschädigt.

Um die Sonne einzustellen (auch hier nicht durchschauen!), betrachtet man den Schatten des Teleskops auf dem Boden und bewegt das Teleskop so lange, bis der Schatten am kleinsten ist. Dann stellt man das Sonnenbild mit dem Okularauszug scharf und sieht die ganze Sonnenscheibe auf dem Projektionsschirm. Praktisch ist die Projektionsmethode auch, wenn man mehreren Personen gleichzeitig die Sonne zeigen möchte.

Um die Sonne direkt durch das Teleskop zu beobachten, muss man vor dem Objektiv einen speziellen Sonnenfilter anbringen. Die kleinen Okularfilter, wie sie manchmal den günstigen Teleskopen beiliegen, sind vollkommen ungeeignet, denn sie heizen sich enorm auf und können (und werden) platzen!

Im Teleskopfachhandel sind spezielle Sonnenfilter aus Glas oder Folie erhältlich, die das Sonnenlicht zum größten Teil schon vor dem Teleskop reflektieren. Die Folienfilter sind qualitativ sehr gut und im Vergleich zu den Glasfiltern preiswert. Mit einer selbstgebastelten Steckhülse (gegen Herabfallen mit etwas Klebeband am Teleskop befestigen) kommt man so günstig an einen guten und sicheren Sonnenfilter, der sich auch zur Beobach-

Von Merkur erkennt man im Teleskop nur dessen Phase.

Venus zeigt sich in Erdnähe als schmale, aber recht große Sichel.

Kugel aus. Spezialteleskope lassen nur einen bestimmten Wellenlängenbereich des Sonnenlichts passieren, mit ihnen kann man am Sonnenrand aufsteigende Ausbrüche, die sogenannten Protuberanzen beobachten, die sonst nur bei einer totalen Sonnenfinsternis sichtbar werden.

MERKUR UND VENUS

Die Beobachtung der inneren Planeten beschränkt sich auf das Verfolgen ihrer Phasengestalt. **Merkur** ist an sich schon selten zu erhaschen, im Fernrohr zeigt das kleine, durch die Horizontnähe zappelnde Planetenscheibchen keine Oberflächeneinzelheiten. Man erkennt eine kleine, mehr oder weniger als Sichel erscheinende Planetenkugel, und mit etwas Glück kann man Merkur einige Tage hintereinander beobachten und dabei die Veränderung der Sichelgestalt verfolgen.

Die helle **Venus** ist dagegen für Wochen oder Monate als Abend- oder Morgenstern zu sehen. Sie ist im Teleskop deutlich größer als Merkur, bei ihr kann man Phasen von einer schmalen Sichel bis hin zur „Vollvenus" verfolgen. Oberflächeneinzelheiten zeigt auch Venus nicht, da unser innerer Nachbarplanet von einer dichten Wolkenhülle umgeben wird. Venus ist zeitweise so hell, dass man sie sogar mit bloßem Auge am Taghimmel sehen kann. Mit dem Teleskop gelingt dies eigentlich immer, wenn man weiß, wo man zu suchen hat. Ist das Teleskop mit einer parallaktischen Montierung und Teilkreisen oder Computersteuerung ausgestattet, dann kann man versuchen, Venus am Taghimmel nach Koordinaten einzustellen.

MARS, JUPITER UND SATURN

Die äußeren Planeten stehen jedes Jahr in Opposition (Mars nur alle zwei Jahre) und können dann die ganze Nacht und über Wochen hinweg verfolgt werden. Ihre Durchmesser gleichen denen größerer Mondkrater (sie sind etwas kleiner als eine Bogenminute), bei mittleren Vergrößerungen von 50- bis 100-fach kann man Einzelheiten auf den Planetenscheibchen erkennen.

Der rote Planet **Mars** weist stark schwankende Durchmesser auf. In manchen Jahren wird sein Scheibchen nur einige Bogensekunden groß, bei günstigeren Stellungen erreicht der Mars-Durchmesser fast eine halbe Bogenminute. Im Sommer 2018 steht Mars der Erde nach 15 Jahren besonders nah und ist am Himmel entsprechend groß. Auch die Mars-Nähen von 2020 und 2022 bieten sich zur Beobachtung an.

tung von Sonnenfinsternissen eignet (die bekannten Sonnenfinsternisbrillen benutzen die gleiche Folie).

Auf der Sonnenoberfläche kann man meist dunkle Sonnenflecken sehen, die ihre Zahl und Größe im Laufe von Tagen verändern. Durch langfristige Zählungen der Sonnenflecken hat man den elfjährigen Rhythmus der Sonnenaktivität entdeckt. Von einem zum anderen Tag bewegen sich die Sonnenflecken etwas, sie verändern aufgrund der Sonnenrotation ihren Ort. Sehr große Sonnenflecken (die man sogar mit bloßem Auge durch eine Sonnenfinsternisbrille sehen kann) sind so langlebig, dass sie nach einer Sonnenrotation nochmals auf der anderen Seite der Sonnenscheibe auftauchen.

Auffällig ist auch der etwas dunklere Sonnenrand, die Sonne sieht im Fernrohr wirklich wie eine

Mars ist der einzige Planet, auf dem man echte Oberflächeneinzelheiten sehen kann. Seine Achse ist wie die der Erde gegen seine Umlaufbahn geneigt, eine Marsrotation dauert nur etwas mehr als 24 Stunden. Auf Mars können jahreszeitliche Veränderungen beobachtet werden, vor allem das Abschmelzen und Anwachsen der weißen Polkappen. Die Marskugel zeigt eine leichte Phase, Mars ist dann nicht kugelrund, sondern etwas eiförmig. Zur Beobachtung der Oberflächeneinzelheiten empfiehlt sich ein Orange- oder Rotfilter, der den Kontrast erhöht. Manchmal toben auf Mars Sandstürme, dann ist auf ihm kaum etwas zu erkennen.

Der Riesenplanet **Jupiter** steht jedes Jahr in Opposition und ist eigentlich immer gleich gut zu beobachten, da sein Durchmesser um 40 Bogensekunden beträgt. Im Fernglas sieht man die vier hellen Monde, die nach ihrem Entdecker Galileo Galilei die „galileischen Monde" genannt werden.

Auf dem Jupiterscheibchen sind schon mit geringer Vergrößerung (ab ca. 30-fach) zwei dunkle Wolkenbänder zu erkennen. Die Jupiterkugel ist deutlich abgeplattet, sein Durchmesser am Äquator (parallel zu den Wolkenbändern) etwas größer als von Pol zu Pol gemessen.

Mit einem guten Teleskop, stärkerer Vergrößerung (ab 100-fach) und ruhiger Luft sind auf Jupiter zahlreiche Einzelheiten zu entdecken. Wolkenwirbel tauchen auf, weitere, schmale Wolkenbänder werden sichtbar. Auch den berühmten Großen Roten Fleck kann man im Hobbyteleskop bereits sehen, wenngleich dieser zunehmend kleiner erscheint.

Für Abwechslung sorgen die vier großen Jupitermonde Io, Europa, Ganymed und Kallisto. Mal ziehen sie vor Jupiter vorbei, werfen ihren Schatten auf den Planeten oder verschwinden hinter Jupiter. Jupiter rotiert in nur zehn Stunden um seine Achse, man kann daher in einer Nacht (je nach deren Länge und der eigenen Ausdauer) die ganze Jupiteroberfläche sehen, wobei sich der Ausdruck „Oberfläche" hier auf die obersten Wolkenschichten des Gasplaneten bezieht.

Saturn gilt als der schönste Planet. Sein Ring ist mit jedem Teleskop ab ca. 50-facher Vergrößerung zu sehen, bei 100-facher Vergrößerung hat man einen traumhaften Anblick des Ringplaneten. Je nach Ringöffnung (alle 15 Jahre schauen wir genau auf die Kante des Rings, dann ist er unsichtbar) kann mit einem guten Teleskop dort eine kleine dunkle Lücke erkannt werden, die sogenannte Cassini-Teilung. Beeindruckend ist auch der Schatten des Planeten, den er auf den Ring wirft, dadurch wirkt Saturn richtig dreidimensional. Mit Ring ist Saturn ungefähr so groß wie Jupiter und steht wie sein innerer Nachbar jedes Jahr in Opposition.

Den hellsten Mond von Saturn, Titan, kann man ebenfalls gut beobachten, mit etwas größeren

Den Ring von Saturn kann man in jedem Hobbyteleskop erkennen.

Planet Jupiter mit seinen Monden Io (ganz links) und Ganymed. Auf Jupiter ist der Große Rote Fleck zu sehen.

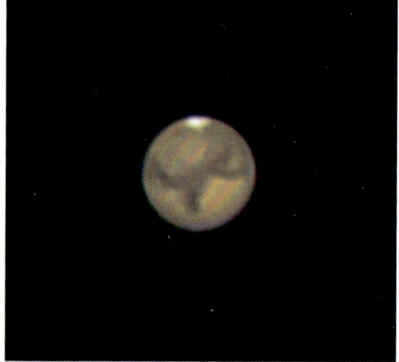

Auf Mars sind Einzelheiten seiner Oberfläche und die helle Polkappe zu erkennen.

Astronomie als Hobby — Sonne, Mond und Planeten

Am Silvestertag 2016 zog Mars nah am fernen Planeten Neptun vorbei.

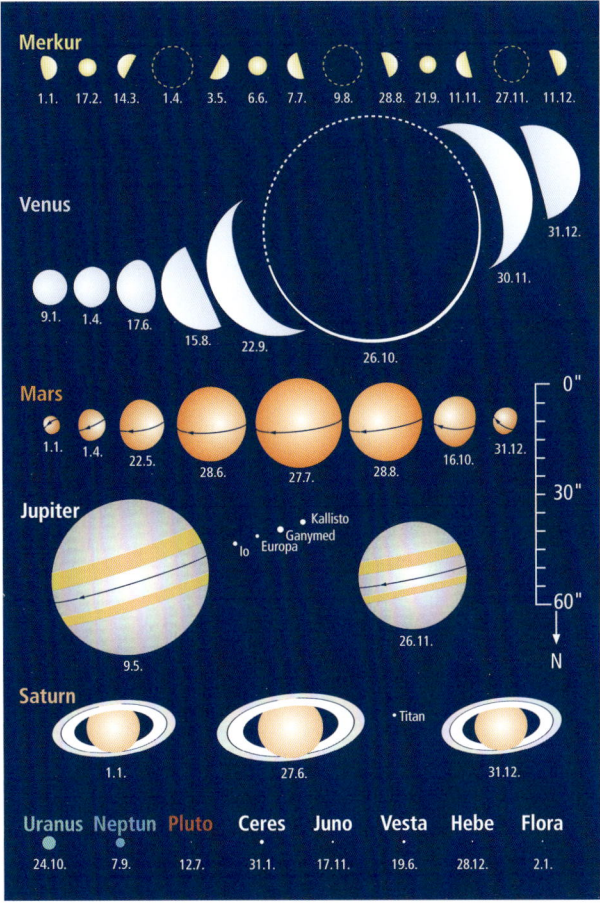

Die Durchmesser der Planetenscheibchen schwanken im Laufe eines Jahres erheblich, darüber informiert das Kosmos Himmelsjahr.

Teleskopen auch die lichtschwächeren Monde Rhea, Tethys und Japetus. Wo sich diese Monde relativ zur Saturnscheibe gerade aufhalten, zeigen Diagramme in den astronomischen Jahrbüchern.

DER TANZ DER JUPITERMONDE

Um das Jupiterscheibchen sind seine vier hellsten Monde zu sehen. Ein Fernglas genügt, um diese vier galileischen Monde sehen zu können, im Fernrohr kann man ihre Bewegung im Laufe von Stunden sowie besondere „Jupitermondereignisse" verfolgen. Es sind Spiele von Licht und Schatten, denn oft sieht man auf den ersten Blick nur zwei oder drei der Monde, die anderen haben sich vor, hinter oder neben Jupiter versteckt.

Jupiter wirft einen langen Schatten in den Weltraum. Tritt ein Mond in diesen Bereich, so nimmt seine Helligkeit schlagartig ab und er wird für einige Zeit unsichtbar. Hin und wieder wirft ein Mond seinen Schatten auf die Jupiterscheibe, der dort als kleiner schwarzer Fleck zu sehen ist. Schwieriger ist es, einen vor Jupiter vorbeiziehenden Mond zu beobachten.

Wann welches Jupitermondereignis zu beobachten ist, listen Jahrbücher wie das Kosmos Himmelsjahr auf, dort veranschaulicht auch ein Diagramm die Bewegungen der Jupitermonde.

URANUS UND NEPTUN

Die Beobachtung der fernen Riesenplaneten beschränkt sich für Besitzer kleinerer Teleskope auf deren Identifizierung vor dem Hintergrund der Sterne. Beide Planeten sind nicht hell genug, um mit bloßem Auge gesehen zu werden.

Uranus ist mit einer Maximalhelligkeit von knapp 6^m zur Oppositionszeit theoretisch mit bloßem Auge zu sehen, aber dazu muss man schon ein sehr guter Beobachter sein und sich unter dunklem Himmel befinden. Auf dem nur knapp 4 Bogensekunden kleinen Planetenscheibchen sind keine Einzelheiten zu erkennen, Uranus erscheint im Teleskop wie ein dicker, grünlicher Stern. Auch die Uranusmonde sind für den Hobbyastronom zu lichtschwach, manchen gelang es aber, sie fotografisch nachzuweisen.

Die Maximalhelligkeit von Neptun beträgt ca. 8^m, er ist mit einem guten Fernglas noch zu sehen, ein Teleskop erleichtert aber die Identifizierung, ebenso eine gute Aufsuchsternkarte. Sein Scheibchen ist mit etwas mehr als 2 Bogensekunden nur halb so groß wie das von Uranus und liegt an der Auflösungsgrenze kleinerer Teleskope. Bei höherer Vergrößerung sieht Neptun bestenfalls wie ein verwaschener, etwas bläulich leuchtender Stern aus.

STERNHAUFEN, NEBEL UND GALAXIEN
— *Ausblicke in die Tiefen des Alls*

Manche „Deep-Sky-Objekte" kann man schon mit bloßem Auge oder einem Fernglas beobachten. Der Blick reicht dabei weit in den Weltraum zu Sternen, Nebeln und Galaxien, die hunderte bis Millionen Lichtjahre weit von uns entfernt sind.

Auf den Sternkarten der Seiten 128 – 151 ist für jeden Monat ein Objekt angegeben, das man mit dem Fernglas oder Fernrohr beobachten kann. Man nennt sie auch „Deep-Sky-Objekte", da Sternhaufen, Gasnebel und Galaxien im Gegensatz zu den Planeten unseres Sonnensystems sehr weit von uns entfernt stehen. Deep-Sky-Objekte haben eine weitere Gemeinsamkeit: Sie sind alle lichtschwach, manchmal zählt man daher auch Kometen dazu, obwohl sie Körper des Sonnensystems sind.

UNSER AUGE – DAS BESTE FERNROHR

Die meisten Hobbyastronomen denken bei der Deep-Sky-Beobachtung erst einmal an riesige Spiegelteleskope. Anders als bei den Planeten, die ohne Vergrößerung nur kleine Lichtpunkte bleiben, dafür aber hell genug sind, dass man sie mit bloßem Auge gut sehen kann, geht es bei der Beobachtung nebliger Objekte vor allem um das Sammeln von Licht und den Kontrast zum Himmelshintergrund. Das beste Teleskop nützt wenig, wenn man am auf-

Offene Sternhaufen sind das erste Ziel für Deep-Sky-Beobachter. Dieses Foto zeigt den „Wildenten-Haufen" M 11 im Sternbild Schild.

gehellten Stadthimmel nach lichtschwachen Galaxien fahndet.

Für den Deep-Sky-Beobachter ist ein dunkler Himmel weitab störender Beleuchtung daher das wichtigste „Zubehör". Viele Sternhaufen, einige Nebel und sogar zwei Galaxien kann man am Himmel unter guten Bedingungen mit bloßem Auge sehen. Die Aufgabe eines Fernglases oder Teleskopes ist es dann in erster Linie nicht, das Bild zu vergrößern, sondern mehr Licht zu sammeln, dem Auge einen „Lichttrichter" zu verpassen.

DIE RICHTIGE VERGRÖSSERUNG

Im Kapitel über Teleskope wurde berichtet, dass sich Linsenfernrohre mehr zur Mond- und Planetenbeobachtung eignen, Spiegelteleskope dagegen zur Beobachtung von Nebeln und Galaxien. Richtig ist das aber nur dann, wenn das Spiegelfernrohr größer als der Refraktor ist, denn Modelle mit gleichem Objektivdurchmesser sammeln gleich viel Licht, sind für die Deep-Sky-Beobachtung also beide gleich gut geeignet.

Der Trick besteht nun darin, die kleinste mögliche Vergrößerung zu wählen. Neben der Maximalvergrößerung gibt es auch eine minimale, unterhalb der man Licht verschenkt. Die Pupille des Auges hat einen Durchmesser von fünf bis acht Millimetern, bei jüngeren Menschen mehr, bei älteren weniger. Aus dem Okular eines Fernrohres oder Fernglases tritt ein Lichtbündel, dessen Durchmesser mit sinkender Vergrößerung größer wird. Vergrößert man zu niedrig, ist das Lichtbündel des Teleskops größer als die Augenpupille, das Licht kann nicht mehr vollständig auf die Netzhaut fallen. Bei steigender Vergrößerung wird das Bild aber immer dunkler, da die Lichtintensität mit der Fläche abnimmt – bei Verdopplung der Vergrößerung sinkt die Bildhelligkeit auf ein Viertel. Man muss daher eine möglichst niedrige Vergrößerung wählen, so dass das aus dem Okular austretende Lichtbündel noch bequem in das eigene Auge passt.

Für sein Teleskop kann man sich dessen minimal sinnvolle Vergrößerung schnell selbst ausrechnen: Sie beträgt das Ergebnis von Teleskopdurchmesser geteilt durch Pupillendurchmesser. Für den Pupillendurchmesser sollte man konservativ kalkulieren und 5 mm annehmen. Ein typisches 60-mm-Linsenfernrohr hat daher eine Minimalvergrößerung von 12-fach, ein 200-mm-Spiegelteleskop bereits von 40-fach.

Mit größeren Teleskopen steht mehr Licht zur Verfügung. Dann bietet es sich durchaus an, eine stärkere Vergrößerung zu wählen, um Details in einem Sternhaufen oder einer Galaxie zu erkennen. Welche Vergrößerung in der Praxis die richtige ist, hängt vom Objekt, den eigenen Augen und der Himmelshelligkeit ab.

TELESKOPE FÜR DEN DEEP SKY

Wer sich auf die Beobachtung der Deep-Sky-Objekte spezialisieren möchte, benötigt ein Teleskop mit großem Objektivdurchmesser. Für ambitionierte Beobachter bieten sich die Dobson-Teleskope an, also Spiegelteleskope in der Bauart nach Newton in einer einfachen Schwenkvorrichtung. Ausgeklügelte Konstruktionen findet man als „Reise-Dobson", dann lassen sich auch große Teleskope in handliche Portionen zerlegen, die man mit in den Urlaub nehmen kann.

Wer es noch handlicher mag, greift zu einem Refraktor mit kurzer Brennweite. Dazu ist eine leicht schwenkbare azimutale Montierung zu empfehlen, so hat man einen ähnlichen Überblick wie mit dem Fernglas, kombiniert mit der Stabilität eines ordentlich aufgestellten Teleskops. Unter einem dunklen Himmel ist die Beobachtung mit einem

Die zwei benachbarten Sternhaufen h + chi im Perseus sind einfache Objekte für Fernglas und Fernrohr.

80- oder 100-mm-Refraktor und niedriger Vergrößerung ein echter Genuss, man kann damit förmlich durch die Milchstraße segeln.

Die Schmidt-Cassegrain-Teleskope werden aufgrund ihrer langen Brennweite gewöhnlich nicht als Spezialisten für Deep-Sky-Objekte empfohlen. Doch es kommt auf die Objekte an, die man damit beobachtet. Kugelsternhaufen oder Planetarische Nebel sind kompakt mit relativ hoher Flächenhelligkeit, dann ist die höhere Vergrößerung sogar von Vorteil.

PRAKTISCHES ZUBEHÖR

Sehr hilfreich ist eine rot leuchtende Taschenlampe. Sie blendet nicht beim Blick auf Sternkarten und die Dunkelanpassung des Auges wird kaum beeinträchtigt. Entweder besorgt man sich rote Folie und zieht diese über eine vorhandene Taschenlampe, oder man kauft sich gleich eine Astro-Taschenlampe mit Rotlicht.

Hat man die in diesem Buch auf den Monatssternkarten vorgestellten Objekte „abgegrast", dann braucht man einen himmlischen Reiseführer mit praktischen Aufsuchkarten und Objektlisten. Der Klassiker der Deep-Sky-Atlanten ist der *Atlas für Himmelsbeobachter* von Erich Karkoschka, hier sind 250 Objekte für kleine und mittlere Teleskope zusammengestellt, an denen man jahrelang Freude hat. Besonders für Einsteiger ist die Zusammenstellung der 50 schönsten Himmelsobjekte im Buch *Stars am Nachthimmel* von Stefan Korth und Bernd Koch gedacht, und natürlich nennt jeder gute Stern- oder Himmelsführer eine Vielzahl interessanter Objekte.

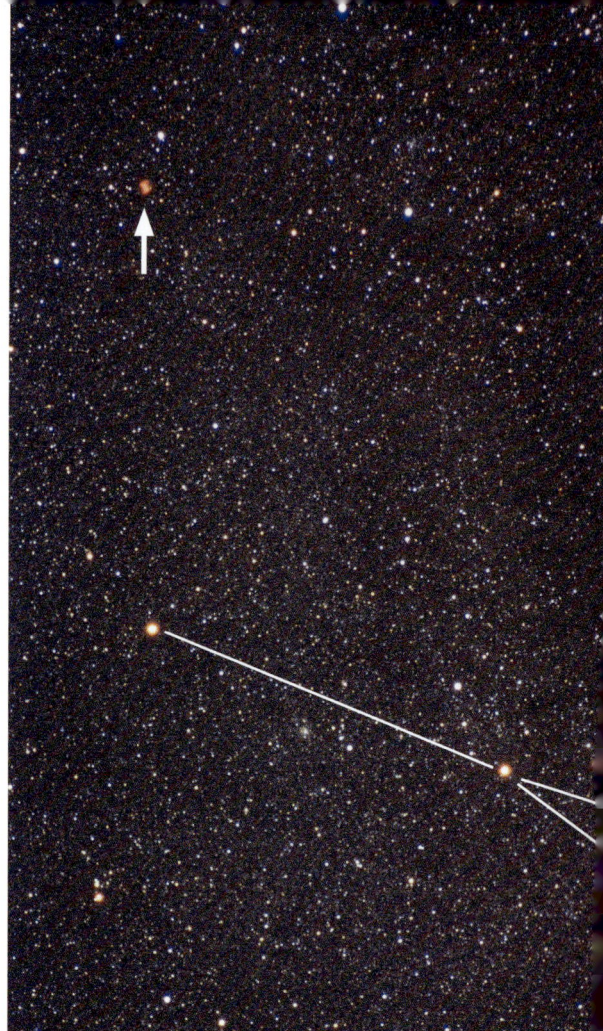

Oberhalb des Sternbildes Sagitta, dem Pfeil, findet man mit einem Fernglas den Planetarischen Nebel M 27. In einem Teleskop kann man den „Hantel-Nebel" als ausgedehntes Scheibchen erkennen.

Mit Rotlichtlampe, Himmelsatlas und einer drehbaren Sternkarte ist man perfekt für ausgedehnte Spaziergänge am Nachthimmel gerüstet. Warme Kleidung (nachts wird es immer sehr frisch, besonders, wenn man reglos hinter dem Teleskop kauert!), heißer Tee und etwas „Beobachtungsschokolade" machen die lange Nacht noch angenehmer.

DEEP-SKY-OBJEKTE AUFSUCHEN

Das Einstellen von Objekten nach Koordinaten setzt ein exakt ausgerichtetes und mit Teilkreisen versehenes Teleskop voraus. Doch selbst dann versagt diese Technik in der Praxis, denn die Ablesegenauigkeit der Teilkreise ist oft zu schlecht, um das gewünschte Objekt sicher im Teleskop zentrieren zu können. Es gibt auch Teleskope mit digitalen Teilkreisen und Modelle mit Computersteuerung, aber wer die Beobachtung auf das Drücken von Knöpfen reduziert, wird schnell den Spaß daran verlieren.

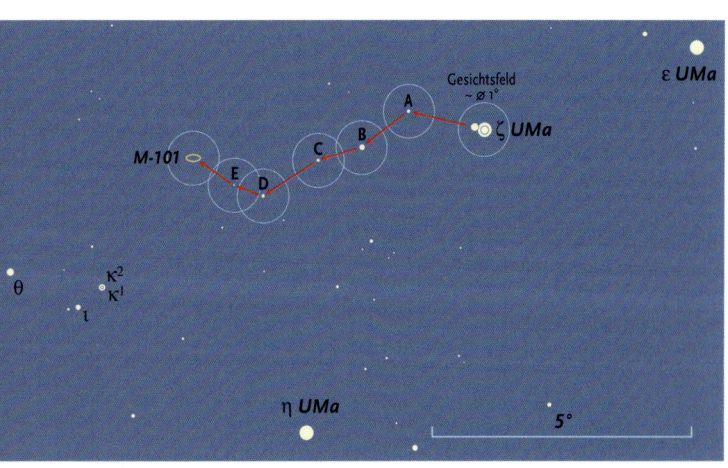

Das Aufsuchen der Deep-Sky-Objekte durch Hüpfen von Stern zu Stern nennt man „Starhopping". Hier von der Deichsel des Großen Wagens zur Galaxie M 101.

Astronomie als Hobby — Sternhaufen, Nebel und Galaxien

Die meisten Amateurastronomen hangeln sich per „Starhopping" über den Himmel – eine Technik, die auch mit dem Fernglas, azimutal montierten Fernrohren oder den Dobson-Teleskopen hervorragend funktioniert. Zuerst sucht man sich auf der Sternkarte einen Stern in der Nähe des aufzusuchenden Objekts, den man noch mit bloßem Auge gut sieht. Diesen stellt man im Sucherfernrohr ein und „tastet" sich dann zu schwächeren Sternen vor, die zum Objekt hinführen. Meistens springen einem dabei kleine „Sternbilder" ins Auge, die charakteristische Muster bilden. Hilfreich ist dabei, sich eine Schablone für das Gesichtsfeld des Suchers und des Teleskops zu basteln, die man auf die Sternkarte legen kann. Im letzten Schritt, nachdem man die Position im Sucher lokalisiert hat, schaut man mit niedriger Vergrößerung durch das Teleskop. Dort ist das Objekt meistens schon zu sehen, so dass man es zentrieren und dann eine höhere Vergrößerung einsetzen kann.

Mit der Zeit lernt man auf diese Weise viele Wege zu den Sternhaufen, Nebeln und Galaxien auswendig. Ein geübter Hobbyastronom stellt sein Fernrohr von Hand meist schneller ein als ein Teleskop mit Computersteuerung.

STERNHAUFEN UND KUGELSTERNHAUFEN

Zu den ersten Objekten des Deep-Sky-Beobachters werden die Offenen Sternhaufen (nachfolgend kurz Sternhaufen genannt) zählen. Einige von ihnen, etwa die Krippe im Sternbild Krebs, die Plejaden im Stier oder der Doppelsternhaufen im Perseus, sind gut mit bloßem Auge und einfach mit dem Fernglas zu finden. Die meisten Sternhaufen bestehen aus lockeren Ansammlungen von Sternen, die man mit geringer Vergrößerung in Einzelsterne auflösen kann.

Anders verhält es sich mit den Kugelsternhaufen. Sie schauen im Fernglas oder kleinen Teleskop wie Nebelflecken aus. Ab ca. 10 cm Öffnung und etwas höherer Vergrößerung (ca. 100-fach) beginnen sich die Außenbereiche der helleren Kugelsternhaufen in Einzelsterne aufzulösen. Und mit einem Spiegelteleskop von 20 cm oder mehr Öffnung sieht man Kugelsternhaufen fast schöner, als sie auf Fotos ausschauen (was für alle anderen Deep-Sky-Objekte übrigens sonst nicht der Fall ist).

Bei Kugelsternhaufen ist eine stärkere Vergrößerung von Vorteil, da die punktförmigen Sterne mit zunehmender Vergrößerung nicht an Helligkeit verlieren, der Himmelshintergrund aber dunkler wird und so der Kontrast steigt.

Wer die Möglichkeit hat, sich auf einer Volkssternwarte mit einem großen Teleskop einen Kugelsternhaufen anzusehen, sollte sich diese Gelegenheit nicht entgehen lassen. Ab Teleskopen mit 30 – 40 cm Spiegeldurchmesser sehen Kugelsternhaufen unverschämt prachtvoll aus, so dass es dem Beobachter glatt die Sprache verschlägt. Kein Foto kann diesen unheimlich faszinierenden Eindruck tausender funkelnder Lichtpünktchen auf engstem Raum wiedergeben!

GASNEBEL UND PLANETARISCHE NEBEL

Es gibt zwei Sorten von Gasnebeln im Weltall: die Emissionsnebel genannten Gasnebel – Gebiete, in denen neue Sterne entstehen –, und die kleinen, runden Planetarischen Nebel, Reste alter Sterne (wobei es sich ebenfalls um Emissionsnebel handelt, auch wenn dieser Begriff hier nicht gebräuchlich ist).

Der große Orion-Nebel ist der hellste und schönste Gasnebel am Sternenhimmel über Mitteleuropa. Er bietet bereits in einem Fernglas einen beeindruckenden Anblick.

Die Andromeda-Galaxie ist für die Beobachtung mit dem Fernglas oder einem kleinen Fernrohr mit niedriger Vergrößerung ein ideales Objekt. Je dunkler der Himmel ist, desto größer erscheint die Galaxie.

Galaxien erscheinen im Teleskop als unterschiedlich geformte Nebelchen. Diese Aufnahme zeigt Galaxien des Virgo-Haufens.

Gasnebel kommen in vielen Größen und mit vollkommen verschiedenen Formen und Strukturen vor. Das hellste und bekannteste Objekt am Himmel über Mitteleuropa ist M 42, der Orion-Nebel. Man findet ihn unterhalb der drei Gürtelsterne des Himmelsjägers, er ist mit dem Fernglas dort als schimmernder Lichtfleck zusammen mit einigen Sternen zu sehen. Jedes Teleskop zeigt den Orion-Nebel in neuer Detailfülle, unter dunklem Himmel mit einem 20-cm-Teleskop sieht man das helle Zentrum mit vier eng zusammenstehenden Sternen (dem „Trapez") und die Ausläufer des Nebels.

Andere Gasnebel sind noch sehr viel größer, etwa der „Nordamerikanebel" (so benannt nach seiner Form) neben dem Stern Deneb im Sternbild Schwan. Zu seiner Beobachtung benutzt man am besten ein Fernglas, denn im Teleskop sieht man nur einen Teil des Nebels, und es fehlt der notwendige Kontrast zum umgebenden, dunkleren Himmelshintergrund.

Gasnebel leuchten hauptsächlich in den Farben des angeregten Wasserstoffgases, aus dem sie bestehen. Sie sehen auf Fotos daher immer rot aus, denn das meiste Licht erreicht uns von der rot leuchtenden Wasserstofflinie bei einer Wellenlänge von 656 Nanometer.

Hilfreich zur Beobachtung von Gasnebeln sind die sogenannten Nebelfilter. Sie lassen nur das Licht des Nebels passieren und blocken gleichzeitig das störende Streulicht des Himmelshintergrundes ab. Es gibt sie als „Breitbandfilter", die sich für alle Nebelarten gut eignen, und als Schmalbandfilter für spezielle Emissionslinien des Nebels mit extremem Kontrastgewinn. Ein normaler Nebelfilter ist jedem zu empfehlen, der nicht unter stockdunklem Himmel beobachtet. Die Wirkung ist tatsächlich enorm.

Planetarische Nebel sind in der Regel kleine runde Objekte, die zwar recht lichtschwach sind, aber eine große Flächenhelligkeit aufweisen, so dass sie im Teleskop gut zu sehen sind. Mit einem Fernglas kann man diese Nebel kaum beobachten, da sie zu klein sind und dort punktförmig erscheinen.

Der Klassiker unter den Planetarischen Nebeln ist M 57, der Ringnebel im Sommersternbild Leier. Exakt auf halber Strecke zwischen den beiden unteren Sternen des rautenförmigen Sternbilds entdeckt man eine fahle Lichtscheibe von knapp einer Bogenminute Durchmesser (etwa so groß wie Jupiter). Mit größerem Teleskop und etwas mehr Vergrößerung wächst M 57 zu einem zarten Rauchkringel,

Astronomie als Hobby — Sternhaufen, Nebel und Galaxien

> ☞ **DER DEEP-SKY-TRICK**
>
> Das menschliche Auge ist in der Nacht leider sehr farbunempfindlich („nachts sind alle Katzen grau"). Um Farben wahrzunehmen, sind höhere Lichtintensitäten notwendig. Erst mit wirklich großen Teleskopen (ab 40 cm Objektivdurchmesser aufwärts) kann man bei hellen Nebeln leichte Farbschleier erkennen.
> Der wichtigste Trick zur Beobachtung von Sternhaufen, Nebel und Galaxien ist das „indirekte Sehen". Fixiert man beim Blick durchs Okular ein Objekt direkt, so fällt sein Licht nicht auf die empfindlichste Stelle der Netzhaut. Man muss etwas am Objekt „vorbeischauen", um die lichtempfindlicheren Teile der Netzhaut zu nutzen und die Galaxie oder den Nebel so heller wahrzunehmen.
> Mit etwas Übung fällt es leicht, das indirekte Sehen anzuwenden, und die Wirkung ist enorm: Was bei direktem Blick noch unsichtbar war, hebt sich nun deutlich vom Himmelshintergrund ab!

Bei niedriger Vergrößerung sieht man ein Deep-Sky-Objekt (hier die Galaxie M 51 in den Jagdhunden) hell und kontrastreich (Bild oben). Bei zu hoher Vergrößerung wird das Bild flau und verwaschen (Bild unten).

in dessen Mitte sich der (in Hobbyteleskopen unsichtbare) Zentralstern befindet.

Gerade bei Planetarischen Nebeln sind die oben genannten Nebelfilter praktisch, viele von ihnen sieht man ohne Nebelfilter überhaupt nicht.

GALAXIEN

Bei Galaxien handelt es sich um weit entfernte Sternsysteme, die unserer Milchstraße ähnlich sind. Die uns nächste und hellste ist M 31, die Andromeda-Galaxie am Herbst- und Winterhimmel. Man kann mit bloßem Auge oberhalb der Sternkette der Andromeda einen milchigen Fleck ausmachen, der unter dunklem Himmel im Fernglas enorm an Größe gewinnt.

Für die Beobachtung von Galaxien sind die sonst so hilfreichen Nebelfilter leider vollkommen ungeeignet. Wer Galaxien beobachten möchte, braucht daher einen umso dunkleren Himmel und ein Teleskop mit großer Öffnung. Die von Fotos bekannte Spiralstruktur bleibt dem Fernrohrbeobachter meist verborgen, die Flächenhelligkeit der Galaxien ist zu gering, als dass man mit einem mittleren Fernrohr die Spiralarme ausmachen könnte. Galaxienbeobachtung ist trotzdem sehr reizvoll. Bis auf die wenigen großen Exemplare passen sie alle gut in das Gesichtsfeld eines Teleskops und sehen dort wie kleine, manchmal runde, manchmal längliche Nebel aus. Zur Galaxienbeobachtung sind der Herbst und das Frühjahr besonders geeignet, denn hier schauen wir an unserer eigenen Milchstraße vorbei in den tiefen Weltraum. Zwischen den Sternbildern Löwe und Jungfrau gruppieren sich viele Galaxien: der Virgo-Galaxienhaufen. Hier kann man auch mit einem Hobbyteleskop zahlreiche Galaxien ausmachen; einige stehen dabei so eng zusammen, dass man auf einen Blick gleich mehrere im Gesichtsfeld des Teleskops sieht.

ASTROFOTOGRAFIE
— *der Himmel im Bild*

Lang belichtete Aufnahmen des Nachthimmels zeigen mehr, als das Auge sehen kann: bunt leuchtende Gasnebel, prächtige Kugelsternhaufen und ferne Galaxien. Mit den aktuellen Digitalkameras ist es nicht schwer, Bilder des Universums zu machen.

Als Himmelstourist möchte man seine Beobachtungen auch gerne im Bild festhalten. Aber die Astrofotografie kann noch mehr, denn erst durch lange Belichtungszeiten werden Farben und Strukturen der Himmelsobjekte richtig sichtbar.
Wer die Sterne fotografieren möchte, kann durchaus seine „Digiknipse" dazu benutzen. Aber sie muss auf einem Fotostativ arretiert werden. Die längste Belichtungszeit gibt dann meist die Kameraelektronik vor – ca. 30 Sekunden sollten es aber schon sein. Besser geeignet ist natürlich die digitale Spiegelreflexkamera mit hoher Empfindlichkeit und der Möglichkeit, beliebig lange zu belichten. Für Himmelsaufnahmen wird kein Blitz verwendet. Ein wichtiges Zubehörteil ist der Fernauslöser, mit dem man die Aufnahme erschütterungsfrei starten kann.
Wer eine Kamera mit Wechselobjektiven hat, sollte das Standardobjektiv mit kurzer Brennweite verwenden, bei Zoomkameras die kürzeste Brennweite bzw. das größte Bildfeld einstellen.

STERNBILDER FOTOGRAFIEREN

Himmelsaufnahmen müssen mindestens einige Sekunden lang belichtet werden, in der Hand kann man die Kamera daher nicht halten. Wer ein Fotostativ hat, montiert darauf die Kamera, ansonsten tut es für die ersten Schritte auch eine ebene Auflage (z.B. das Autodach) mit einer Unterlage, um die Kamera nach oben zu richten.
An der Kamera den manuellen Modus wählen und den Autofokus abschalten. Für die Empfindlichkeit wählt man einen hohen Wert, z.B. 1600 ISO. Das Objektiv wird auf unendlich gestellt (symbolisiert durch eine liegende Acht), die Blende maximal geöffnet (kleinster Wert), die Belichtungszeit auf „B" eingestellt und der Fernauslöser angeschlossen. Nun kann ein Sternbild eingestellt oder die Kamera

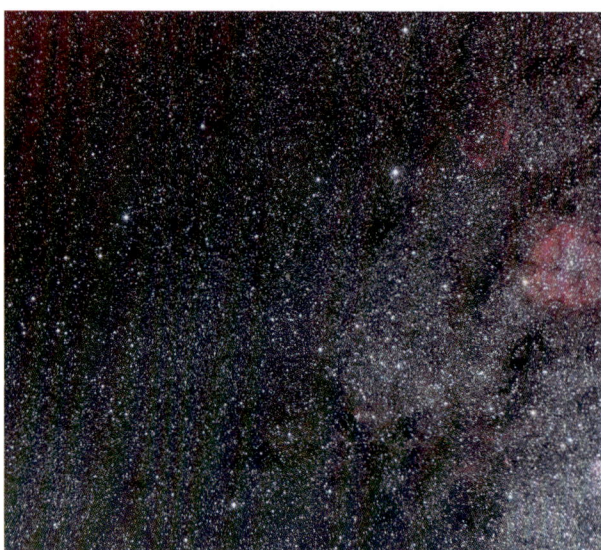

Auf lang belichteten Aufnahmen der Milchstraße sind rot leuchtende Gasnebel zu sehen, hier im Bereich der Sternbilder Schwan/Kepheus. Dieses Bild wurde mit einem 50-mm-Objektiv aufgenommen.

Sterne und Planeten kann man auch von einer Großstadt aus fotografieren. Durch die Kombination mehrerer Aufnahmen ist der Vordergrund verwischt.

einfach nur „nach oben" gerichtet werden. Wenn es dunkel genug ist, keine Lichter oder vorbeifahrende Autos stören, kann die Aufnahme beginnen: Belichten Sie ca. 10 Sekunden und beenden dann die Aufnahme. Auf dem Foto werden alle Sterne des Sternbilds zu sehen sein!

Bei Kompaktkameras muss man ein entsprechendes Programm wählen, das lange Belichtungen ferner Landschaften möglich machen kann. Statt Fernauslöser benutzt man hier den Selbstauslöser und die maximal mögliche Belichtungszeit der Kamera.

Sternfeldaufnahmen mit fest montierter Kamera und kurzer Brennweite kann man maximal 20 Sekunden lang belichten, danach werden die Sterne aufgrund der Erddrehung deutlich zu Strichen verzogen (siehe Tabelle). Reizvoll ist die Nutzung dieses Effekts: Stellen Sie dazu den nördlichen Himmelspol (den Polarstern) ein und machen von einem möglichst dunklen Ort aus über eine oder mehrere Stunden zahlreiche Aufnahmen. Wie lange man eine einzelne Aufnahme belichten kann, bevor sie zu hell wird, probiert man vorher aus. Die Empfindlichkeit der Kamera wird auf 200 ISO reduziert, eine Aufnahme wird einige Minuten lang belichtet. Später überlagert man die Bilder im Computer. Um den Himmelspol ziehen die Sterne Kreise, selbst der Polarstern macht einen kleinen Bogen.

Benutzt man eine sehr hohe Empfindlichkeit (3200 ISO oder mehr) und richtet seine Kamera auf die Sommermilchstraße, so wird man auf dem bis zu

☞ MAXIMALE BELICHTUNGSZEITEN

BRENNWEITE	DEKLINATION	ZEIT
28 MM	0° (Orion)	10 s
28 MM	60° (Kassiopeia)	20 s
50 MM	0° (Orion)	6 s
50 MM	60° (Kassiopeia)	10 s
100 MM	0° (Orion)	3 s
100 MM	60° (Kassiopeia)	6 s
200 MM	0° (Orion)	2 s
200 MM	60° (Kassiopeia)	3 s
500 MM	0° (Orion)	1 s
500 MM	60° (Kassiopeia)	2 s

Morgenstimmung auf dem Land. Der Lichtkegel ist das Zodiakallicht, der helle Lichtpunkt darin Planet Jupiter. Aufnahme mit Kamera auf Stativ, Weitwinkelobjektiv bei Blende 2,8, ISO 3200, Belichtungszeit 30 Sekunden.

einer Minute lang belichteten Bild schon die roten Gasnebel sehen können, die sich an vielen Stellen der Milchstraße befinden.

NACHGEFÜHRTE HIMMELSAUFNAHMEN

Die Rotation der Erde verlangt bei länger belichteten Himmelsaufnahmen, dass sich die Kamera entgegen der Erdrotation dreht, damit die Sterne punktförmig bleiben. Hierzu benötigt man eine parallaktische Montierung, die dem Lauf der Sterne exakt folgen kann. Wer keine Montierung besitzt, kann auch einen „Star-Tracker" verwenden, eine kleine Nachführeinheit, die man auf das Fotostativ schraubt.

Die Kamera kommt dann auf den Star-Tracker oder man montiert sie „huckepack" auf seinem Teleskop. Montierung oder Tracker müssen nach Anleitung ausgerichtet sein, ihre Nordachse exakt auf den Himmelspol zeigen. Eine Montierung bietet dazu meist ein kleines Polsucher-Fernrohr, der Tracker eine Peilhilfe.

Nach erfolgreicher Ausrichtung wird der Motorantrieb eingeschaltet und das Ziel am Himmel eingestellt. Wenn die Kamera ein Live-View-Bild anbietet, kann man damit die Schärfe an einem hellen Stern feinjustieren. Mit dieser Technik sind Aufnahmen mit Normalobjektiv (Brennweite 50 mm) bis zu leichten Teleobjektiven mit 200 mm Brennweite möglich. Wie lange man belichten kann, hängt von der Himmelshelligkeit und der Ausrichtung der Montierung/des Trackers ab. Dazu steigert man die Belichtungszeit von 30 Sekunden über eine Minute oder länger und prüft, ob das Bild nicht zu hell wird (Histogramm-Funktion der Kamera) und ob die Sterne noch punktförmig sind (Zoom-Funktion am Display verwenden). Für richtig „tiefe" Bilder erstellt man über eine Stunde Einzelaufnahmen, die später mit der kostenlosen Software „DeepSkyStacker" kombiniert werden. Die Einarbeitung ist etwas mühselig, aber das Ergebnisbild den Aufwand wert.

Wer ein Objektiv mit längerer Brennweite oder sein Teleskop zur Fotografie verwenden möchte, muss die Nachführung während der Belichtung kontrollieren und korrigieren. Diese Arbeit nimmt einem ein „Autoguider" ab, das ist eine kleine Kamera, die an ein kleines Nachführteleskop angeschlossen wird. Der Autoguider macht alle paar Sekunden ein Bild, registriert eine Verschiebung des Nachführsterns und sendet Korrektursignale an die Montierung.

Vor der Einführung des Autoguiders hat diesen Job übrigens der Fotograf selbst übernommen. In das Nachführteleskop steckt man dazu ein Fadenkreuzokular, stellt einen gut sichtbaren Stern auf die Fadenkreuzmitte und korrigiert Abweichungen mit der Handsteuerung der Montierung. Eine meditative Übung, der man bald überdrüssig wird.

SONNE UND MOND FOTOGRAFIEREN

Wie bei der visuellen Beobachtung braucht man hierzu eine stärkere Vergrößerung. Fotografisch ausgedrückt: eine lange Brennweite. Sonne und Mond (die Sonne nur mit Spezialfilter!) kann man mit einem starken Teleobjektiv aufnehmen, aber ein Teleskop bietet mehr Brennweite.

Für die Fotografie durch das Teleskop gibt es grundsätzlich zwei Möglichkeiten, für beide benötigt man einen Fotoadapter aus dem Teleskopfachhandel sowie einen passenden Anschlussring für

Planetenfotografie mit der Videokamera, hier Jupiter: links ein Rohbild aus dem Video, in der Mitte die Kombination der besten Aufnahmen und rechts das geschärfte Ergebnis.

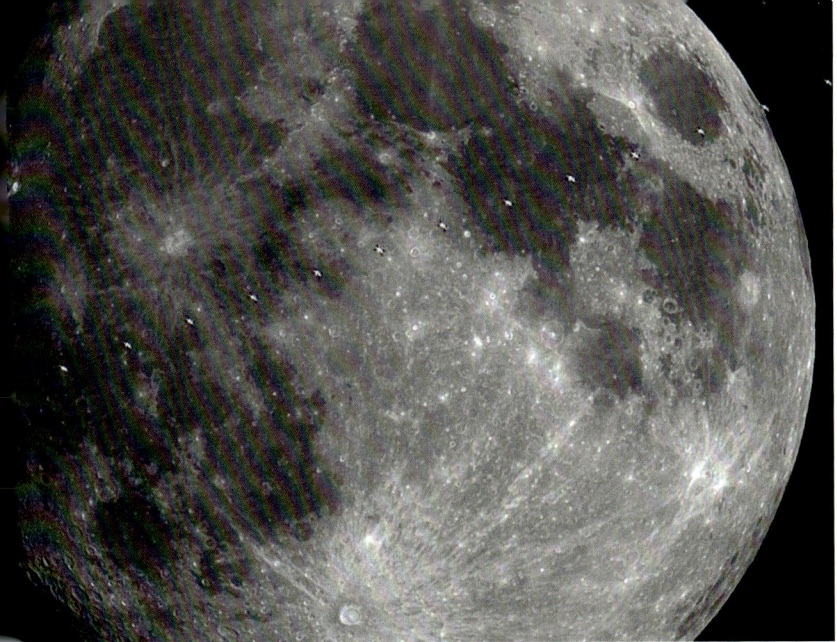

Links: Mit einer Videokamera kann man auch den Mond filmen und einen Durchgang der Raumstation ISS aufnehmen. Rechts: Mit einem guten Teleobjektiv gelingen erste Aufnahmen des Mondes. Dieses Bild zeigt ihn zwei Tage nach Neumond mit seinem „aschgrauen Licht".

seine Kamera. Schließt man die Kamera direkt an das Teleskop an, so dient dieses als Teleobjektiv mit z.B. 1000 mm Brennweite. Sonne und Mond füllen das Bildfeld der Kamera dann je nach Kamerachip weitgehend aus.

Hat man einen Sonnenfilter vor und die Kamera hinter das Teleskop montiert, genügt meist eine Belichtungszeit von 1/1000 Sekunde – abhängig von der Filterdichte und der Kameraempfindlichkeit. Testaufnahmen zum Ermitteln der besten Belichtungszeit – das Sonnenbild soll weder über- noch unterbelichtet sein – sind mit einer Digitalkamera zum Glück schnell gemacht.

Selbst beim Mond kommt man – ganz ohne Filter – mit Zeiten um 1/250 Sekunde aus, die Belichtungszeit ist aber stark von der Mondphase abhängig.

Für Kompaktkameras mit fest eingebautem Objektiv ist der Anschluss an das Teleskop etwas komplizierter, doch auch hier bietet einem der Teleskophandel eine (mechanische) Brücke. In das Teleskop wird zusätzlich ein Okular eingesetzt und man spricht von der afokalen Fotografie.

Um Planeten zu fotografieren, muss die Brennweite sehr viel länger sein, bei 1000 mm würden sie nur als kleiner Klecks auf dem Bild erscheinen. Zwei Möglichkeiten bieten sich an, um die Brennweite zu verlängern: Entweder man benutzt die sogenannte Okularprojektion oder man greift zu einer guten Barlowlinse. Bei der Okularprojektion wird in den Fotoadapter ein Okular eingesetzt, das das Planetenbild vergrößert in die Kamera projiziert. Die Barlowlinse verdoppelt oder verdreifacht die Brennweite des Teleskops.

PLANETEN FOTOGRAFIEREN

Bessere Ergebnisse als mit der Fotokamera erreicht man mit Videoaufnahmen. Kameras für diesen Zweck sind im Teleskophandel erhältlich, im Grunde handelt es sich bei ihnen um verbesserte Webcams. Sie werden anstelle des Okulars in den Okularauszug gesteckt, zur Verlängerung der Brennweite setzt man eine Barlowlinse ein. Als Aufnahmesoftware empfiehlt sich das Programm „Firecapture".

Statt ein einzelnes Bild zu machen, wird ein Video des Planeten von einigen Zehn Sekunden Länge aufgenommen. Dabei entstehen hunderte oder tausende Bilder, viele davon sind aufgrund der Luftunruhe unscharf. Eine andere Software, z.B. „Autostakkert", sortiert die Einzelbilder des Videos nach Qualität und kombiniert nur die besten davon. Das Ergebnisbild wird anschließend geschärft, z.B. mit „Registax" oder „Giotto".

Der Ablauf klingt vielleicht etwas umständlich und kompliziert, mit etwas Übung hat man sich aber rasch eingearbeitet. Und die Ergebnisse sind im Vergleich zu einzelnen Planetenaufnahmen wirklich spektakulär. Diese Technik eignet sich auch für Sonne und Mond, um dort Details aufzunehmen.

TIPPS ZUR ASTROFOTOGRAFIE

Für lang belichtete Aufnahmen durch das Teleskop benötigt man eine sehr gute parallaktische Montierung. Kleinste Abweichungen bei der Nachführung werden das Bild sonst verderben. Die Ausrichtung auf den Himmelspol muss sehr exakt sein,

Der Nordamerika- und Pelikannebel im Sternbild Schwan. Links eine Aufnahme mit 135-mm-Objektiv auf Film, rechts das Bild einer CCD-Kamera und 180-mm-Objektiv, das zur Kontraststeigerung mit einem Rotfilter ausgestattet war.

Eine nachgeführte Aufnahme mit Teleobjektiv. Um den Sternhaufen der Plejaden werden blaue Reflexionsnebel sichtbar.

andernfalls drehen sich die Sterne trotz genauer Nachführung um die Bildmitte. Gute Montierungen bieten die Möglichkeit, den unvermeidlichen periodischen Fehler der nachführenden Mechanik auszugleichen. Diese „Periodic Error Correction" (kurz PEC) muss man der Montierung vorher antrainieren.

Die Teleskope zur Aufnahme und Nachführung können sich während der Aufnahme gegeneinander etwas verbiegen, eine ungenaue Nachführung ist die Folge. Alternativ zum Nachführteleskop kommen daher „Off-Axis-Guider" (OAG) zum Einsatz. Der OAG wird zwischen Teleskop und Kamera befestigt und lenkt mit einem kleinen Prisma etwas Licht senkrecht zur Seite aus. Dort wird der Autoguider angeschlossen und mechanische Abweichungen sind so gut wie ausgeschlossen.

Die Kamera muss fest am Okularauszug sitzen, am besten mit einer Schraubverbindung. Um die Schärfe einzustellen, ist eine Untersetzung des Feintriebs am Okularauszug hilfreich. Noch besser ist dafür ein Fokussiermotor, der mittels Testaufnahmen und einer Software den besten Schärfepunkt automatisch einstellt. Im Laufe einer Nacht kühlt es ab, dadurch verändert sich der Schärfepunkt, man sollte daher mehrmals pro Nacht nachfokussieren.

AUF DEM WEG ZUM PROFI

Ambitionierte Astrofotografen verwenden anstelle einer digitalen Spiegelreflexkamera speziell für die Astrofotografie entwickelte Kameras mit Kühlung und CCD-Chip. Dann müssen neben den eigentlichen Aufnahmen Korrekturbilder erstellt werden. Das sind einmal sogenannte Dunkelbilder (die „Darks"), da der CCD-Chip bereits im Dunkeln durch die Wärmestrahlung belichtet wird. Zweitens erstellt man Hellfeldbilder („Flats"), um die ungleichmäßige Ausleuchtung des Gesichtsfeldes sowie von Staub verursachte Flecken zu korrigieren. Um hervorragende Farbaufnahmen zu machen, verwendet man eine Kamera mit Schwarzweiß-Chip und erstellt separate Aufnahmen jeweils mit einem Rot-, Grün- und Blaufilter. Sie werden wie oben beschrieben korrigiert (Fachjargon: „reduziert"), exakt aufeinander ausgerichtet und dann zu einem Farbbild kombiniert.

Wem das noch nicht aufwändig genug ist, der kann sogenannte Schmalbandfilter verwenden, die wie die Nebelfilter zur visuellen Beobachtung von Gasnebeln nur das Licht des Nebels passieren lassen. Damit erhält man einen hervorragenden Kontrast, muss aber länger belichten.

Während man ein Astrofoto auf fotografischem Film früher eine Stunde lang belichtet hat, kann man heute in einer oder mehreren Nächten so viele Bilder des Zielobjekts machen, wie es Wetter und Ambition erlauben. So entstehen tief belichtete Aufnahmen mit einer Gesamtbelichtungszeit von 10, 20 oder 30 Stunden.

Das Objekt Messier 78 im Sternbild Orion zählt zu den hellsten Reflexionsnebeln – hier leuchten heiße Sterne das sie umgebende Gas bläulich an.

Die benachbarten Galaxien M 81 und M 82 im Großen Bären sind beliebte Objekte für Einsteiger. Das mehrere Stunden lang belichtete Astrofoto zeigt ihre Strukturen sowie Gasschleier in unserer Galaxis.

ZUM WEITERLESEN
— und Weiterklicken

BÜCHER FÜR BEOBACHTER
Astronomie für Einsteiger
Der praktische Einstieg in das Hobby Astronomie
Was tut sich am Himmel
Das Pocket-Jahrbuch für Naturbeobachter
Welcher Stern ist das?
Der Klassiker für erste Himmelstouren
Kosmos Himmelsjahr
Das beliebteste Astronomie-Jahrbuch mit allen Infos zum Lauf von Sonne, Mond und Sternen
Der Sternenhimmel
Umfangreiches Jahrbuch für Amateurastronomen mit täglichem Astrokalender

ZEITSCHRIFTEN
Journal für Astronomie, *www.sternfreunde.de*
Das Mitgliedermagazin der VdS
Orion, *www.orionmedien.ch*
Das Astronomie-Magazin der Schweiz
Sterne und Weltraum, *www.spektrum.de*
Alles über Astronomie und Raumfahrt

STERNKARTEN
Sternkarte für Einsteiger
Sternkarte ganz einfach – ein Dreh genügt
Nachtleuchtende Sternkarte für Einsteiger
Einfach Sterne finden – leuchtet im Dunkeln
Drehbare Kosmos-Sternkarte
Der Klassiker für Hobby-Astronomen
Drehbare Welt-Sternkarte
Für Urlauber und Globetrotter
Atlas für Himmelsbeobachter
250 Himmelsobjekte für Fernglas und Fernrohr

SOFTWARE
Guide 9.0, *www.astro-shop.de*
Sternkartensoftware für Amateurastronomen
Redshift, *www.usm.de*
Preisgekröntes Planetariums-Programm
Stellarium, *www.stellarium.org*
Der Sternenhimmel im Überblick

ONLINE
www.astronomie.de
Ein Portal für Hobby-Astronomen mit Forum
www.astrotreff.de
Diskussionsforum und AstroGalerie
www.heavens-above.com
Die Sichtbarkeit von Satelliten (engl.)
www.kosmos-himmelsjahr.de
Die schönsten Himmelsschauspiele
www.sternfreunde.de
Die Vereinigung der Sternfreunde e.V.

TELESKOPHANDEL
Astroshop Nimax GmbH
Otto-Lilienthal-Straße 9,
86899 Landsberg am Lech
www.astroshop.de
Baader Planetarium GmbH
Zur Sternwarte, 82291 Mammendorf
www.baader-planetarium.com
Fernrohrland
Max-Planck-Straße 28, 70736 Fellbach
www.fernrohrland.de
Intercon Spacetec
Gablinger Weg 9, 86154 Augsburg
www.intercon-spacetec.de
Teleskop-Service Ransburg GmbH
Von-Myra-Straße 8, 85599 Parsdorf
www.teleskop-express.de

ASTROREISEN
Alpenhof Sattlegger
Emberger Alm 2, 9771 Berg/Drautal, Österreich
www.alpsat.at
Eclipse-Reisen
Weberstraße 8, 53113 Bonn
www.eclipse-reisen.de
Kultur & Reisen, Dr. Eckehard Schmidt
Neuendettelsauer Straße 22, 90449 Nürnberg
www.wissenschafts-reisen.de
SaharaSky, Marokko
www.hotel-sahara.com

REGISTER

2014 MU$_{69}$ 65
21-cm-Linie   21
21-cm-Strahlung   82
2dF-Survey   103
3C 273   104
47 Tucanae   95
51 Pegasi   84
61 Cygni   75
61 Cygni   9

A

Abendstern   114, 121
Achernar   75
Achromat   157
Adams, John Couch   60
Adaptive Optik   11
Adler-Nebel   82
Akatsuki   27
Akkretionsscheibe   105
Aktive Galaxie   105
Aktive Optik   11
Albedo   37
Aldebaran   150
Algol   14, 74, 78, 150
ALMA   20
Alpha Centauri   75
Amalthea   53
Andromeda   148
Andromeda-Galaxie   9, 18, 98, 146, 170
Apochromat   157
Apollo 16/17   43
Äquatoriale Koordinaten   118
Ariel   59
Arktur   75, 76, 136
Asteroid   48
Astrofotografie   172
Astrometrie   12
Astronomische Einheit   16
Atlas   56
Auflösung   158
Autoguider   174
Autostakkert   175
Azimutsystem   117, 118
Azimutale Montierung   158, 167

B

Bahnknoten   124
Bahnneigung   34
Bärenhüter   136
Barlowlinse   175
Barnard, Edward   82
Barnards Pfeilstern   76
Bayer, Johannes   12
Beagle 2   26
Bell, Jocelyn   91
BepiColombo   37
Bessel, Friedrich W.   9, 17, 75
Beteigeuze   74, 75, 76
Big Bang   110
Big Crunch   110
Bode, Johann Elert   48
Bogensekunde/-minute   117
Bok-Globule   83
Brahe, Tycho   8, 9, 74, 90
Brauner Zwerg   23
Brennweite   158
Bruno, Giordano   8

C

Canopus   75
Cassegrain-Teleskop   157
Cassini   26, 54, 57
Cassini-Teilung   164
Cassiopeia A   21
CCD-Kamera   176
Centaurus A   101
Cepheiden-Sterne   18, 79, 95, 101
Ceres   49
Chandra   23
Charon   63, 64
Chromosphäre   33
COBE   109
Curiosity   25, 26, 45
Cygnus A   21

D

Dactyl   49
Dämmerung   115
Daphne   55, 56
Dawn   27, 49

Deep Space 1   27
Deep-Sky-Objekt   166
DeepSkyStacker   174
Deimos   46, 47
Deklination   13, 75, 118, 159
Delta Cephei   14, 79
Deneb   142
Dichte   35
Dione   56, 57
Dobson-Teleskop   157, 158, 167
Doppelstern   51, 78, 90
Doppelsternhaufen   87, 148, 167
Dunkelnebel   81
Dunkle Energie   110
Dunkle Materie   100, 103, 108, 110

E

$E = mc^2$ 78
Echo des Urknalls   110
Effelsberg, Radioteleskop   21
Einstein, Albert   37, 78, 107, 111
Einstein-Kreuz   107
Ekliptik   119
Elektromagnetisches Spektrum   12
Elliptische Galaxie   99
Elongation   121
ELT   9
Enceladus   56, 57
Entweichgeschwindigkeit   35
Erde   40
Eris   64
Eros   49
Eskimonebel   89
ESO 378-1   89
Europa   52, 53
Europäische Südsternwarte   10
ExoMars   47
Exoplanet   5, 84
Exzentrizität   34

F

Fangspiegel   11, 157
Farben-Helligkeits-Diagramm   86
Fernglas   156
Fernrohr   10

Finsternis 124
Firecapture 175
Firmament 116
Fische 146
Fixstern 74
Fluchtgeschwindigkeit 19, 109
Fotometrie 12
Franhofer-Linien 15, 80
Frühlingsdreieck 134
Frühlingspunkt 148

G

Gaia 17
Galatea 61
Galaxie 72, 98, 171
Galaxienhaufen 102
Galileo, Galilei 9, 10, 30, 52
Galileo 24, 27, 49, 50
Galle, Johann Gottfried 9, 60
Gammastrahlung 12, 23
Gamow, George 109
Ganymed 52, 53
Gasnebel, Beobachtung 169
Gasplanet 40
Gaspra 49
Gasschweif 67
Gaststern 74, 90
GEO600 109
Gerasimenko, Swetlana 68
Gezeiten 42
Giotto (Raumsonde) 27
Giotto (Software) 175
Glycin 69
Goldener Henkel 161
Grad 117
Gran Telescopio Canarias 11
Granulation 31
Gravitation 35
Gravitationslinse 107
Gravitationswellen 108
Große Magellansche Wolke 94
Großer Bär 13, 119
Großer Dunkler Fleck 61
Großer Roter Fleck 50, 51
Großer Wagen 12, 115

H

Habitable Zone 85
Halbmond 161
Halley, Edmond 60, 66
Halleyscher Komet 66
Halo der Milchstraße 93

Hantelnebel 89, 168
Hartley 2 66
Haumea 64
Hauptreihe 77, 86
Heißer Jupiter 84, 85
Helium 32, 78
Helixnebel 89
Herbig-Haro-Objekt 83
Herbstviereck 144, 146
Herkules 72, 92, 138
Herschel, Friedrich W. 9, 58, 80
Hertzsprung, Ejnar 77
Himalia 53
Himmels-W 146
Hintergrundstrahlung 103, 109
Hipparcos 17
Humboldt, Alexander von 98
Host-Galaxie 105
Hoyle, Fred 110
Hubble Ultra Deep Field 111
Hubble, Edwin P. 9, 18, 80, 98
Hubble-Diagramm 100
Hubble-Konstante 19
Hubble-Weltraumteleskop 19
Huygens 26, 57
Huygens, Christian 54
Hyaden 150
Hyperion 56, 57

I

IC 4406 89
Ida 49
Indirektes Sehen 171
Infrarotstrahlung 23
Io 52, 53
Internationale Raumstation 175

J

Jahreszeiten 41
James-Webb-Teleskop 22, 23
Japetus 56, 57
Jungfrau 134
Juno 24
Jupiter 50, 174
Jupiter, Beobachtung 164

K

Kallisto 52, 53
Kant, Immanuel 98
Kapella 75, 76
Kastor 130
Kepler 85

Kepler, Johannes 8, 75, 90
Kerberos 64
Kernfusion 32
Kernschatten 125
Kleine Magellansche Wolke 95
Kleinplanet 48
Kohlendioxid 38
Kohlenstoff 78
Komet Tschurjumov-Gerasimenko 27
Komet 66
Konjunktion 122
Kopernikus 160
Koronaler Masseauswurf 30
Kosmische Geschwindigkeit 24
Kosmologische Konstante 111
Krabbennebel 90
Kreuz des Nordens 142
Krippe 130, 169
Kugelsternhaufen 92, 169
Kuiper, Gerard Peter 62
Kuipergürtel 62

L

Lagunennebel 140
Larissa 61
Leier 74, 93
Leuchtkraft 75, 76
Leverrier, Urbain Jean Joseph 60
Lichtgeschwindigkeit 4
LIGO 109
Linsenteleskop 10, 156
Löwe 132
Lunar Reconnaissance Orbiter 43

M

M 1 21, 90
M 3 136
M 8 140
M 11 166
M 13 92, 93, 138
M 15 144
M 22 93
M 27 168
M 31 146
M 35 87
M 45 86
M 51 99, 171
M 57 142, 170
M 78 177
M 81 23, 177
M 82 177
M 97 118

Magellan   27, 39
Magellan, Fernao de   94
Magellansche Wolke   94
Magnetfeld   41, 51, 91, 105, 108
Magnitudines   13
Makemake   64
Mariner 10   27, 36
Mariner 2   27
Mariner 4   45
Mars Global Surveyor   26, 45
Mars Odyssey   26, 47
Mars Odyssey   47
Mars Reconnaissance Orbiter   46
Mars   26, 44, 122, 163
MarsExpress   26, 47
Masse   34
Mathilde   49
Mäusegalaxien   101
Mayor, Michel   84
McNaught   67
Merkur   36, 121, 163
Messenger   27, 36, 37
Messier, Charles   80, 90
Mikrowellenhintergrund   110
Milchstraße   72, 98, 172
Mimas   57
Mira   79
Miranda   59
Mond   42, 160, 163
Mondfinsternis   124
Mondphase   120
Mondsichel   115
Montierung   158
Morgenstern   121
Mt.-Palomar-Sternwarte   11, 13
Mt.-Wilson-Sternwarte   18, 98

N

Nachführung   174
Nachthimmel   114
Near Earth Object   48
NEAR   49
Nebelfilter   170
Neptun   60, 165
Nereide   61
Neutronenstern   79, 91, 106, 108
New General Catalogue   80
New Horizons   27, 64
New Technology Telescope   10, 11
Newton, Isaac   8
Newton-Teleskop   157
NGC 1365   100

NGC 2903   132
NGC 4565   100
NGC 4755   87
NGC 5189   89
NGC 6543   89
Nikaia, Hipparchos von   16
Nix   64, 65
Nordamerikanebel   170, 176
Nördlinger Ries   41

O

Oberon   59
Observatorium   10
Off-Axis-Guider   176
Offener Sternhaufen   86, 166, 169
Okular   159
Okularauszug   176
Olympus Mons   45, 46
Omega Centauri   92, 93
Oort, Jan Hendrik   67
Oortsche Wolke   67
Opportunity   26, 45
Opposition   122
Oppositionsschleife   123
Orion   13, 115, 128, 150
Orion-Nebel   81, 128, 169, 170

P

Pan   56
Parallaktische Montierung   159
Parallaxe   16, 17
Parsec   17
Pegasus   144
Pelikannebel   176
Penumbra   31, 162
Penzias, Arno   109
Periodic Error Correction   176
Permafrost   47
Perseiden   142
Perseus   14
Pfeil   168
Pferdekopfnebel   81
Philae   69
Phobos   46, 47
Phoebe   57
Phoenix   47
Photosphäre   30, 31, 33
Piazzi, Guiseppe   48
Pioneer 10/11   24, 54
Planck   109
Planetarischer Nebel   79, 88, 169
Planetarium   154, 155

Planetenbeobachtung   121, 123
Planetenschleife   123
Plasmaschweif   67
Plejaden   86, 150, 169, 176
Pluto   9, 62
Polarlicht   32, 33, 51
Polarstern   41, 173
Pollux   130
Polspuren   116, 173
Polsucher   159, 174
Praesepe   130
Präzession   13, 41, 119
Prokyon   75, 76
Proton   32
Protoplanetare Scheibe   83
Protostern   35, 83
Protuberanz   33, 125
Proxima Centauri   85
Pulsar   91

Q

Quadratur   122
Quaoar   62
Quark   110
Quasar   21, 104, 107
Queloz, Didier   84

R

Radialgeschwindigkeit   85
Radioastronomie   20, 82
Radioteleskop   20
Radiowellen   12
Raumkrümmung   107
Raumsonde   24
Raumsondenmissionen   25
Reflektor   157
Refraktor   10, 156
Registax   175
Regulus   132
Rektaszension   13, 75, 118, 159
Relativitätstheorie   37, 108
Rhea   56, 57
Rigel   75, 76
Rinderhirte   136
Ringnebel   88, 89, 142, 170
Roche-Grenze   55
Römer, Ole   52
Röntgenstrahlung   12, 23, 106
Rosetta   27, 68
Rosetta   68
Rotation, differenzielle   50
Rotation, gebundene   36, 42, 120

181

Rotation, siderische   35
Roter Riese   86, 88
RR-Lyrae-Stern   93
Russell, Henry Norris   77

S

Satellitenteleskop   12, 22
Saturn   54, 164
Sauerstoff   88
Säulen der Schöpfung   82
Schäferhundmond   59
Schalttag   41, 119
Schiaparelli, Giovanni V.   44
Schlangenträger   138
Schmalbandfilter   177
Schmetterlingsdiagramm   33
Schmidt, Maarten   104
Schmidt-Cassegrain-Teleskop   158
Schmutziger Schneeball   67
Schütze   140
Schwan   115, 142
Schwarzes Loch   73, 79, 105, 106
Schwefelsäure   38
Schwerkraft   82
Sedna   62, 67
Shapley, Harlow   92
Siebengestirn   86, 150
Singularität   107
Sirius   13, 75, 76
Sofia   23
Sojourner   26, 45
Solar Dynamics Observatory   30
Sombreronebel   100
Sommerdreieck   142
Sonne   30, 161
Sonnenfilter   162
Sonnenfinsternis   124, 126
Sonnenfleck   30, 31, 33, 162
Sonnenprojektion   162
Sonnensystem in Zahlen   34
Sonnenwind   33
Sonnenzeit   118
Spektralklasse   76, 78
Spektrallinie   84
Spektroskopie   12, 15
Spektrum   12, 15, 77, 104
Spiegelteleskop   157
Spika   134
Spiralgalaxie   99
Spirit   26, 45
Sputnik Planitia   63, 65
Sputnik   22

Stardust   27
Starhopping   168, 169
Star-Tracker   174
Stephans Quintett   102
Stern   13, 72
Sternbild   115, 172
Sterne, die sonnennächsten   19
Sternschnuppe   142
Sternwarte   154
Sternzeit   118, 159
Stier   150
Stonehenge   8
Strahlenkrater   160
Strichspur   48
Strichspuren   116
Strudelgalaxie   99, 134
Stundenglasnebel   89
Stundenwinkel   159
Styx   64
Sucherfernrohr   159
Supernova   18, 79, 87, 90, 94, 111, 150
Supernova 1987A   91
Supernova-Rest   23
Swan Leavitt, Henrietta   18, 95
Swingby   24, 26

T

Taurus A   21
Teleskoptreffen   155
Telrad   159
Tempel 1   66
Terminator   160
Terrestrischer Planet   40
Tethys   56, 57
Teufelsstern   74
Tharsis-Region   46
Thebe   53
Tierkreis   119
Titan   55, 56, 57
Titania   59
Titius, Johann   48
Toliman   75
Tombaugh, Clyde W.   62
Totalität   124
Toutatis   17
Trapez   83
Treibhauseffekt   38
Triton   60, 61
Tschurjumov, Klym   68
Tschurjumov-Gerasimenko   68
Tycho   43, 160

U

Ultraviolettes Licht   12
Umbra   31, 162
Umbriel   59
Umlaufzeit   34
Uranus   58, 165
Urknall   9, 106, 109

V

Valles Marineris   45, 46
Varuna   62
Venera 7/13   27, 39
Venus Express   26, 39
Venus   38, 121, 163
Venustransit   16, 17
Veränderlicher Stern   78
Vereinigung der Sternfreunde e.V.   154
Vergrößerung   156, 158, 160, 167
Very Large Telescope   11, 14
Vesta   49
Videoaufnahme   175
Viking 1/2   26, 45
Virgo-Haufen   102, 134, 170, 171
Volkssternwarte   154, 155
Vollmond   120, 161
Voyager 1/2   24, 26, 51, 54, 59, 60

W

Wandelstern   8, 120
Wasserstoff   21, 32, 51, 55, 73, 78, 80
Wega   13, 75
Weißer Zwerg   76
Wells, H. G.   44
Wendekreis des Steinbocks   144
Whipple, Fred   67
Widderpunkt   148
Wild 2   66
Wilson, Robert   109
Winkelabstand   117
Wintersechseck   128
WMAP   109
Wolf, Max   82
Wright Mons   65

Y

Yerkes-Refraktor   10

Z

Zodiakallicht   173
Zwerggalaxie   100
Zwergplanet   63
Zwillinge   130

BILDNACHWEIS

(o=oben, u=unten, M=Mitte, r=rechts, l=links)
AIP/R. Arlt: 9M; **Anglo-Australian Observatory:** 103Mr; **Baader Planetarium/Celestron:** 158ol; **B. Fugate (FASORtronics)/ESO:** 73; **DLR:** 126u; **DSS:** 3or, 74ul, 76u, 104M; **M. Emmerich/S. Melchert:** 3ur, 12, 14o, 15o, 17ol, 18or, 30r, 33o, 37, 38, 41u, 76o, 77u, 78, 79, 84ul, 85o, 85M, 86, 93o, 98, 100ul, 112-113, 114, 115 (beide), 116 (beide), 117, 118, 119 (beide), 120, 121, 122, 123, 124, 125, 126o, 127u (beide), 128-151 (alle), 152-153, 156u, 157or, 158or, 160, 161 (beide), 162, 163 (beide), 164ml, 164ul, 165ol, 166, 167, 168o, 169 (beide), 170 (beide), 171 (beide), 172 (beide), 173, 174, 175 (beide), 176 (alle), 177 (beide); **ESA:** 17or, 26ul, 27o, 39l, 41o, 66o, 66u (Halley), 68, 69 (alle), 70-71, 90ul, 110u; **ESO:** 6-7, 9u, 10, 14-15u, 16M, 18ol, 18ur, 20, 35 (Uranus), 67, 81 (beide), 83u, 85u, 87ur, 89ol, 89MM, 89ur, 92, 95 (alle), 100ol, 100or, 101o, 104o; **Gran Telescopio Canarias:** 11; **S. Hall:** 13; **IAU:** 28-29; **LIGO/Caltech:** 107o, 109 (beide); **Kosmos-Verlag:** 9o, 156l, 165or; **Meade:** 158oM; **MPIfR/Norbert Junkes:** 21ur; **NASA/ESA/STScI:** Vorsatz, 2-3Mo, 34 (Mars), 35 (Jupiter), 50, 51or, 51ur, 59l, 82 (alle), 83ol (alle), 89oM, 89or, 89Ml, 89Mr, 89ul, 89uM, 90ur, 91, 83u, 96-97, 99, 100Ml, 100Mr, 101ur, 102l, 103Ml, 104r, 105 (alle), 107u, 108 (beide), 111; **NASA/GSFC/Arizona State University:** 185; **NASA/JPL:** 0-1, 2ol, 22, 23o, 23u, 25, 26ur, 27u, 31l, 32, 34 (Merkur, Venus, Erde), 35 (Saturn, Neptun, Pluto), 36, 39u, 40, 42, 43 (alle), 44, 45o, 46 (alle), 47 (alle), 49 (alle), 51ol, 51 ul, 52 (alle), 53 (alle), 54, 55 (alle), 56 (alle), 58, 59r, 60, 61 (alle), 62-63 (alle), 64 (alle), 65, 66r (3x), 72, 84ur, 110M, 127o; **NASA/Spitzer:** 23M; **NOAO:** 21ul (beide); 77o, 80, 87o, 87ul, 94, 102ur, 106u; **NRAO:** 74ur; **Planetarium Stuttgart:** 115u (beide); **M. Rattei:** 164ur; **Russische Akademie der Wissenschaften:** 39o; **G. Schulz:** 168u; **SDSS-III:** 103u; **SOHO:** 30l, 33u, 34 (Sonne); **Swedish Solar Telescope:** 31r; **Vixen Europe:** 156Mr, 157lu; **Vereinigung der Sternfreunde:** 155o.

IMPRESSUM

Umschlaggestaltung von Gramisci Editorialdesign, München, unter Verwendung einer Illustration von Exoplaneten auf der Vorderseite (NASA/JPL-Caltech/R. Hurt (SSC-Caltech)) und einer Fotografie der Galaxie M 101 auf der Rückseite (NASA/ESA/STScI).

Mit 240 Farb- und Schwarzweißfotos, 65 Illustrationen und 12 Sternkarten

Unser gesamtes Programm finden Sie unter **kosmos.de**
Über Neuigkeiten informieren Sie regelmäßig unsere
Newsletter, einfach anmelden unter **kosmos.de/newsletter**

Gedruckt auf chlorfrei gebleichtem Papier

4., vollständig aktualisierte und ergänzte Ausgabe
© 2017, Franckh-Kosmos Verlags-GmbH & Co. KG, Stuttgart
Alle Rechte vorbehalten
ISBN: 978-3-440-15622-3
Redaktion: Sven Melchert
Produktion: Ralf Paucke
Druck und Bindung: FIRMENGRUPPE APPL, aprinta druck, Wemding
Printed in Germany/Imprimé en Allemagne

Spannende Einblicke —— in unser Universum

304 Seiten, ca. €(D) 16,99

Alles über den Mars in besonderer Erdnähe und noch viel mehr: Das „Kosmos Himmelsjahr" bietet Himmelsschauspiele, zuverlässige kalendarische Angaben und die beliebten Monatsthemen. Wann geht die Sonne auf? Welche Mondphase herrscht gerade? Wo sind die Planeten zu finden? Die Monatsthemen erläutern astronomische Phänomene und gehen auch auf aktuell diskutierte Fragen ein. Das beliebte Jahrbuch erscheint jedes Jahr im September.

Die „Drehbare Kosmos-Sternkarte" zeigt im Handumdrehen den aktuell sichtbaren Himmelsausschnitt. Der Planetenzeiger unterstützt das sichere Finden und Bestimmen. So kann jeder mit einem Blick die bekannten Sternbilder, Planeten oder besondere Objekte am Nachthimmel entdecken. Alle Sternbilder sind auch mit der Taschenlampe gut zu erkennen und das robuste Material garantiert jahrelange Beobachtungsfreude. Das Begleitheft macht auch für Einsteiger die Handhabung einfach und gibt die Planetenstellungen der nächsten Jahre an.

Sternkarte, ca. €(D) 14,99

kosmos.de

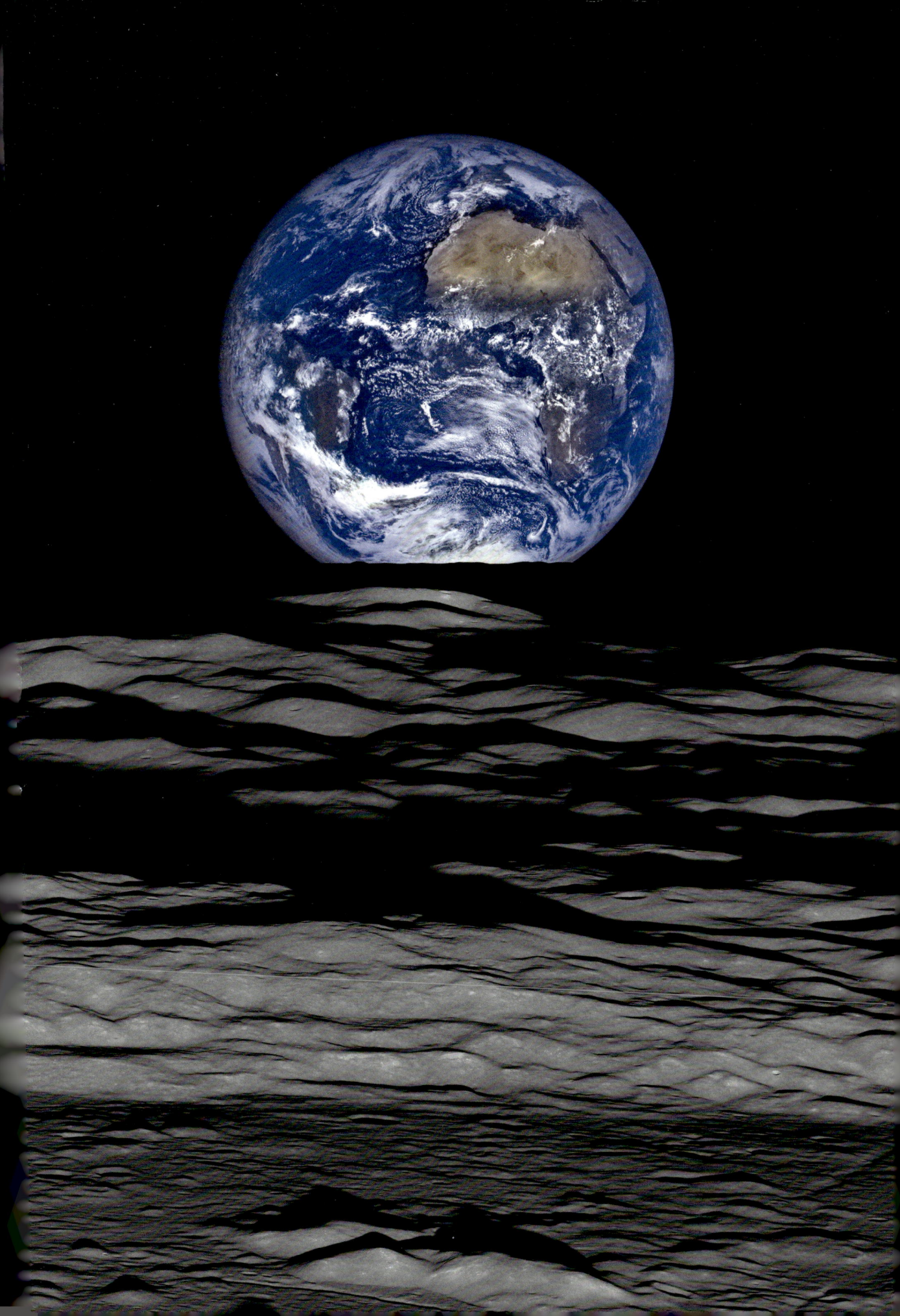